U0173950

建学丛书之十五

物流建筑
（大型物流库）
设计新视角

高海军 革非 顾佶 李鹤 编

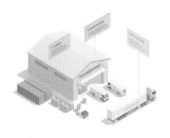

中国建筑工业出版社

图书在版编目（CIP）数据

物流建筑（大型物流库）设计新视角 / 高海军等编
. —北京：中国建筑工业出版社，2023.12
（建学丛书；十五）
ISBN 978-7-112-29309-4

Ⅰ.①物…　Ⅱ.①高…　Ⅲ.①物流—建筑—建筑设计
Ⅳ.① TU249

中国国家版本馆 CIP 数据核字（2023）第 208053 号

责任编辑：赵　莉　王　跃
责任校对：芦欣甜

建学丛书之十五
物流建筑（大型物流库）设计新视角
高海军　革　非　顾　佶　李　鹤 编
*
中国建筑工业出版社出版、发行（北京海淀三里河路 9 号）
各地新华书店、建筑书店经销
北京雅盈中佳图文设计公司制版
北京中科印刷有限公司印刷
*
开本：787 毫米 × 1092 毫米　1/16　印张：$23\frac{1}{2}$　字数：704 千字
2023 年 12 月第一版　2023 年 12 月第一次印刷
定价：88.00 元
ISBN 978-7-112-29309-4
　　（41999）

前言

2018 年 3 月，在与普洛斯合作 15 年、建学建筑与工程设计所有限公司（简称"建学"）成立 30 周年之际，借全国第一个《物流建筑设计规范》GB 51157—2016 颁布之机，我们把已建成的项目按选址与总体规划、建筑设计等七个篇章进行总结，抛砖引玉供大家借鉴，出版了《物流建筑（大型物流库）设计专辑》。该书出版后得到了行业内的积极反响和较高的评价，也成为很多物流开发企业、资产管理公司等内部培训及学习的资料；同时也得到了很多同行、专家的建议和指正，让我们受益匪浅，在随后的这 5 年设计过程中不断加以改正和提高。

近年来，物流行业高速发展，项目如雨后春笋般拔地而起。截至本书截稿前，我们总计完成了约 6000 万 m² 的物流设计。期间国际、国内形势也发生了重大变化，中美贸易摩擦、全球疫情大爆发以及俄乌冲突等对国际政治、经济格局带来了重大影响和挑战。在保经济、保民生的大背景下，我国陆续发布了《"十四五"现代物流发展规划》《"十四五"冷链物流发展规划》等政策文件，引导物流行业向着"物流强国"的目标发展，促进了行业百花齐放、百家争鸣。除高标仓库外，冷链、中央厨房、生鲜加工中心、多式联运、绿色低碳物流占比逐年增高，使笔者萌发了从物流建筑行业的新视角交流设计经验，出版本书作为《物流建筑（大型物流库）设计专辑》的姊妹篇，再以此书献给建学成立 35 周年。

通过一年的酝酿和准备，特邀了深国铁、深国际、嘉民、熙麦、竞衡集团、熠跃、上海建科等知名企业的专家一起完成了相关论文，在此特别表示感谢！

因时间仓促、水平有限，不妥之处望行业内的同仁批评指正。

高海军
2023 年 8 月 1 日

综述一　物流建筑发展新趋势

高海军

摘　要：本文结合我司近年来设计的物流项目，在对冷链物流、中央厨房与加工中心、多式联运及绿色低碳解读的基础上，关注物流建筑发展的新趋势。

关键词：冷链物流　中央厨房　加工中心　多式联运　绿色低碳

自 2004 年与普洛斯首次合作以来，建学建筑与工程设计所有限公司陪伴着许多物流开发、运营企业走过了近 20 年的风风雨雨。

2008 年，建学率先成立了国内首家物流专项设计中心，至 2018 年建学物流专项设计中心先后为 40 余家物流地产商提供了服务，完成了约 1500 万 m² 大型物流库设计任务。

2018 年建学成立 30 周年之际，建学丛书之十二——《物流建筑（大型物流库）设计专辑》出版发行。该书的出版发行，是对建学在物流行业耕耘近 15 年的一次总结，也是一次经验分享。力求抛砖引玉，启发全行业人员广泛交流、共同努力、相互促进，百花齐放，促进行业的蓬勃发展。

在过去的 5 年中，建学在物流建筑设计领域继续发力，与我们合作的国内外物流开发企业已超过 80 家，并与普洛斯、万科、深国际、嘉民、丰树、菜鸟、维龙、熙麦、美库等企业达成长期战略合作，参与制定了万科、美库、国美、腾讯、中远海运、深国际等多家知名企业的仓储设计标准。迄今为止，建学物流专项设计中心累计规划物流园区超过 65km²，设计各类物流建筑近 6000 万 m²。

近 5 年来，伴随着物流行业的高速发展，物流建筑的建设亦朝着四性，即高标性、通用性、多样性、灵活性发展。除大型综合物流园外，冷链与高标准冷库、中央厨房与加工中心、综合性多式联运枢纽、低碳物流建筑等专业型高标准物流建筑近年来在差异化、精细化的需求驱动下蓬勃发展。

疫情期间生鲜食品的保供、团购及生鲜食品的加工配送改变了人们以往的消费习惯，为高标准冷库、中央厨房及加工中心的发展提供了巨大的市场需求；公、铁网络的发展与完善为多式联运提供了快速发展的基础；在国家双碳战略引领下智能光伏、高效储能部件的出现为低碳物流建筑的建设提供了技术上的保障。

自我司 2013 年成立冷链物流专项设计中心以来，就感受到了冷链物流行业的快速发展。尤其在近 5 年中，冷链物流市场发展迅速，来自中物联冷链委的数据表明，冷链物流市场规模由 2018 年的 2886 亿元稳步增长至 2022 年的 5515 亿元，较 2021 年同比增长 15.55%（图 1）。

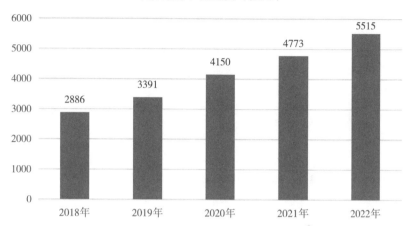

图 1　2018—2022 年冷链物流市场规模[①]

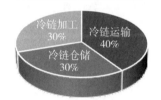

图 2　冷链物流市场细分占比[①]

　　冷链物流的细分市场中，冷链运输、冷链仓储及冷链加工分别占比 40%、30% 和 30%（图 2）。冷链加工在冷链物流市场中的巨额占比，极大地推动了中央厨房和加工中心的兴起与发展。近年来，中央厨房与加工中心逐步成为冷链物流中心不可或缺的组成部分之一。近年我司设计完成的冷库、中央厨房和加工中心已累计近 300 万 m²。

　　2017 年，为实现调整运输结构，提高物流企业的运作效率，降低其经营成本的目标，交通运输部门在京津冀及周边地区、长三角和汾渭平原三大重点区域实施"公转铁"和"公转水"行动方案。

　　多式联运进入快速发展期，2018 年，第三批多式联运示范工程项目涉及 15 个省市 24 个项目，至 2022 年，第四批多式联运示范工程项目涉及面扩大至 23 个省市区，46 个项目。

　　多式联运货运量由 2017 年的 17.47 亿 t 稳步提升至 2022 年的 38.19 亿 t，较 2021 年同比增长 11.15%（图 3）。

　　在国家双碳战略及企业自身 ESG 需求的双重驱使下，物流行业需要一个在低碳绿色和可持续发展方面卓有成效的成果。

　　物流建筑屋面面积较大，光伏板布置场所充足，特别是硅太阳能电池转换效率的提高为发展光伏发电提供了提高效率、降低建造和运行成本的基础。目前，产业上单晶硅电池 PERC 结构的转换效率约为 21.5%，P 型硅片常规结构及多晶硅分别为 20%、19%，硅太阳能电池的最高转换效率已达 26.81%。

①　数据来源：中物联冷链委、中商产业研究院整理。

图3 2017—2022 年国内多式联运货运量①

根据测算，物流库屋面光伏年发电量与双层库年耗电量基本相当。

新型储能技术的出现彻底解决了发电与用电时间不同步的问题，新型液流电池以超低成本安全、长时间存储电能，零能耗物流建筑已不是梦想。

随着物流市场规模的日益增长，在物流建筑行业，冷链仓储与中央厨房、加工中心、多式联运将迎来快速、稳步发展的机遇期，随着光伏技术、储能技术的发展，零能耗物流建筑将出现在不久的将来。

---

① 数据来源：智研咨询《2023 年多式联运行业发展趋势预测：行业加速发展》。

综述二 新视角下的物流建筑

高海军

摘 要：本文通过对国务院《"十四五"现代物流发展规划》的解读，以全新视角对我国物流行业在新阶段、新形势下由"物流大国"到"物流强国"转变过程中将会快速发展的热点物流建筑类型做了展望。

关键词：物流建筑 冷链物流 中央厨房 生鲜加工中心 多式联运 绿色低碳物流

1 前言

我国现代物流的发展与改革开放同步，经过 40 多年发展，特别是近 10 年的快速发展，我国现代物流产业实现了历史性变革，取得了举世瞩目的成就，2021 年全国社会物流总额 335.2 万亿元[①]，物流需求规模再上新台阶，实现稳定增长，具有高标性、通用性、多样性、灵活性的高标准物流建筑是物流市场上主流的物流形式，资本市场助力打造了一批具有国际竞争力的现代物流企业。

2 《"十四五"现代物流发展规划》带来的机遇与挑战

2022 年 12 月 15 日，国务院办公厅印发《"十四五"现代物流发展规划》(以下简称《物流规划》)，是我国现代物流领域第一份国家级五年规划，对于加快构建现代物流体系、促进经济高质量发展具有重要意义。现代物流一头连着生产，一头连着消费，高度集成并融合运输、仓储、分拨、配送、信息等服务功能，是延伸产业链、提升价值链、打造供应链的重要支撑，在构建现代流通体系、促进形成强大国内市场、推动高质量发展、建设现代化经济体系中发挥着先导性、基础性、战略性作用。

《物流规划》总结分析了党的十八大以来，特别是"十三五"时期我国现代物流发展的现状与问题。特别指出，"十三五"期间，我国现代物流规模效益持续提高，物流资源整合提质增速，物流结构调整加快推进，科技赋能促进创新发展，国际物流网络不断延展，营商环境持续改善，对国民经

---

① 数据来源：中国物流与采购联合会，中国物流学会《2021—2022 年中国物流发展报告》。

济发展的支撑保障作用显著增强。提到我国现代物流发展的突出问题时，《物流规划》列举了主要表现：一是物流降本增效仍需深化；二是结构性失衡问题亟待破局；三是大而不强问题有待解决，与世界物流强国相比仍存在差距，建设"物流强国"之梦呼之欲出；四是部分领域短板较为突出。

对于新阶段面临的新形势、新要求，《物流规划》作了系统分析和完整表述：统筹国内国际两个大局要求强化现代物流战略支撑引领能力；建设现代产业体系要求提高现代物流价值创造能力；实施扩大内需战略要求发挥现代物流畅通经济循环作用；新一轮科技革命要求加快现代物流技术创新与业态升级。《物流规划》提出的主要目标是，到2025年，基本建成现代物流体系，具体目标有，一是物流创新发展能力和企业竞争力显著增强；二是物流服务质量效率明显提升，社会物流总费用与国内生产总值的比率较2020年下降2个百分点左右；三是"通道＋枢纽＋网络"运行体系基本形成；四是安全绿色发展水平大幅提高；五是现代物流发展制度环境更加完善。为实现上述目标，《物流规划》提出14项重点工程：国家物流枢纽建设工程，铁路物流升级改造工程，物流业制造业融合创新工程，数字物流创新提质工程，绿色低碳物流创新工程，现代供应链创新发展工程，制造业供应链提升工程，国际物流设施提升工程，西部陆海新通道增量提质工程，国家骨干冷链物流基地建设工程，产地保鲜设施建设工程，应急物流保障工程，现代物流企业竞争力培育工程，物流标准化推进工程。以上重点工程，都是现代物流体系建设的核心工程，也是"十四五"时期国家政策支持的重点方向。

本次新增的重点工程应该引起特别关注：一是国家物流枢纽建设工程。提出优化国家物流枢纽布局；发挥国家物流枢纽联盟组织协调作用，形成稳定完善的国家物流枢纽合作机制；积极推进国家级示范物流园区数字化、智慧化、绿色化改造等。二是铁路物流升级改造工程。提出大力组织班列化货物列车开行，形成"核心节点＋通道＋班列"的高效物流组织体系；到2025年，沿海主要港口、大宗货物年运量150万t以上的大型工矿企业、新建物流园区等的铁路物流专用线接入比例力争达到85%左右。三是国际物流网络畅通工程。提出国际物流设施提升工程、西部陆海新通道增量提质工程。四是现代供应链体系建设工程。提出现代供应链创新发展工程、制造业供应链提升工程。五是冷链物流基础设施网络提升工程。提出国家骨干冷链物流基地建设工程、产地保鲜设施建设工程。

3 新视角下物流建筑

我国物流市场的发展整体趋势较好，2021年全年社会物流总额335.2万亿元，是"十三五"初期的1.5倍。但现代物流体系组织化、集约化、网络化、社会化程度不高，与世界物流强国相比仍存在差距；大宗商品储备设施以及农村物流、冷链物流、应急物流等专业物流和民生保障领域物流存在短板。下面将对新阶段、新形势下我国由"物流大国"到"物流强国"转变过程中将会快速发展的热点物流建筑类型进行展望。

3.1 冷链物流

国务院办公厅印发了《"十四五"冷链物流发展规划》（以下简称《冷链规划》），紧密围绕冷链物流体系、产地冷链物流、冷链运输、销地冷链物流、冷链物流服务、冷链物流创新、冷链物流支撑及冷链物流监管体系等方面，对冷链物流的全流程、全环节、全场景提出了更高的发展要求。数据显示，冷链物流市场规模由2018年的2886亿元稳步增长至2022年的5515亿元，较2021年同比增长 15.55%[①]。冷链物流贯穿第一、二、三产业，连接生产端与消费端，发展潜力及空间巨大。但长期以来，国内冷链物流仍面临着诸多困境，区域发展失衡和物流体系不健全等问题依然突出，冷链物流发展缺乏系统性、科学性的总体规划指引。《冷链规划》为进一步缓解冷链物流现实难题，推动新时期冷链物流高质量发展绘制了清晰的路径：一是规划合理，全面布局，打造现代冷链物流体系。打造"四横四纵"冷链物流骨干通道网络，建立"3 2 1"冷链物流运行体系；二是物畅其流，紧扣三大关键环节，构建冷链物流"产－运－销"新通路；三是服务为先，围绕细分品类，优化冷链物流服务。提高肉类、果蔬、水产品、乳品、速冻食品以及医药产品等"6+1"品类的冷链物流服务水平；四是技术支撑，针对冷链物流智能化、绿色化，提出"五点新要求"；五是监管有度，强化冷链物流配套管理措施，完善冷链物流监管和支撑手段。到 2025 年，初步形成衔接产地销地、覆盖城市乡村、联通国内国际的冷链物流网络，布局建设 100 个左右国家骨干冷链物流基地。实施"骨干冷链物流企业培育工程"，培育一批具有国际竞争力的冷链物流企业集团。

冷库是冷链物流最重要的基础配套设施。冷库是指采用人工制冷降温并具有保冷功能的仓储建筑，包括库房、制冷机房、变配电间等。目前市场上装配式冷库相对于传统土建冷库的建设量逐步提高，高层冷库和高架自动化冷库的比例也逐步提高，二氧化碳为制冷剂的亚临界蒸汽压缩直接式制冷系统和二氧化碳、盐水等为载冷剂的间接式制冷系统得到迅速发展。

3.2　中央厨房

2011 年国家食品药品监督管理局出台《中央厨房许可审查规范》，明确中央厨房是指由餐饮连锁企业建立的，具有独立场所及设施设备，集中完成食品成品或半成品加工制作，并直接配送给餐饮服务单位的单位。

餐饮产业链包含原料生产、餐饮加工、终端食品服务 3 个主要环节。中央厨房具有中游餐饮工业化的典型特点，中央厨房负责集中完成食品成品或半成品的加工制作及配送，完备的中央厨房体系包括统一采购，统一制作和统一配送。自 2010 年起中央厨房的模式在国内落地兴起，尤其在连锁餐饮领域迅速普及，截至 2018 年末渗透率已超 70%，自建中央厨房的连锁餐企包括海底捞、西贝、外婆家、避风塘、全家、罗森等知名品牌和盒马鲜生、永辉、叮咚买菜、美团、清美等一系列新零售企业。国家陆续出台中央厨房产业相关指导和规划文件：2020 年 7 月，农业农村部印发《全国乡村产业发展规划（2020—2025 年）》，明确丰富加工产品，在产区和大中城市郊区布局中央厨房、主食加工、休闲食品、方便食品、净菜加工和餐饮外卖等加工，满足城市多样化、便捷化需求；2021 年 11 月，国务院印发《"十四五"推进农业农村现代化规划》，明确鼓励农业产业化龙头企业建立大型农业企业集团，开展农产品精深加工，在主产区和大中城市郊区布局中央厨房、主食加工、休闲食品、方便食品、净菜加工等业态，满足消费者多样化个性化需求；2023 年中央一号文件《中共中央 国务院关于做好 2023 年全面推进乡村振兴重点工作的意见》中明确继续支持创建农业产业强镇、现代农业产业园、优势特色产业集群。深入实施"数商兴农"和"互联网＋"农产品出村进城工程，鼓励发展农产品电商直采、定制生产等模式，建设农副产品直播电商基地。提升净菜、中央厨房等产业标准化和规范化水平。培育发展预制菜产业。数据显示，2019—2022 年中国预制菜行业市场规模持续增长，2022 年中国预制菜行业市场规模为 4196 亿元[②]，同比增长 21.31%。未来预制菜行业有望继续维持高景气度，市场规模进一步扩大。

中央厨房的建筑平面和空间布局应具有适当的灵活性。主体结构宜采用大空间及大跨度柱网。中

---

① 数据来源：中物联冷链委、中商产业研究院整理。
② 数据来源：艾媒咨询数据、智研咨询整理。

央厨房围护结构的材料选型应满足保温、隔热、防火、防潮、防尘等要求。厂房变形缝不宜穿越洁净区。送、回风管和其他管线暗敷时，应设置技术夹层、技术夹道或地沟等。中央厨房的建设是一项复杂的系统工程。要做到项目的生产加工工艺流程设计合理、功能区布局科学、物流动线畅通、食品卫生安全、设施设备配套、质量与服务管理体系完善，这需要参建的各单位精诚合作才能够完成。

3.3 生鲜加工中心

在我国，随着生活水平的提高，人们对生鲜食材配送的需求也在不断增长。随着政府对农业产业的支持，农产品质量的提高和供应链的整合，生鲜食材配送行业的发展前景光明。随着线上购物和外卖行业的兴起，以及疫情带来的消费习惯的改变，越来越多的人选择在线购买生鲜食材，现在生鲜食材配送行业已经进入了快速发展阶段，许多线上和线下零售商都已经投入到这个领域，并且正在寻求更多的增长点。在未来几年内，预计我国生鲜食材配送行业将会进一步扩大，并且将会有更多的新兴企业进入这个领域。

国家陆续出台生鲜加工中心产业相关指导和规划文件：2020年5月，国家发展改革委等12部门联合发布《关于进一步优化发展环境促进生鲜农产品流通的实施意见》，鼓励生鲜农产品流通企业通过延伸上下游产业链构建一体化农产品供应链，从商品集聚平台向产业集成平台升级，提高产销两端的服务能力和市场竞争能力。引导企业加强检验检测、质量分级、标识包装、冷链物流等流通各环节的标准应用，通过标准化生产流通实现品牌化增值效应；2021年5月，财政部办公厅、商务部办公厅发布《关于进一步加强农产品供应链体系建设的通知》，鼓励农产品批发市场建设冷链加工配送中心和中央厨房等，增强流通主渠道冷链服务能力。

生鲜加工中心需要设置加工区域（分拨分拣、包装等），同时要配套收发货功能，需要确保生鲜第一时间通过物流网络运送到门店，相关企业把生鲜加工配送中心作为生鲜供应链衔接的中心，充分发挥整合资源的作用。生鲜加工是整个生鲜产业链的关键环节，生鲜加工中心厂房是未来现代物流的增长点。

3.4 多式联运

多式联运物流园区是指依托综合交通枢纽，有机衔接两种（含）以上运输方式，能够实现多式联运，提供大批量货物转运的物流设施。近年来，党中央、国务院积极部署推进运输结构调整，大力发展多式联运，统筹推进国家物流枢纽布局建设，多式联运物流园区正迎来前所未有的建设发展机遇。但由于我国多式联运尚处于发展初级阶段，园区建设领域的专业化管理能力较为薄弱，尚未形成一整套完整的全链条开发模式。加之该类园区往往涉及主体较多，开发模式复杂，建设周期长，导致企业参与的积极性不足，影响了多式联运行业的健康发展。因此，建立适于我国实际的园区开发模式，是当前推动多式联运发展的关键。

国家陆续出台多式联运相关指导和规划文件：2021年12月，国务院办公厅印发《推进多式联运发展优化调整运输结构工作方案（2021—2025年）》，要求到2025年，铁路和水路货运量比2020年分别增长10%和12%左右，集装箱铁水联运量年均增长15%以上。重点区域运输结构显著优化，长三角地区等沿海主要港口利用疏港铁路、水路、封闭式皮带廊道、新能源汽车运输大宗货物的比例力争达到80%；2022年5月，国务院办公厅印发《"十四五"现代物流发展规划》，要求提升物流服务质量效率。跨物流环节衔接转换、跨运输方式联运效率大幅提高，社会物流总费用与国内生产总值的比率较2020年下降2个百分点左右。多式联运、铁路（高铁）快运、内河水运、大宗商品储备设施、农村物流、冷链物流、应急物流、航空物流、国际寄递物流等重点领域补短板取得明显成效。

3.5　绿色低碳物流

随着全球变暖的日益加剧，低能耗和低碳排放已经成为经济发展中不可回避的重要问题。2020年9月，中国政府在第七十五届联合国大会上向世界郑重承诺："中国将提高国家自主贡献力度，采取更加有力的政策和措施，二氧化碳排放力争于2030年前达到峰值，努力争取2060年前实现碳中和。"各行各业都在积极落实国家绿色低碳发展要求。物流业作为国民经济发展的重要战略性、基础性、先导性产业，伴随着经济的快速增长，我国物流需求持续增长，带来大量的能源资源消耗和碳排放。物流企业是物流业碳排放的核心单元，发展绿色物流建筑是降低物流业碳排放的有效措施。

为贯彻落实"双碳"目标，2021年中共中央、国务院第36号文《关于完整准确全面贯彻新发展理念做好碳达峰碳中和工作的意见》和国务院第23号文《2030年前碳达峰行动方案》已经从顶层设计构建了"双碳"工作"1+N"政策体系，给出了我国经济社会发展的约束性指标和发展路径。2021年7月，全国碳交易市场正式开启，物流领域的航空货运已经正式列入国家碳交易范围。2022年5月，国务院办公厅印发《"十四五"现代物流发展规划》，其中明确推动绿色物流发展，打造绿色低碳物流创新工程，依托行业协会等第三方机构，开展绿色物流企业对标贯标达标活动，推广一批节能低碳技术装备，创建一批绿色物流枢纽、绿色物流园区。在运输、仓储、配送等环节积极扩大电力、氢能、天然气、先进生物液体燃料等新能源、清洁能源应用。加快建立天然气、氢能等清洁能源供应和加注体系。以国有和上市公司为代表的各大物流企业，纷纷响应国家"双碳"目标，积极承担社会责任，以"ESG为着力点"，通过LEED认证等技术手段（LEED BD+C建筑设计与施工；LEED O+M运营与维护），积极推进绿色物流建筑建设和已建项目升级改造。

4　高标仓发展新趋势

现阶段我国仓储物流设施总库存（含高标仓和非高标仓）约10亿 m^2，仅次于美国的12.5亿 m^2，而在人均仓储面积方面，由于我国人口密度高于美国，导致国内人均仓储面积为0.7 m^2，是美国的20%左右。我国高标仓约占仓储总量的7%，与美国的20%相比偏低[①]。目前，我国高标仓行业市场布局整体呈现不均衡态势：一线城市供地呈现下滑趋势，二三线城市需求不足导致高空置率。以上数据充分说明了我国是"物流大国"而不是"物流强国"，但市场需求旺盛区域的高标仓的开发建设仍然是目前阶段物流市场的主旋律，高标仓涉及的交通设计（含交通流量分析）、结构体系选型、消防系统设计等对提高高标仓的品质和控制建造成本具有很高的现实意义。

5　小结

目前高标物流仓库市场布局整体呈现不均衡态势，部分地区出现空置现象，这更需要我们顺应发展趋势，谋求高质量发展方向，在深耕传统高标仓领域的同时，在冷链物流、中央厨房、生鲜加工中心、多式联运、绿色低碳物流等细分领域寻找新的增长极。

---

① 数据来源：中国高标仓行业发展深度研究与投资趋势分析报告（2023—2030年）。

目录

综述一　物流建筑发展新趋势◎高海军
综述二　新视角下的物流建筑◎高海军

一、冷库设计

003　1　《冷库设计标准》土建分析简述◎边苏佳　王灵
009　2　物流库预留冷库建筑设计要点◎顾佶　李益清
014　3　冷库细节设计◎王文娟
020　4　冷库设计中保温材料应用的探讨◎钱霖霖
027　5　冷库地坪构造设计要点◎严新　范磊
034　6　自动化高架冷库的设计要点◎钱程　陶勇
043　7　某双层冷库结构设计要点分析◎涂敏　吴瑕
050　8　冷库水消防系统设计◎王平香
054　9　冷库排水系统设计◎郑代俊
059　10　《冷库设计标准》制冷系统设计简述◎李鹤
066　11　冷库闷顶防结露措施设计分析◎邓臣伟
071　12　冷库与干仓电气设计对比分析◎耿涛　蒋臻
079　13　冷库地坪造价简析◎王卓

二、中央厨房、加工中心设计

089　1　中央厨房设计要点◎顾佶　边苏佳　罗超群

097 　2　加工中心的设计原则◎罗超群

102 　3　中央厨房供水系统设计◎张月红

109 　4　中央厨房生产排水系统设计◎吴鑫

115 　5　某冷库和加工中心制冷空调系统设计◎吴明　李鹤

122 　6　中央厨房供配电设计◎李松松

三、多式联运设计

131 　1　铁路货场物流综合体顶层设计原则◎革非

137 　2　铁路货场场站边库设计的流线分析◎邬鹏华

144 　3　多式联运模式发展策略探讨◎许洁

153 　4　多式联运——公铁联运案例分享◎顾佶

159 　5　深圳平湖南综合物流枢纽规划设计理念◎许洁　田家辉　刘坤

173 　6　铁路上盖物流项目结构设计一体化可行性研究◎王灵　杨进

178 　7　铁路上盖物流项目水消防灭火系统简介◎郑代俊

四、绿色低碳设计

187 　1　物流建筑绿色评价标准的"碳"思考◎廖琳　张改景　韩继红

193 　2　ESG指引下的物流建筑业思考◎高海军　薛风华

199 　3　物流建筑低碳绿色发展概况◎高海军　李鹤

206 　4　物流建筑光伏设计分析◎顾佶　许洁　丁一鸣　崔虹

211 　5　物流建筑光伏发电设计浅谈◎姜垚

217 　6　物流园区海绵城市设计核心技术及路线分析◎王平香　蒋恒　吴鑫

223 　7　储能系统在物流建筑中的应用和展望◎吴明　高向尚

229 　8　智慧物流园区设计◎姜垚

五、设计讨论

237　1　物流建筑立面设计探究◎郭鸣　钱霖霖

244　2　后疫情时代保供物流园设计◎顾佶

247　3　物流建筑精细化设计◎刘坤　胡嫚娜

256　4　物流建筑坡道设置原则◎许洁　王宝庆

272　5　自动化高架立体库设计要点◎丁一鸣

276　6　物流建筑楼梯设计要点◎彭炫英

282　7　前店后仓总图设计理念◎冯晓聪

285　8　物流建筑竖向交通设计◎田家辉　吴家莹

293　9　坡地上的物流建筑设计◎郑敏峰

297　10　物流项目建筑师负责制试点实践经验总结◎张洁

302　11　项目施工的过程管理◎裴俊锋

311　12　某物流建筑混合结构抗震设计◎徐长海　李视令

315　13　屈曲支撑在高烈度地区高层物流建筑中的应用◎戴光毅　陈明　徐长海

320　14　轻钢屋面增加光伏荷载案例分析◎陈明　戴光毅

325　15　物流建筑常用装配体系简介◎周海兵　刘晓莉　杨延

333　16　物流建筑挡土墙结构设计探讨◎罗勇培

338　17　物流建筑柱配筋形式力学性能研究◎樊博

346　18　坡道及卸货平台结构设计探讨◎王延武　吕志强

352　19　运输平台烟气流动特性模拟及排烟形式分析◎李晋芝

358　后记◎冯康曾

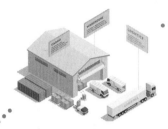

冷库设计

- 《冷库设计标准》土建分析简述
- 物流库预留冷库建筑设计要点
- 冷库细节设计
- 冷库设计中保温材料应用的探讨
- 冷库地坪构造设计要点
- 自动化高架冷库的设计要点
- 某双层冷库结构设计要点分析
- 冷库水消防系统设计
- 冷库排水系统设计
- 《冷库设计标准》制冷系统设计简述
- 冷库闷顶防结露措施设计分析
- 冷库与干仓电气设计对比分析
- 冷库地坪造价简析

1

《冷库设计标准》土建分析简述

边苏佳　王灵

摘　要：《冷库设计标准》GB 50072—2021 自 2021 年 12 月 1 日实施以来，为冷库设计提供了更具前瞻性和更标准化的设计依据，本文将从建筑、结构设计的角度分析《冷库设计标准》GB 50072—2021 与旧规范《冷库设计规范》GB 50072—2010 的主要变化，简述新标准下的冷库设计要点。

关键词： 冷库　装配式冷库　冷藏间　穿堂　荷载

1　综述

　　《冷库设计标准》GB 50072—2021 的前身是《冷库设计规范》，最早发布于 1985 年，在之后的 25 年中分别于 2001 年和 2010 年更新过两次。近年来，冷链物流的飞速发展，对冷库容量的需求也不断攀升，2020 年我国冷库容量突破 7080 万 t，社会的发展使冷库储存产品的品种也发生很大变化，之前的《冷库设计规范》已无法满足当前的需求。为更好地引导冷库设计健康有序发展、完善标准化体系建设，2021 年 12 月 1 日，《冷库设计标准》GB 50072—2021（以下简称"新标准"）正式实施，《冷库设计规范》GB 50072—2010（以下简称"旧规"）同时废止。

　　新标准加强和提高了对冷库制冷系统的安全性和对环境友好的有关规定；将旧规的适用范围扩大，涵盖了各种建设规模的冷库；补充完善了冷库（含装配式冷库）库房防火分区划分标准、冷库荷载取值的细化和优化；增加了库房保温隔热材料燃烧性能、高层冷库消防扑救的相关规定、低温环境下的混凝土及钢结构的设计要求、承重结构的防撞设计要求，对规范冷库工程建设，促进冷链物流行业健康发展发挥了重要作用。

　　本文将从建筑、结构设计的角度分析新标准的主要变化，为今后的冷库设计提供一些思路。

2 装配式冷库

装配式冷库是随着冷库施工工艺的发展应运而生的，其优点是施工简便、快速，保冷效果好。现已在冷库工程中大量采用。

新标准首次将装配式冷库的设计引入规范。装配式冷库建筑大致可分为两种形式：一是采用金属板等轻质板材外墙做建筑围护结构，同时采用金属面绝热夹芯板等轻质复合夹芯板做保温隔热材料。二是金属面绝热夹芯板等轻质复合夹芯板既作为建筑围护结构同时作为保温隔热材料。

新标准中新增不少针对装配式冷库的条款，如：4.1.7 条对建筑高度超过 24m 的装配式冷库的防火间距提出特别要求；4.2.4 条对装配式冷库当不设置新标准 4.2.3 条规定的防火隔墙时的占地面积和防火分区面积提出特别要求；4.4.5 和 4.5.3 条对装配式冷库围护结构的防潮、隔汽、通风提出特别要求。以上均应在设计时予以重点关注。

3 冷库的防火设计

3.1 两座库房贴邻布置

旧规 4.1.8 条两座一、二级耐火等级的库房贴邻布置时，贴邻布置的库房总长度不应大于150m，总占地面积不应大于 10000m²。库房应设置环形消防车道。贴邻库房两侧的外墙均应为防火墙，屋顶的耐火极限不应低于 1.00h。

新标准 4.1.6 条两座一、二级耐火等级的库房贴邻布置时，贴邻布置的库房总长度不应大于150m，两座库房冷藏间总占地面积不应大于 10000m²，并应设置环形消防车道。相互贴邻的库房外墙均应为防火墙，屋顶承重构件和屋面板的耐火极限不应低于 1.00h。

关于两座一、二级耐火等级的库房贴邻布置的防火设计有两个主要变化：一是由"总占地面积"修改为"两座库房冷藏间总占地面积"，进一步明确了对占地面积的限制是冷藏间部分；二是进一步明确屋顶的耐火极限，不仅屋顶承重构件耐火极限不应低于 1.00h，屋面板的耐火极限也不应低于 1.00h。这两个变化均是对旧规中易产生模糊理解的地方的进一步明确，使贴邻布置的冷库设计更有据可循。

3.2 每座冷库的占地面积和防火分区面积

3.2.1 旧规每座冷库冷藏间耐火等级、层数和面积应符合表 4.2.2（表 1）的规定。

3.2.2 新标准每座冷库库房耐火等级、层数和冷藏间建筑面积应符合表 4.2.2（表 2）的规定。

旧规因没有限定穿堂的面积，而无法控制整栋库房的总占地面积。

新标准进一步明确了冷库库房的冷藏间的最大允许占地面积和每个防火分区内冷藏间最大允许建筑面积。同时根据新标准 4.2.6 条单层和多层库房每层穿堂或封闭站台的建筑面积不应大于1500m²，高层库房每层穿堂或封闭站台的建筑面积不应大于 1200m²，进一步明确了穿堂的面积限

每座冷库冷藏间耐火等级、层数和面积（旧规表 4.2.2） 表 1

冷藏间耐火等级	最多允许层数	冷藏间的最大允许占地面积和防火分区的最大允许建筑面积（m²）			
		单层、多层		高层	
		冷藏间占地	防火分区	冷藏间占地	防火分区
一、二级	不限	7000	3500	5000	2500
三级	3	1200	400	—	—

每座冷库库房耐火等级、层数和冷藏间建筑面积（新标准表 4.2.2） 表 2

冷库库房耐火等级	最多允许层数	冷库库房的冷藏间最大允许总占地面积和每个防火分区内冷藏间最大允许建筑面积（m²）			
		单层、多层		高层	
		总占地面积	防火分区内面积	总占地面积	防火分区内面积
一、二级	不限	7000	3500	5000	2500
三级	3	1200	400	—	—

值。不难看出，新标准对于冷库的占地面积和防火分区面积的限定更明确、清晰。

同时新标准 4.2.5、4.2.7 条还对库房内设置自动灭火系统时的占地面积和防火分区面积做出明确。为更好地理解新标准对于冷库占地面积和防火分区面积的要求，以一栋一、二级耐火等级的单、多层冷库为例，如图 1 所示。

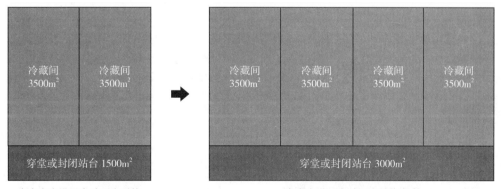

图 1 自动灭火系统的设置对库房占地面积和防火分区面积的影响

3.3 库房每个防火分区的安全出口

新标准 4.2.8 条对于冷库每个防火分区的安全出口数量及允许利用通向相邻防火分区的甲级防火门作为安全出口的条件作出规定，而在旧规中没有相关条款。允许借用安全出口的初衷是考虑到冷库库房内的操作人员较少，适当减少对外开启的门可以更好地保证冷藏间的保冷效果，以形成连续封闭的保温包裹。但需注意的是穿堂作为有人员活动的场所应至少设置 1 个直通室外的安全出口，且疏散楼梯间应设在穿堂附近。

4　冷库的保温隔热

新标准 4.3.2 条对保温隔热材料的燃烧性能提出具体要求：

1）冷库库房采用金属面绝热夹芯板等轻质复合夹芯板做保温隔热围护时，夹芯板芯材的燃烧性能不应低于 B1 级，且 B1 级芯材应为热固性材料。

2）建筑外围护结构的外墙及顶棚采用内保温隔热系统时，保温隔热材料的燃烧性能不应低于 B1 级。隔热材料表面应采用不燃性材料做保护层。

这条为新增条款，同时与《建筑设计防火规范》GB 50016—2014（2018 年版）6.2.8 条保持一致。

5　冷库的结构设计

5.1　新旧冷库设计标准结构章节的主要变化

新标准与旧规相比，修订后结构设计相关的第 5.1~5.4 节的主要变化有：

新标准第 5.1 节总体变化不大，条款数量、内容有微调，相对而言改动较大的条文是 5.1.9、5.1.10 条，增加了对砌体墙的防冷桥和防裂构造措施，5.1.16 条增加了对地面变形的要求。

新标准第 5.2 节总体变化不大，条款数量、内容有微调，相对而言改动较大的条文是 5.2.1、5.2.2 条，细化了对冷库地面、楼面取值的要求和说明，5.2.6 条细化了对机房荷载取值的要求。

新标准第 5.3 节条款数量、内容有较大的调整，相对而言改动较大的条文是新增了 5.3.2 条对低温环境下混凝土的设计要求，新增 5.3.5、5.3.6、5.3.7 条对钢结构材料的设计要求。其他局部完善的条文有 5.3.1、5.3.4、5.3.8 条，相关完善和优化内容详见本文第 5.3 节内容。

新标准第 5.4 节的总体变化是最大的，5.4.1~5.4.7 条均为新增。

5.2　荷载取值优化完善后对结构设计的影响分析

按照新标准 5.2.1 条及条文说明，库房楼面、地面均布活荷载标准值仍采用原规范均布活荷载标准值。但是，冷库储存品种随市场需要而变化，各种货物的密度不同，为适应这一变化，要求冷库应有较大的活荷载。旧规表 5.2.1 注 2 规定，第 2~第 5 项适用于堆货高度不超过 5m 的库房，并已包括 1000kg 叉车运行荷载在内，储存冰蛋、桶装油脂及冻分割肉等密度大的货物时，其楼面和地面活荷载应按实际情况确定，其含义是指货物密度超过 400kg/m^3 时，楼面和地面活荷载应按实际情况确定。过去大部分冷库是储存大块未分割加工的食品原料，其活荷载标准值为 20kN/m^2，堆货高度不超过 5m 是合理的。目前国内的食品加工厂已很少将大块未分割的冻肉等进入冷库并投放市场，而是将分割后的小包装进入冷库并投放市场。根据分割的品种及包装形式，冷冻货物的密度为 300~800kg/m³。尤其对于物流性的冷库，这类冷库属于经营性批发冷库，冷藏间（库房）按面积直接出租给各商户，由商户自己管理货物，各商户的货物品种较杂，货物密度不确定性大，堆货形式以堆码为主，商户为了追求库房最大利用率，在其所租的空间范围内尽量将货物堆满。所以新标准修订中取消了"堆货高度不超过 5m"的要求，增加了"针对其楼面均布活荷载标准值，设计中应注明其相应的货物堆放高度及货物的密度要求"的规定。但同时本次修订增加了"当冷藏间堆货高度不大于 2.5m 时，其楼面均布活荷载标准值应根据货物码垛高度及货物的密度计算确定"的规定，原因是对于层高较小的冷库，如果仍然要求其活荷载标准值为 20kN/m² 显然是不合理的。所以，针对直接码垛高度小于 2.5m 的，按实际货物高度及密度换算后取值，即使小于 20kN/m² 整体上也是安全可靠、经济合理的。

具体到新建、改建、扩建冷库项目的活荷载取值方面，按 5.2.1 条的规定，直接码垛货物的冷库楼面和地面结构均布活荷载标准值取值按表 5.2.1 的规定采用，同时图纸中应明确注明其相应的货物堆放高度及货物的密度要求。按 5.2.2 条的规定，直接货架储存货物的冷库楼面和地面的均布活荷载标准值取值应根据货架层数及货物密度等按实际情况计算取值。再结合类似货架库等效均布活荷载换算的成功经验，可以按不同结构构件（楼板、次梁、主梁、柱、基础）的受力特性，分别进行等效换算和取值，可以使得结构设计做到既安全可靠又经济合理。

5.3 材料相关条文优化完善后对结构设计的影响分析

5.3.1 砌体

针对新标准 5.3.8 条及条文说明，考虑冷库 0℃及以下冻融循环对结构的影响，冷间内选用的砖要满足现行国家标准《砌墙砖试验方法》GB/T 2542—2012 的冻融试验要求，针对不高于 0℃房间的承重墙砖砌体的强度等级修改为不低于 MU20 的烧结普通砖，针对不高于 0℃房间的非承重墙砖砌体的强度等级仍为不低于 MU10 的烧结普通砖。再有，针对 M7.5 水泥砂浆，旧规只要求砌筑，新标准增加抹面。

5.3.2 水泥

针对新标准 5.3.1 条及条文说明，硅酸盐水泥和普通硅酸盐水泥（普通水泥）强度高，快硬、早强，抗冻性和耐磨性较好，适用于冻结间、冷却间的混凝土配制；火山灰质硅酸盐水泥（火山灰水泥）和粉煤灰硅酸盐水泥（粉煤灰水泥）早期强度低，后期强度增进率大，抗冻性差，均不适用于冻融循环的工程；矿渣硅酸盐水泥（矿渣水泥）的特性与火山灰水泥的特性相近，一般不采用。所以条文将矿渣硅酸盐水泥从推广使用的水泥制品中剔除；但同时新增了水泥强度等级不应小于 42.5 的要求。

5.3.3 钢筋

针对新标准 5.3.4 条及条文说明，根据钢筋产品标准的修改及"四节一环保"的要求，提倡应用高强、高性能钢筋，且在过去的冷库建设中从未发生过钢筋混凝土构件冷脆断裂的情况，故本条修订成与现行国家标准《混凝土结构设计规范》GB 50010—2010（2015 年版）的规定一致。混凝土结构的可用钢筋材料补充了 HRB500、HRBF500 钢筋，取消了 HPB235 钢筋。

5.3.4 钢材

新标准 5.3.5~5.3.7 条、5.4.2~5.4.7 条及条文说明，均为新增条文，主要是增加了对钢结构的选材、冷间钢结构的质量等级按不同温度要求给出明确规定、钢结构防腐防火要求细化等内容，填补了原有冷库规范在钢结构设计方面的空白。

5.4　防护及涂装新增条文对结构设计的影响分析

针对新标准第 5.4 节，5.4.1~5.4.7 条均为新增条文，主要新增的内容简述如下：

5.4.1 条：库房内车辆及叉车行车区域，承重结构应设置防止碰撞等的安全防护措施。

5.4.2~5.4.5 条：钢结构应采用对应的防锈、防腐蚀设计及防腐措施。

5.4.6~5.4.7 条：钢结构应采用对应的防火设计及防火措施。

综上所述，后续按照新标准设计的项目，针对砌体、水泥、钢筋等部分要求，只要按照新标准补全对应的材料要求说明即可，对应的造价影响不大；但是钢结构部分，由于新标准相应的钢结构材料及涂装要求提高了，对应的造价是增加的，但相应耐久性也会同步提高，所以从整体上来说，按新标准设计的钢结构，对应的安全耐久性更能有效保证，也可以更好地满足绿色建筑的节材要求。

6　结语

新标准的编制原则是安全可靠、节约能源、环境友好、经济合理、先进适用，本次修订亦充分体现了这个原则。分析主要条文的变化，不仅是为了更好地指导设计，更多的是着眼于冷库的发展趋势，做好引领者，新标准的执行只是起点，希望通过此番解读引发设计师们的讨论与思考。

2

◇ 物流库预留冷库建筑设计要点

顾佶　李益清

摘　要： 随着国家政策对冷链物流发展的支持和冷链物流运输需求的不断扩大，冷库的建设规模持续增长，更多的物流园区中会配置冷库以满足市场需求。但是由于冷库建造的成本远远高于普通物流库，且相关的库温及布局具有一定的定制属性，所以不同标准的冷库对于用户而言其可用性和适配性存在一定差异。因此越来越多物流园区中的物流库按预留冷库条件进行设计，以便在后期确定相关使用需求后以最合理的改造费用、最快的改造速度、最少的改造内容完成物流库到冷库的功能改造。

关键词： 预留冷库　预留条件　改造少　速度快

1　综述

2021年12月国务院办公厅印发了《"十四五"冷链物流发展规划》，加强冷链物流顶层设计和工作指导，推动冷链物流高质量发展。规划中提出创新步伐明显加快。数字化、标准化、绿色化冷链物流设施装备研发应用加快推进，新型保鲜制冷、节能环保等技术加速应用。冷链物流追溯监管平台功能持续完善。随之而来的是冷库建设必将迎来新一轮的高潮，但是由于冷库从资金投入、功能设计、温度范围等方面存在高投入、高要求的问题和建造周期长于普通物流建筑，所以在需求不确定的情况下，很多物流建筑在设计初期会考虑预留冷库的改造条件，待有正式的需求后进行干改冷，满足冷库的使用需求。本文就物流库预留冷库所涉及的技术措施进行讨论，如对规划总图阶段的防火分区及占地面积的提前考虑，货架和柱网的关系，冷库防冻胀地坪的预留，楼面标高的解决办法等具体预留做法进行梳理，使预留冷库在设计阶段即能满足前期的物流建筑使用，也可以确保后期改造冷库阶段的使用功能的合理及改造工程量可控。

2 预留冷库设计要求

2.1 防火分区面积和占地面积预留

常规的物流仓库其火灾危险性分类一般按丙类 2 项进行设计，当满足《建筑设计防火规范》GB 50016—2014（2018 年版）3.3.10 条的要求时，防火分区最大允许建筑面积和建筑的最大允许占地面积可增加三倍。则多层物流仓库防火分区面积最大为 4800m²，高层物流仓库防火分区面积最大为 4000m²；多层物流仓库占地面积最大为 19200m²，高层物流仓库占地面积最大为 16000m²。而根据《冷库设计标准》GB 50072—2021 4.2.4 和 4.2.6 条，冷库库房防火分区最大允许建筑面积为多层冷库 3500m²，高层冷库 2500m²，总占地面积多层冷库 7000m²，高层冷库 5000m²，单、多层库房每层穿堂的建筑面积为 1500m²，高层库房每层穿堂的建筑面积为 1200m²，以上冷库库房和穿堂设置自动灭火系统和火灾自动报警系统时防火分区面积可以增加 1 倍。故在确定物流仓库需要的预留冷库时，需要在总图规划阶段就单体的建筑占地面积和防火分区面积综合考虑物流仓库和冷库的通用性，并按冷库的防火分区面积和总占地面积进行统筹考虑，满足相关规范的要求，避免后期冷库改造由于建筑性质的改变造成防火分区或占地面积出现问题，为后期改造带来不必要的障碍。

2.2 冷库货架位置预留

冷库由于其使用特点，冷藏间内的货物进出频率相对标准物流仓库较小，货物存储时间也相对较长，物资周转率较低，所以部分冷库会使用双进深货架（图 1）以增加货物存储量。双进深货架和单进深货架（图 2）对于仓库的柱网有不同的要求，由于货架布置原因，双进深货架需求的柱网一般为 8.4~9.0m，而单进深货架需求的柱网一般为 11.4~12.0m，相关货架的布置与前期单体柱网及建筑外轮廓尺寸有着密切的联系，需要在规划阶段提前考虑是否按双进深货架预留柱网，评估后期冷库的使用需求，对于不同阶段的使用需求进行取舍。

2.3 冷库防冻胀地坪预留

预留冷库必须完成的是防冻胀地坪，主要是由于普通物流仓库地坪做法和冷库防冻胀地坪有较大的差异，在材料的使用、防水透气的做法及地坪厚度等技术要求上存在较大的差异。在首层按冷库地坪实施，可以减少后期冷库改造阶段地坪工程的返工，对于后期冷库改造是最经济的预留设计。

冷库首层防冻胀主要有乙二醇加热地坪，建筑通风地坪及结构架空层通风地坪。其中仓库预留冷库的地坪通常为建筑通风地坪及结构架空层通风地坪。具体防冻胀地坪形式的选用取决于结构专业对于项目土质的判断和地坪沉降计算。建筑通风地坪采用在建筑地坪下埋设通风管道，利用自然通风或机械通风增加空气流动，防止结露及冻胀。结构架空层通风地坪利用结构地坪桩形成架空层，使得地坪与回土层间形成自然通风，防止结露及冻胀。乙二醇加热地坪在新建项目中主要使用于冷库下部为地下室的情况（图 3），解决地下室顶板与冷库间设置通风层较为困难的问题，也可以使用在二层楼面，以解决一层冷库设置闷顶后的大面积结露问题。如果前期设计阶段未考虑防冻胀地坪做法，在原仓库地面由于各种原因不便拆除的情况下，可以在仓库地坪上增加乙二醇加热地

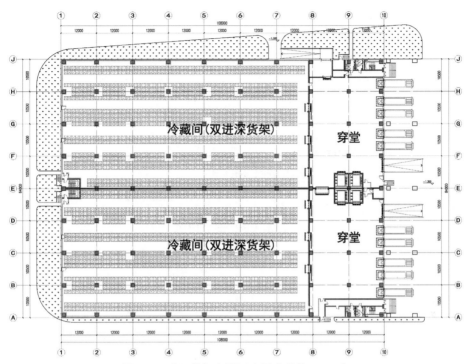

图1　双进深货架布置示意图（单位：mm）

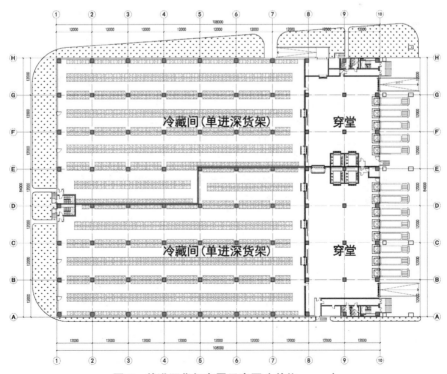

图2　单进深货架布置示意图（单位：mm）

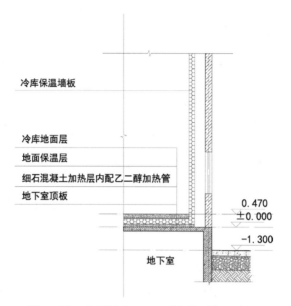

图3 地下室顶板采用乙二醇加热地坪示意图

坪相关保温构造做法以满足地坪的防冻胀要求，但是需要统筹考虑室内外高差的处理及后期检修维护的问题。

2.4 楼板保温楼面预留

冷库（−18℃）楼板保温楼面做法一般厚度为0.4m左右，如考虑仓库预留冷库条件，需要综合考虑物流仓库使用阶段和冷库使用阶段室内外高差的转换处理做法。标准物流仓库室内外高差多为1.3m，如在1.3m基础上增加0.4m楼面保温地坪，则冷库使用阶段的室内外高差达到1.7m，会影响运营阶段的装卸货。根据以上情况，处理此问题有2种方案：1）楼板保温楼面做法先不施工，室内楼板完成面与室外装卸货平台高差为1.0m，月台升降平台调节范围为0.3m，可以基本满足装卸货的需求。待冷库改造时再施工楼面保温做法，室内楼板完成面与室外装卸货平台高差为1.4m。此做法适用于前期物流仓库运营时间较短，后期会快速改造冷库的项目。2）楼板保温楼面做法先不施工，楼板按标准物流仓库完成面高出装卸货平台1.3m，确保物流仓库运营阶段的使用功能。待冷库改造时加设楼面保温层0.4m厚，室内与装卸货平台高差1.7m，室内外高差通过设置室外可以移动的钢结构坡道解决卸货面高差问题。此做法适用于前期仓库运营时间较长，后期改造冷库需求不迫切的项目。

2.5 外窗和天窗

标准物流仓库需要考虑通风、采光及相关排烟要求，通常设有外窗、屋顶排烟天窗和易熔采光带等采光通风设施。而冷库由于规范的差异及使用要求的特殊性，往往对于外墙及屋面部分的相关门窗洞口不宜过多设置。因为外窗和天窗会对冷库保温带来不利影响，造成库内冷量的流失或结露现象的产生，故在标准物流仓库设计阶段需要结合冷库使用特点，只设置必需的外窗门窗洞口及排烟洞口以便减少后期洞口改造的封堵返工的工程量。

由于改造冷库多为内保温库，如内保温方案采用闷顶的方式解决顶面保温的问题，则需要在外墙上设置通风的百叶以便减少闷顶的结露现象。这就需要在前期设计中在外墙相应位置设置可拆卸的外墙板（图4），以便在后期冷库改造阶段直接打开安装百叶，减少直接切割带来的施工质量风险。

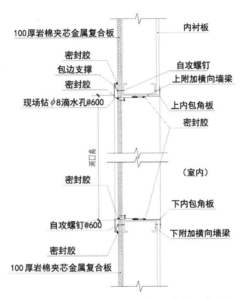

图 4 外墙预留洞口可拆卸外墙板示意图

2.6 冷库设备空间预留

由于冷库需要设置相应的制冷机房及室外蒸发冷凝器空间，物流仓库预留冷库需要提前预留相应的设备空间。通常制冷机房在库内提前预留空间，可设置在库房内或单独设置专用机房，如设置库内则选择置于卸货区的远端，对装卸货影响较小，或在设备房内预留制冷机房的空间。蒸发冷凝器可设置的位置选择较多：1）在一层制冷机房附近的绿化带内，搭建设备钢平台后用于安装蒸发冷凝器。2）蒸发冷凝器可以考虑设置在屋面，将结构柱设计为伸出屋面且预留相关荷载，满足设备搭建设备平台的要求。3）利用卸货面的竖向高度，在卸货平台立柱预留荷载，利用柱间的立体空间架设设备钢平台，安装蒸发冷凝器。采用以上方式可提前规划制冷机房及相关设备的安装空间，减少冷库改造阶段由于库内新增设备空间造成库房面积损失的现象发生。

3 结语

物流库预留冷库设计从根本上来说就是尽可能地考虑冷库的使用要求和特点，在设计阶段统筹考虑冷库的设计要素，兼顾两者的做法并加以结合，以减少后期拆改的工程量，增加改造效率。以最经济的费用、最快的速度、最少的返工量来完成标准物流库到冷库的功能改造。

3

◇ 冷库细节设计

王文娟

摘　要：随着冷库的大量建设，现代制冷技术日趋成熟，如何将库内温度维持恒定，保证库内货品对温度的需求，不能只靠制冷设备的运行，也需要冷库自身保温系统的完整；更需要在使用的过程中，减少不必要冷量的流失；在维持库内温度稳定的同时，也需要注意库内构件的防护，减少破损跑冷、减少维修，从而提高使用效率。

关键词：冷量流失　尾板插槽　防撞保护

1　综述

随着经济的发展，人们对生活物资的新鲜度及安全性要求越来越高，全程冷链的社会要求增加，作为节点的冷库需求也不断增多，以满足人们对生活的需求和生活便利，从而提升生活品质。

在设计过程中，冷库的外围护结构保温系统，一般外墙内侧设置双面彩钢 PIR 夹芯保温板（以下简称"库板"），通常厚度为 100mm、150mm、200mm，根据库内温度的不同库板厚度不同，库内所有房间均采用库板包裹或者库板分隔处理，不仅内墙保温，地面也设置了保温，地面通常采用挤塑聚苯板，厚度为 100~200mm。如冷藏区温度设定为 −18℃，则外墙、内保温、顶棚、地面均采用 200mm 保温，确保保温连续性。总之，外墙、内墙、地面、顶棚均采用保温隔热措施，使其形成一个密闭整体空间，防止冷热桥出现、冷量流失。

除墙、地面、顶棚处有冷量流失外，装卸货和搬运货物时冷量损耗最多，当提升门打开，库内温度低，库外温度高，空气进行对流，冷量快速流失，设计时车辆与外墙衔接处应重点考量，进行有效防护；同时，库内不同温区的连通门也不容小觑，叉车、地牛搬运货物内部流通，工作人员穿行，大量的开启与关闭，空气流窜带来的消耗，如何降低低温区冷量流失，需要快速卷帘门、普通卷帘门、快速平移门、普通平移门，根据使用频率，合理选择，有效配合，维持库内温度恒定，有效快速工作。

在关注冷量流失的同时，也需要对库内围护结构及设备进行合理的防撞保护，确保不变形跑冷，不损坏停机，减少运行时不必要的损坏和停工维修，保障冷库的连续性运行。

以下结合自己参与设计的冷库项目，针对上述节点关注的问题，就其细节设计进行解释说明，与大家探讨。

2 减少冷量流失

2.1 冷库外墙提升门防止跑冷处理

提升门在装卸货时，与外界空气交换会存在大量的冷量流失，减少冷量的损失，就要求装卸货时车厢与卸货口完全密封，不与外界空气进行能量交换。

首先，当车辆停靠时，使其车厢后侧尽可能与仓库紧密衔接，减少缝隙。在设计时需将冷链车自带的尾板考虑在内，升降平台下方设计尾板插槽，卸货时将尾板插入设定插槽内，不影响使用效率且车厢与升降平台紧密衔接。升降平台分为伸缩式升降平台和翻板式升降平台，车辆车型固定，车厢底标高基本一致时，一般采用伸缩式升降平台，舌板为前后伸缩，使用时从电动液压登车桥的底板伸出来，不用时就缩回去，便于提升门与外界密接，且车辆紧邻仓库停靠；当车辆车型不确定，车厢底标高不明确，一般采用翻板式，可翻上翻下，也可折叠；通常大部分卸货口采用伸缩式升降平台，结合几个翻板式升降平台，满足不同车辆的使用要求。升降平台不仅使停靠车辆与库内衔接更加紧密，也使货物搬运更加流畅方便，详见图1。

其次，在装卸货时，车厢的后侧卸货门需与提升门对应。冷库中的工业提升门及卷帘门与普通仓库不同，普通仓库中，外墙处的提升门尽量大，方便装卸货，而冷库的提升门，在满足使用的情况下，尽量小，防止冷量的不必要流失，造成能源损耗。冷库的外门，根据冷链车辆的大小进行设计，一般情况下为2000mm（宽）×2400mm（高），大型车辆对应的门为2400mm（宽）×2700mm（高），特殊大小的门可根据客户装卸货车辆进行匹配设计；小门对应小型车辆，大门

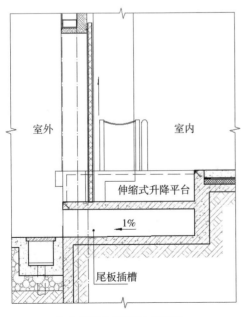

（a）伸缩式升降平台示意图

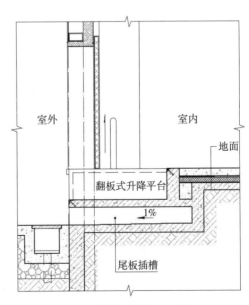

（b）翻板式升降平台示意图

图1 升降平台示意图

对应大型车辆，防止小车停靠大型车位，大车停靠小型车位，无法完全密封。车辆停靠时，车厢与外墙存在安全距离缝隙，可采用海绵门封、充气门封或者机械式门封进行封闭，减少室外热气流入和库内冷气流出。园区车辆形式固定，建议采用海绵门封，密封较强，抗冲击力强，更耐用；园区车辆形式不固定，可采用充气门封或机械式门封，充气门封对车厢要求比较灵活，适合于不同宽度和高度的车厢，保温性能好，卫生性好，但容易损坏，后期维护费用较高，机械式门封保温性能没有充气式门封效果好，但不易损坏，维修成本低，相比较海绵门封使用较多。

最后，在提升门的内侧设置风幕，有效地阻止外部热量进入，为冷量流失的减少再加一道保险。

2.2 库内钢柱保温包裹

设计人员在设计中往往会注意各墙体保温库板的连贯性设置，很容易忽视立柱保温包裹的细节处理，以至于库内空间浪费、不美观或者空间减少后，设备无法安装。

特别需要注意的是钢结构冷库设计中，钢柱柱脚锚固在混凝土柱墩上，柱墩的标高不要高于地坪面层中保温的高度，防止库内柱脚下方保温沿柱墩包裹，出现阶梯状的形式或按柱墩宽度统一包裹，影响空间使用和美观；另外钢柱的柱脚需要混凝土保护，防止锈蚀，一般厚度为100mm左右，具体保护宽度由结构确定，增加保护后的钢柱混凝土柱脚大于地上钢柱截面，以至于上部库板与钢柱之间留有一定的间隙，设计时，需考虑这部分的空间占用，防止预留的门洞或设备安装尺寸不足。冷库地坪中的挤塑聚苯板与PIR板衔接处也需特殊处理，PIR板表面为不燃彩钢板，与地面保温衔接处需将一侧彩钢板切割断热，使钢板不连续，切缝及缝隙处采用聚氨酯发泡进行封堵，防止冷桥出现；PIR板下方与地面或柱墩接触处，下方垫置冷库专用防冷桥橡胶垫，防止冷桥再次出现，影响库板使用寿命，详见图2。

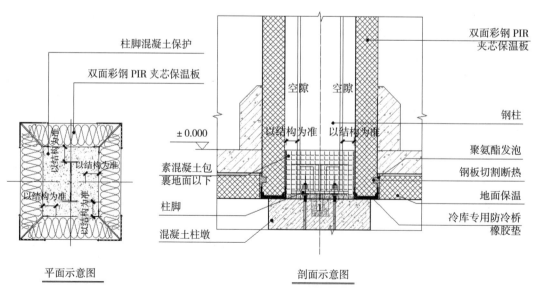

图2 库内钢柱保温包裹示意图

2.3 冷库内门的选型

冷库内，穿堂区域温度一般在 0℃以上，冷藏间区域在 0℃以下，根据进出货物的频率，选择不同的门型。如使用频率较高，则采用高速电动平移门 + 快速卷帘门，设置在墙体两侧；如使用频率较低，则采用普通的电动平移门 + 快速卷帘门即可，电动平移门内设置保温，不出货时，有效地维持各区域温度。在运行时，电动平移门常开，快速卷帘门根据感应，确定来往的货物与行人，快速地升起与落下，有效地防止穿堂区与冷藏间区域的空气的对流，减少冷藏间的冷量流失。

3 库内防撞保护

货物在搬运和转移时，常借助于机械设备，例如叉车或地牛，在其操作和运行的过程中，很容易与库板及设备冲突，造成库板变形，提升门损坏或者消防栓等破坏，不仅会造成冷量流失，还存在安全隐患，需对其进行有效保护且不影响通行，保证使用效率。

3.1 防撞踢脚

冷库内部墙面为保温库板，与普通仓库不同，很容易发生碰撞之后产生变形，故其防撞设施尤为重要，通常库板设置混凝土防撞踢脚，宽度为 200mm，高度为 400mm，局部可以 300mm，防止叉车和地牛在行驶过程中撞击到库板，引起变形跑冷。防撞踢脚上部进行特殊处理，斜面设计，如库板特殊情况下产生冷凝水后，可沿斜面流下，避免在踢脚上方堆积或者渗透到下方保温区域，引起结露和保温失效，详见图 3。

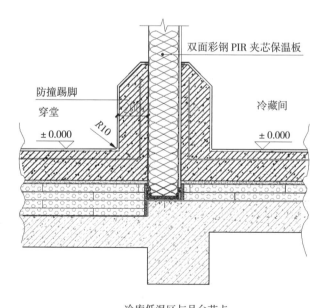

冷库低温区与月台节点
底板降板不同

图 3 防撞踢脚示意图

3.2 门式、N型防撞

在库内电动平移门、高速电动平移门、快速卷帘门、防火卷帘门等周边需进行防撞，根据移动位置及高度方向进行防撞，防止叉车装载货物过高，撞击到库板，使库板损坏，通常采用门式钢管防撞，并涂饰防撞警示漆。普通钢管中心距离库板边缘一般情况下为550mm；快速卷帘门一般为700mm；防火卷帘门通常为1100mm，间距较大，考虑了上方卷帘盒的安装空间，具体高度根据门洞高度而定，在靠近门洞顶处设置直径为120mm的钢管，在受到撞击后摆幅不得碰触库板或设备，详见图4、图5。

图4 门式、N型防撞图片

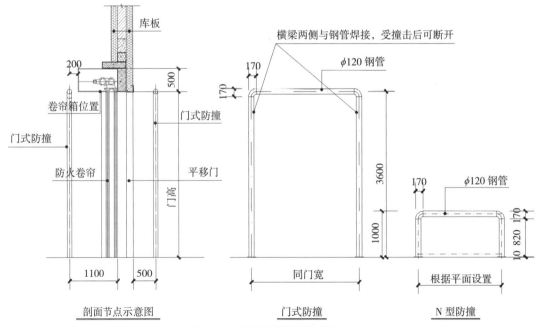

图5 门式、N型防撞示意图（单位：mm）

在电动平移门和高速电动平移门打开时，沿着平移门打开的方向，需增加门扇防撞保护，防止平移门打开时，门扇被撞坏，一般采用 N 型钢管防撞，详见图 5。

3.3　其他防撞

不同温区的出入口处，地坪通常设置温度伸缩缝，叉车通行，很容易将此处地坪碾压坏，一般情况下，设置"铠装缝"可以起到很好的保护作用。库内的管道和消火栓等设备，同样需要防撞保护，通常采用钢管柱防撞或者混凝土台防撞，避免造成不必要的损坏或者反复的维修。

4　冷库其他细节处理

冷藏间与常温区之间的墙体，通常设置一组压力平衡窗，常由两个窗户组成，两个窗户之间的距离通常为 1~2m，均匀布置，通过传感器，自动调节冷藏间内压力差。

在 0℃及 0℃以下区域里，需考虑连通门的门框及下方地坪融霜，确保门正常开启关闭运行。由于一侧是 0℃以下，另一侧为 0℃以上区域或常温状态，这样冷热交替，门及电机等设备上会出现结霜结冰，影响门的使用及寿命，所以在通行的所有门的地坪下方设置电加热，门框的轨道设置电加热，避免结霜结冰现象发生。

5　结语

冷库设计中，人们往往关注主体设计，而忽视局部细节处理，导致实际使用过程中，由于细节处理不当，引起局部结露或凝霜，引起库内温度不均。加强细节处理，减少局部冷量流失，使库内温度保持恒定，尽可能地为所存物品提供一个均衡的温度与湿度，既保证了食品质量，也满足了人们对食品新鲜度的要求。

4

◇ 冷库设计中保温材料应用的探讨

钱霖霖

摘　要：本文基于对当下大型冷库建筑中存在的高能耗问题的思考，从冷库建筑自身的工艺特点出发，阐述冷库建筑中保温隔热的重要性，分析冷库建筑保温材料的选用要点，并对当前冷库设计常用的保温材料性能特点进行梳理，最后介绍实际项目中保温材料的运用，为建设节能型冷库做出一些探讨。

关键词：冷库建筑　保温材料　低碳节能

1　综述

在中国"双碳"目标和《"十四五"冷链物流发展规划》的指引下，冷库作为高能耗的特殊产业，面临规模急剧扩张和碳排放控制之间的突出矛盾，迫切需要加快减排降耗和低碳转型步伐，建设节能型低碳冷库已经成为行业发展的当务之急。对于冷库而言，从规划选址、建筑布局、建筑设计、保温材料选择、制冷系统选型、施工安装到使用维护，每个环节都与能耗息息相关，在综合考虑实用性、经济性、安全性的同时，采取合理有效的技术措施推进绿色冷库建设，是行业发展的必然方向。

2　冷库建筑中保温隔热的重要性

冷库建筑的根本特点是具备保冷功能，多应用于对食品、生鲜、医药、化工等物品的恒温恒湿储藏。按照冷藏温度不同，生产生活中常用的冷库建筑有高温冷库（-2℃~8℃），中温冷库（-23℃~-10℃），低温冷库（-30℃~-23℃），超低温速冻库（-80℃~-30℃）等类型，一年中多数时间里冷库的状态都是"内冷外热"。

在冷库建筑中，室内外热传导、设备孔洞、构件冷桥等都是冷量流失的重要位置，外围护结构的传热量可以达到冷库总热负荷的20%~35%。降低围护结构单位热流量，阻止外界的热量渗入到内部，是冷库建筑的基本设计要求。

冷库建筑"内冷外热"的特点，使其在实际使用过程中遇到很多与众不同的问题。库外环境随自然界气温的变化而周期性波动（昼夜交替和季节交替的周期性波动），而库内生产作业和货物进出必然需要冷库门时常启闭，导致库外库内热湿交换经常发生。外界热空气进入库内后变为降温析湿过程，不但影响库内温度的稳定，而且所析出的水分将在低温的制冷蒸发器和围护结构的表面凝结成水或冰霜，冰霜又可能因受热而融化成水。长此以往，库内水汽慢慢渗入保温材料和建筑结构，渗入保温材料的导致隔热性能减弱，渗入建筑结构内部的水分若体积膨胀，就会致使建筑结构受到损坏。冷库库内温度长期处于0℃以下，地坪下的土壤得不到足够的热量补充，温度就会逐渐降低，土壤中所含水分出现冻结，继而产生极大的浆胀破坏力，可能使墙、柱的基础被抬起，导致地坪冻鼓，严重的将危及建筑结构及制冷设备的安全。

由此可见，冷库设计不仅受生产工艺的制约，更重要的是受冷库内外温度和水蒸气压力差的制约，以及由此引发的温度应力、水蒸气渗透和热量传递的制约。

在规划设计中，需重视保温隔热设计，选用合适的保温材料，设计合理的保温构造，确保冷库长久稳定的运行。

3　冷库建筑保温材料的选用要点

冷库建筑对保温材料的性能要求主要归纳为以下几点。

3.1　导热系数低

通常把导热系数小于0.2W/（m·K）的材料称为保温材料，导热系数在0.05W/（m·K）以下的材料称为高效保温材料。材料导热系数越低，所需设计厚度越薄，占用室内空间越少，造价也可能随之降低，经济性更佳。

3.2　吸水率低

吸水率是影响保温效果的重要指标之一，当材料吸水后会将内部的气体不断挤出，由水占据原本的空隙，进而使保温材料的导热系数明显增大，因此吸水率越大，保温效果越差。在冷库建筑中，吸水率高的材料在不断的冻融循环中，材料结构迅速破坏，寿命大大降低，达不到理论效果。

3.3　材料尺寸稳定

保温材料在剧烈的温度变化或者长期处于较低温度时会出现尺寸上的变化（一般为收缩），尺寸的收缩体现在材料上为板材变形、开裂，进而影响保温效果，甚至破坏保温系统。

3.4　施工便捷性

在前期设计和材料性能都很完善的情况下，施工工艺复杂或者影响因素太多，施工质量无法保证，也将导致整个保温系统的实际效果与预期相差很远。

例如保温板大多在现场拼装，有些还能进行现场切割，无需电锯，固定简单，不受环境影响，施工相对简单快捷；而像聚氨酯发泡需要现场发泡，受天气、环境、风速、温度、湿度、操作人员素质等影响，施工温度较高，易产生空心，冷却后又容易产生空鼓，质量很难保证，选择时需要慎重考虑。

3.5 质量可靠性

冷库的相对湿度大多在 85% 以上，保温材料长期受到潮湿环境及水蒸气渗透的影响，导热系数是否能够达到设计参数，很难保证。从实际状况来看，生产保温材料本身并不难，但是要做出性能稳定可靠的材料并非易事，涉及原材料、装备、工艺技术等多个领域，需要对生产厂家进行仔细考察挑选。

4 冷库建筑常用保温材料的发展简述

纵观冷库保温材料发展历史，1980 年以前，受限于当时的科技水平，冷库常用的保温隔热材料主要为稻壳、软木、炉渣、膨胀珍珠岩；1980 年之后，新型环保材料开始了蓬勃的发展，岩棉、玻璃棉、聚苯乙烯泡沫塑料（EPS）、挤塑聚苯乙烯泡沫塑料（XSP）和聚氨酯泡沫塑料（PUR）广泛应用；现今国内行业市场上使用较多的是聚苯乙烯泡沫塑料、挤塑聚苯乙烯泡沫塑料、聚氨酯泡沫塑料等材料，新型环保材料聚异氰脲酸酯泡沫塑料（PIR）近些年也因其出色的保温性能受到大型冷库项目的青睐。表 1 为现今行业内常用保温材料的主要性能。

常用保温材料的主要性能　　　　表 1

性能 ＼ 材料名称	聚苯乙烯泡沫塑料（EPS）	挤塑聚苯乙烯泡沫塑料（XPS）	聚氨酯泡沫塑料（PUR）	聚异氰脲酸酯泡沫塑料（PIR）
防火性能	B2 级难燃材料	B2 级难燃材料	B2/B1 级难燃材料	B1 级难燃材料
保温性能（25℃）/（-25℃）	0.041W/（m·K）	0.028W/（m·K）0.023W/（m·K）	0.022~0.026W/（m·K）	0.019W/（m·K）
表观密度	≥20kg/m³	40kg/m³	40~50kg/m³	60~80kg/m³
耐温范围	-20℃~+70℃	-30℃~+80℃	-50℃~+110℃	-196℃~+120℃
吸水率	≤4%	1%~2%	2.5%~3%	0.9%
闭孔率	低	90%	90%	98%
使用寿命	10 年	50 年	30 年	80 年
尺寸稳定性	≤3%	≤2%	≤1.5%	≤1%
环保性	燃烧时会产生污染环境的苯乙烯气体	环保产品	环保产品，可以回收利用	环保产品

备注：数据来自网络，因材料厂家不同参数有一定差别。

4.1 聚苯乙烯泡沫塑料（EPS）（图1）

生产工艺：聚苯乙烯的基料是以树脂为主，辅之以发泡剂（学名叫做丁烷或戊烷），利用水蒸气加热，形成具有无数微小气泡的发泡小球，在常温常压下进行熟化，此过程称为预发泡。将熟化后的发泡小球放在模具中进行加热，使它们彼此融合成型，便制成了一种有微小闭孔结构的硬质泡沫塑料。

优点：聚苯乙烯泡沫塑料的导热系数低，保温性能相对较好，同时价格低廉，质量轻盈，能耐酸碱，有一定的弹性，是可回收材料；具有独立的气泡结构，小面积的损伤不会影响到整体，制品也可以适当切割。

图1 聚苯乙烯泡沫塑料

缺点：质量不稳定，如果未熟化彻底，性能将无法得到保证，后期易收缩开裂；较容易吸水，吸水后影响隔热效果；材料强度有限，承重能力差；耐温范围窄，易燃，燃烧后容易散发有毒气体，是一种正逐渐淘汰的产品。

4.2 挤塑聚苯乙烯泡沫塑料（XPS）（图2）

生产工艺：挤塑聚苯乙烯泡沫塑料以聚苯乙烯树脂或其共聚物为主要成分，添加少量添加剂（发泡剂、阻燃剂、成核剂等），通过加热挤塑成型，具有闭孔结构，经切割而制得的硬质泡沫塑料板，其表面形成的硬膜均匀平整，内部完全闭孔，发泡连续均匀，呈蜂窝状结构。

优点：挤塑聚苯乙烯有致密的表层及闭孔结构内层，在同等厚度的情况下热导率低于同等的聚苯乙烯，保温性更胜一筹。此外，挤塑聚苯乙烯抗湿性好，在潮湿的环境中可以保持优良的隔热性。另外，其压缩强度高，使用年限久（长期使用几乎无老化），便于切割、

图2 挤塑聚苯乙烯泡沫塑料

运输，且不易破损、安装方便，性价比也较高。现在被广泛应用于冷库地坪保温的使用。

缺点：板材本身的强度较高，从而造成板材较脆，不易弯折，板上存在应力集中时容易损坏、开裂。透气性差，如果板材两侧的温差较大，湿度高的情况下很容易结露。材料伸缩性较差，粘结力也较差，粘结后表面易被破坏。

4.3 聚氨酯泡沫塑料（PUR）（图3）

聚氨酯用于冷库保温时，主要有聚氨酯现场喷涂和聚氨酯冷库板两种形式。

聚氨酯现场分层喷涂，是将聚氨酯预聚物、发泡剂、催化剂等组分装填于耐压气雾罐中的特殊聚氨酯产品，当物料从气雾罐中喷出时，沫状的聚氨酯物料会迅速膨胀并与空气或接触到的基体中的水分发生固化反应形成泡沫。可达到全封闭无接缝，能够包裹建筑结构，有效阻止风和潮气通过缝隙流动；聚氨酯与底物粘结力强，不需要任何锚固件，减少了冷量流失，保温效果较好。但是，聚氨酯喷涂完成后需做防潮层及防护层，防潮层可采用新型高分子防水涂料，防护层可用土建形式

或用金属板围护。整个过程施工周期长，施工复杂，施工质量不稳定。

采用聚氨酯冷库板刚性好，强度高，结构紧凑，可无需做防潮层，但须做好接缝处的密封处理；安装快捷，施工周期上与聚氨酯喷涂相比更短，施工简单，不需要做防护层，冷库内部美观卫生。

优缺点：在各种保温材料中，聚氨酯泡沫塑料因其导热系数小、吸水率低、压缩强度大、耐久性好等优点，而成为冷库保温材料的重要选择。随着时间的推移，虽然成分易挥发，保温性、阻燃性均有所降低，材质易变得松脆、粉化，且材料价格相对较高，但是全面权衡后，采用聚氨酯隔热材料其综合运行成本并不高。

4.4 聚异氰脲酸酯泡沫塑料（PIR）（图4）

生产工艺：聚异氰脲酸酯泡沫塑料是由聚合异氰酸与聚醚多元醇为主原料，加上催化剂、阻燃剂及环保型发泡剂，经专门配方和严格工艺条件下充分混合、反应、发泡而成的闭孔硬质泡沫聚合体。

优点：在超低温环境下依旧拥有优异的保温性能和尺寸稳定性。相对于聚氨酯硬质泡沫，具有导热系数低、抗压强度高、无氟、环保、防霉、防霉变等特点；可以数控切割，满足不同厚度的保温要求。耐火焰贯穿性好，燃烧时发烟量低，防火性能较好。

缺点：相对生产成本及价格稍高，脆性大，流动性较低，粘结性也较差；PIR有急剧二次发泡的性能，会影响板材表面的性能，工艺范围较窄，生产较难控制。

图3 聚氨酯泡沫塑料   图4 聚异氰脲酸酯泡沫塑料

5 保温材料的实际应用案例

上海青浦区某冷库项目，总建筑面积约4.3万 m²，主要包括两栋高层冷库，其中A库为三层冷库带两个夹层常温区，B库为立体库和普通库结合布置的组合冷库（图5）。

本项目的两栋冷库内部功能均复杂复合，包括常温办公区、常温分拣区、低温穿堂区、不同温度的冷库区等，平面和竖向均有不同温区穿插，导致整体保温系统设计相对复杂。结合项目本身的特殊性，经过多轮分析比选，保温系统和保温材料的设计如下。

图5　上海青浦区某冷库项目效果图（左为A库，右为B库）

5.1　地坪保温材料选择

冷库地坪上部有堆货和叉车行驶，要求地面保温材料具有足够的抗撞击能力，否则在项目运行中很快将会出现变形、开裂、离鼓等。轻者地坪隆起，重者墙、柱被抬起，更严重者可造成整个结构体系的破坏，使整座冷库报废。本项目中地坪的保温材料选用挤塑聚苯乙烯泡沫塑料板，在满足保温要求的前提下，考虑材料具有良好的抗压强度，满足冷库内叉车和货物的运载需求。

5.2　墙体保温材料的选择

冷库内墙体保温材料主要选用PIR保温板。

A库内部功能复杂，平面上存在常温办公区、分拣区、低温穿堂和冷库区等的功能组合，竖向上存在常温区和夹层区等组合设置，库内不同位置的墙体需同时满足不同的防火要求和保温要求。当防火墙两侧空间的温度不一致时，以保温要求为主要出发点，沿防火墙两侧分别增设PIR保温板；当防火墙两侧的空间温度要求一致时，选用200mm厚的岩棉防火板，首要满足防火功能，兼具保温功能。

B库内设有变形缝，沿变形缝两侧分别设有防火墙，在防火墙贴临冷库区侧均设置PIR保温板，变形缝内的空间按照室外环境进行保温隔热设计。

5.3　顶板、井道、梁柱保温材料的选择

本项目两栋冷库均采用混合结构，一层、二层为混凝土结构，三层和夹层为钢结构，不同结构形式之间的交接节点、地坪和柱脚相交处、柱身、墙体和梁相交处、柱和楼板相交处、电梯井道等部位均存在冷桥。最初考虑施工速度和成本控制等原因，计划采用聚氨酯泡沫现场喷涂的方式处理

梁柱、顶板和角落的保温问题，后续经过和保温厂家的深入沟通碰撞，选择采用 PIR 保温板进行细部包裹，因为现场喷涂施工质量不能保证，保温材料之间的衔接节点不容易处理好，很难形成一套完整高效的保温系统。本项目最终选用 PIR 保温板作为冷库的墙面和顶板，仅在电梯井道内壁采用了聚氨酯泡沫现场喷涂，并在细部构造中使用聚氨酯填缝。

5.4 保温材料厚度的选用

冷库保温的优化设计，除了材料的选择，确定合理的保温层厚度也是至关重要的。围护结构热负荷与保温层厚度呈反比，增加保温层厚度将减少冷库的运行费用，但是保温层太厚，又将减少使用空间，增加初期投资成本，因此需在冷库建设时根据冷库使用年限确定最佳经济厚度。经济厚度是指为获得最佳经济效果，使隔热层的初投资、经营管理费用和货品干耗损失费用之和为最小时的保温层厚度。当防结露厚度比经济厚度大时，取防结露厚度作为最小保冷厚度；当经济厚度比防结露厚度大时，则取经济厚度作为最小保冷厚度。

本项目在保温厚度选用时，综合考虑一次建造成本和后期运行成本，–5℃以上高温冷库的保温层厚度采用 100mm、–18℃以上中温冷库的保温层厚度采用 120mm、–25℃以上低温冷库的保温层厚度采用 150mm、–25℃以下速冻冷库的保温层厚度采用 180mm。

5.5 保温材料安装形式

PIR 保温板的常规安装方式主要有横铺和竖铺两种。综合分析本项目冷库区层高、结构梁高和设备管线占用高度之后得出冷库区域的实际净高均不大于 12m，可以采用竖向铺设方式，保温墙板与保温顶板连结形成完整的保温板自承重体系，不需要增加额外的构造柱，节约土建成本。

6 结语

现今行业市场上中低端保温材料占比依旧较大，廉价的材料可以减少初期投资，但优质的材料更能带来长期的运营效益。随着低碳时代的到来，节能环保成为未来经济发展的主题，保温隔热材料也将朝着防火、高效、节能、薄层、隔热、防水外护一体化方向发展探索，冷库建筑的节能低碳发展也必将迎来新的飞跃。

参考文献

[1] 姜有海，王亚兰，于桂娟. 浅谈冷库建筑结构特点及冷库保温材料 [J]. 2008，25：179–181.

[2] 张冬冬. 建筑工程保温材料的应用与发展探讨 [J]. 江西建材，2022，07：165–167.

[3] 孙继峥. 冷库建筑保温系统设计技术与发展 [J]. 建筑，2017，17：71–73.

[4] 李洋. 聚苯乙烯泡沫塑料在建筑设计中的价值 [J]. 塑料助剂，2021，04：66–69.

[5] 李婷. 建筑保温硬质聚氨酯泡沫塑料的发泡工艺与应用 [J]. 上海节能，2016，11：629–635.

5

◇ 冷库地坪构造设计要点

严新　范磊

摘　要：基于特殊的工作环境，冷库建筑长期受高湿、低温影响，且堆货重量大。这一特点要求冷库建筑设计应采用一些特殊的技术措施以满足其日常工作需要。本文着重从冷库地坪建筑构造设计出发，介绍冷库地坪的建筑设计、隔热防潮设计、地面冷桥处理、地坪防冻等方面的设计要点。

关键词：冷库　地坪建筑设计　隔热防潮　地坪防冻

1　综述

冷库地坪一次建造永久成型，且地坪作为整个冷库的支撑基础，故不允许地坪在使用过程中出现冻胀起鼓的情况，因此冷库地坪设计是整个冷库建筑设计的基石。冷库地坪防冻措施是保障设施正常运行和货物质量的重要措施之一，应根据不同体量、不同类型的冷库选择适用的地坪构造设计。由于目前市场上较为常见的冷库为土建冷库，本文主要针对土建冷库展开论述。

2　冷库的组成及基本构造

2.1　冷库的组成

冷库是由建筑主库、附属建筑及其他生产设施共同组成的建筑群，建筑群以主库为中心。冷库库房内主要有穿堂、冷却间、冷藏间、冻结间、制冷机房、设备间等功能空间。冷库功能空间组合由项目实际用途决定，因储藏物品种类不同及物品加工工艺的差别，库内的功能空间组合也会发生变化。

常规冷库布局采用前穿堂后存储的模式。沿穿堂外墙布置有众多装卸货口，配置有防冷桥的地面升降设备。存储区一般根据建筑防火要求分为 2~3 间。制冷机房贴临储存区布置，制冷机房内设置对应的控制室。蒸发冷平台就近设置于制冷机房顶部便于管路连接。对于组团式冷库布置，制冷机房可集中设置，设备管路桥架通过架空方式连接到每一栋冷库。穿堂净高要求一般较低，最低净高为 6m 左右，因此制冷机房也可设置于穿堂上方，对应的蒸发冷平台设置于制冷机房屋面上部。

2.2 冷库的基本构造

土建冷库的基本构造包含地下构造、地坪构造、墙体及屋盖构造。

地下构造指的是地基和基础，地坪构造指冷库底层地面部分，墙体及屋盖构造指墙面保温库板及屋面保温吊顶板部分。

冷库底层地面一方面要确保库内冷量不经过地坪过多地传输到基础土体部分，另一方面还需保证基础土体在持续低温环境下避免其内部水分冻结对地坪造成破坏。合理的地坪保温、隔汽透气、防冻胀层设计尤为重要。

3 冷库地坪的建筑设计构造

冷库建筑不同于一般的工业及民用项目，由于使用功能的独特性，所以冷库建筑需要拥有隔热、密封、抗冻、坚固等特点。因此冷库地坪亦需要满足这些特点，以满足日常使用的需求。

冷库的地坪构造主要由面层、保护层、防水透汽层、保温层、隔汽层、基层组成（图 1）。

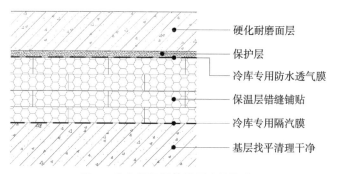

图 1 冷库保温隔热地坪建筑构造

3.1 面层

面层直接承受库内货架荷载，需有足够刚度和强度，表面坚固耐磨、平整光洁、易清洁。面层材料选择亦与室内装修要求相关。冷库地面面层多采用耐磨骨料混凝土面层，配置双层双向钢筋网或单层双向钢筋网和内掺钢纤维的组合式做法。

3.2 保护层

保护层主要作用是避免上层面层内的钢筋网绑扎时对防水透气层的破坏，多采用水泥砂浆做保护层。

3.3 防水透气层

保温层施工完毕后表面需整体外包一层防水透气膜，一方面使得保温板常温施工时内部留存的水蒸气能够通过透气膜逸散出去，另一方面可以防止外部的冷凝水侵入保温板。

冷库用防水透气膜通常需具有耐低温、无毒害、耐腐蚀、耐气候等特点，因此实际工程中常采用聚四氟乙烯防水透气膜、聚丙烯防水透气膜、PE 防水透气膜等。

3.4 保温层

保温层是指为了阻挡外界热量通过土壤和地坪传入库房而设置的材料层。保温层的设置也可以减少因冷库库内低温引起地坪及地坪下方土壤的冻胀。保温层需要有较好的热阻性能，同时也需有足够的抗压强度以满足上部货架的荷载要求。冷库保温层多采用聚氨酯泡沫塑料、挤塑聚苯乙烯泡沫塑料等材料。用于地面的保温材料需有足够的抗压强度，一般不小于 0.25MPa，具体应根据上部货架支撑反力进行验算。

3.5 隔汽层

隔汽层是指为防止水分（地下水和地坪上方的水）因毛细作用渗透到保温层内而设置的材料层。

隔汽层的设置能有效地减小蒸汽渗透引起的保温材料受潮从而降低保温材料的保温性能，及防止因蒸汽渗透导致冷库内空气湿度加大从而影响储存在冷库的物品。

冷库隔汽层多采用聚氯乙烯薄膜、石油沥青、油毡等具有高度不透水性、高强度、高延展性、耐腐蚀的材料。

3.6 基层

基层是地坪的承重层，地坪上的荷载均须由基层承担。基层有建筑地坪和结构地坪两种形式，需根据地上荷载要求、地下地质勘查情况及工程造价综合确定。

采用建筑地坪时，在季节性冰冻地区地面的冻深范围内应设置防冻胀层。材料一般可采用中粗砂、砂卵石、炉渣，或为炉渣：素土：石灰 =7：2：1 的炉渣灰土层。

采用结构地坪时，因冷库底层温度较低，地面应采取防止冻胀的措施，常用通风地坪、架空地坪、不冻液加热管地坪，保证地坪土壤正常温度不冻结。

4 冷库地面的保温隔热

冷库地面广泛采用的保温隔热材料有聚氨酯泡沫塑料、挤塑聚苯乙烯泡沫塑料等。

聚氨酯泡沫塑料具有热导率小、吸水率低、压缩强度大、耐久性高等特点，但其材料价格相对较高，因此聚氨酯泡沫塑料地面保温一般适用于小型冷库。

挤塑聚苯乙烯泡沫塑料同样具有热导率小、吸水率低、压缩强度大、耐久性高等特点。大中型冷库存货量较大，聚氨酯泡沫塑料抗压性能无法满足存储需求；挤塑聚苯乙烯泡沫塑料其保温性能和抗压性能更优于聚氨酯泡沫塑料，且价格较低，因此挤塑聚苯乙烯泡沫塑料在大中型冷库的地坪保温中选用较多。

地坪保温必须与墙面保温闭合避免冷量流失。

5 地面防潮

为防止蒸汽渗透引起保温材料受潮从而降低保温材料的保温性能，常见做法是在冷库地坪中设置防潮层，冷库防潮层常用的材料有两大类：一是沥青材料；二是聚乙烯或聚氯乙烯薄膜材料。

5.1 沥青隔汽防潮材料

沥青隔汽防潮材料有沥青、冷底子油、油毡等。冷库中使用石油沥青材料，其性能较稳定，粘结力较强，且沥青不溶于水，防水性能较好，但是沥青会在空气中氧化，在潮湿环境作用下会逐渐老化变脆。实际工程中常把沥青、油毡做成三层（一毡二油）或五层（二毡三油）作为冷库地面防潮材料使用。

5.2 聚乙烯或聚氯乙烯薄膜材料

聚乙烯和聚氯乙烯薄膜是良好的隔汽防潮材料。冷库对薄膜质量要求很高，薄膜应满足高拉伸强度、冲击强度、气密性的要求，在低温潮湿的条件下不变硬发脆。一般实际工程常用0.13mm厚聚乙烯半透明薄膜或0.3mm厚聚氯乙烯透明薄膜作为冷库地坪防潮层。

目前聚乙烯薄膜及聚氯乙烯薄膜在冷库中作为防潮层已大量使用，工程中常采用聚乙烯薄膜及聚氯乙烯薄膜现场铺贴代替热加工石油沥青油毡的做法进行施工。相较石油沥青油毡，聚氯乙烯薄膜现场铺贴不仅节省工程造价还能缩短工期。

6 地坪防冻

通常情况下冷库存储区温度较低，如果对地坪不作好防冻处理，就会引起地下土壤冻结，轻则冻鼓地坪，重则抬高柱基，甚至破坏整座冷库结构，从而影响冷库的使用。因此必须对冷库地坪作好防冻处理。目前冷库地坪防冻的形式大致可分为下列几种。

6.1 通风地坪

通风地坪即在冷库地坪保温层下部埋设通风管道。通风管道一般采用水泥管铺设。通风地坪又可分为自然通风和机械通风两种。自然通风地坪是靠室外空气为热源。当室外空气在热压和风压的作用下通过通风管道时将不断补充热量使冷库保温层下部始终保持在0℃以上。机械通风地坪则采用鼓风机将加热蒸汽送入通风管道来提高冷库保温层下部的温度防止地坪冻结。这种方法一般在采暖季节使用，平时则采用风机将室外空气送入通风管道。

自然通风地坪大多适用于冬季室外气温较高的地区的冷库，通风管两端应直通并坡向室外，直通通风管总长度不宜大于30m，穿越冷库地面下长度不宜大于24m，自然通风管道的布置宜与常年最大频率风向平行，管道的长度管径亦需相匹配以便气流通畅。

机械通风地坪大多适用于大型冷库和北方地区冷库。其风道支管内径宜采用250mm或300mm的成品水泥管，并且根据地坪荷载考虑水泥管管壁是否配筋及管壁壁厚选型。敷设时管中心距宜按1.5~2m等距布置，原则上管径越小，管中心距越小。风道支管两端接入主风道，主风道采用钢筋混凝土浇筑，其断面尺寸不宜小于0.8m×1.2m（宽×高）。机械通风地坪支管及主风道布置应遵循"同程"原理，避免气流路径长短不一出现局部地坪冻胀现象。实际设计过程中，还应结合市场上供应水泥管主流产品管径尺寸合理选用，避免施工现场实际采购的困难（图2）。

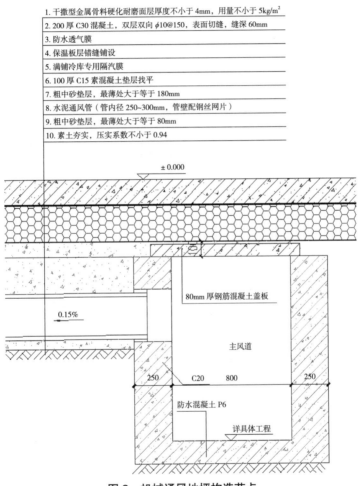

图2　机械通风地坪构造节点

6.2　架空地坪

架空地坪即将冷库地坪架空，通过在地垄墙上或墙下梁柱上架设钢筋混凝土楼板，使地坪散发的冷量通过架空层的空气散发掉，从而防止地面土壤冻结。

地坪架空通常分为低架空和高架空两种。低架空通常架空高度为1.0~1.8m，高架空通常架空高度为2.0~2.8m。

架空式地面的进出风口底面高出室外地面不应小于150mm，其进出风口应设格栅。为了防止楼板下方冷凝水下滴，一般架空地坪均设置有排水沟、集水井等排水设施。架空地坪设置排水沟的自然土层部位应考虑地面防冻胀要求，在冻深范围内设置防冻胀层，避免地面冻胀对排水沟及集水井造成破坏（图3）。

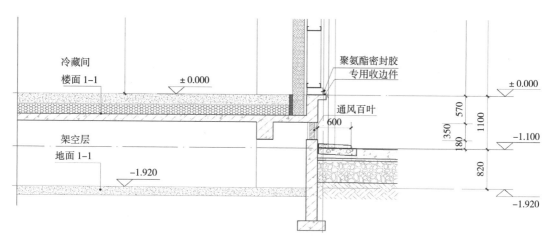

图3　架空地坪构造节点（单位：mm）

6.3　不冻液加热管地坪

不冻液加热管地坪即在冷库地坪中埋设加热管，利用热媒在管内循环以吸收地坪散发的冷量，对地坪进行加热防冻。加热管常采用De25高密度聚乙烯管（HDPE），承压不小于1.1MPa。管道系统安装间断或完毕的敞口处应随时封堵。加热管的弯曲半径，不应小于8倍管外径。填充层内的加热管不应有接头。加热盘管穿墙时应设硬质套管。加热盘管安装完毕且水压试验合格和验收合格后，加热管应处于有压状态下方可进行混凝土填充层的浇筑。混凝土填充层施工过程中，应保证加热管内的水压不低于0.6MPa。养护过程中，系统压力应保持不小于0.4MPa。

不冻液加热管地坪适用于北方寒冷地区冷库，地坪防冻性能可靠但对施工敷设要求较高，且加热管须满足国家规范后方可安装（图4）。

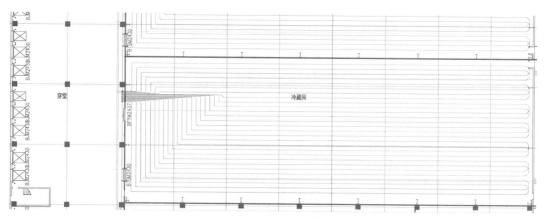

图4　地坪乙二醇加热盘管示意图

总体来说，架空地坪直接可靠，但是土建造价成本较高；通风地坪有一定的使用局限性，较多在单层冷库里使用；加热地坪施工造价较为节省，但是对现场施工敷设要求高。实际项目可根据自身地质条件及成本投入情况来选择冷库的地坪防冻形式。

7　结语

冷库发展日新月异，合理的冷库构造、良好的地坪隔热防潮设计是冷库能长久使用的必要条件，设计人员应当结合项目的实际情况进行冷库地坪的建筑设计，尽力做到经济耐用、结构合理。

参考文献

[1]　中华人民共和国住房和城乡建设部 . 冷库设计标准：GB 50072—2021[S]. 北京：中国计划出版社，2021.

[2]　中华人民共和国住房和城乡建设部 . 物流建筑设计规范：GB 51157—2016[S]. 北京：中国建筑工业出版社，2016.

[3]　中华人民共和国住房和城乡建设部 . 建筑设计防火规范：GB 50016—2014（2018 年版）[S]. 北京：中国计划出版社，2018.

[4]　姜雪，耿纪魁 . 通风管间距对冷库地坪通风防冻系统传热性能影响的分析 [J]. 城市建设理论研究（电子版），2015，（01）：4529–2530.

[5]　贾景福，郝满晋，赵建华 . 通风管管径对冷库地坪通风防冻系统传热性能影响的研究 [J]. 食品与机械，2009，25（04）：163–166.

6

◇ 自动化高架冷库的设计要点

钱程　陶勇

摘　要：国内的冷链运输产业正在高速地发展，作为冷链物流储存环节中最重要的环节——冷库，近些年来正向着高端化、立体化、自动化发展。本文针对自动化高架冷库相关设计要点加以归纳。

关键词：自动化　高架冷库　保温材料　构造防冻

1　综述

随着国家经济发展及全民生活水平不断提高，冷链物流业发展迅猛且前景广阔，尤其是近几年政府高度重视，出台了一系列政策引导冷链行业发展。据不完全统计，在 2010~2016 年间，共有 46 条相关政策出台，其中 11 个产业政策，29 个指导建议政策，4 个规范政策，2 个扶持政策；2017 年，又新增 11 项政策等。受此影响，冷库在全国各地兴建。在新建冷库中，多层土建冷库和钢结构库板的装配冷库占比较高。此外，自动化高架冷库异军突起，以其自动化、信息化、数据化等优势，逐渐被用户所接受和认可，在新建冷库中的占比呈上升趋势。

在《冷库设计标准》GB 50072—2021 中，冷库定义为采用人工制冷降温并具有保冷功能的仓储建筑，包括库房、制冷机房、变配电间等。自动化高架冷库是指货架高超过 7m，并利用智能化设备、系统，通过自动检测、操作控制等管理自动或半自动操作的货架冷库。本文就自动化高架冷库相关设计要点进行讨论。

2　自动化高架冷库的特点

自动化高架冷库的主体结构一般选用钢结构，层数为单层。冷藏区内设有多层高位货架，供存放货物的托盘用，搭载在托盘上的货物的堆垛全依靠起重机，根据电子计算机的指令自由有序地穿梭于立体冷库内，可从指定的货架货位中取出或放入货物托盘，并用平面输送带进行货物进出库的自动化操作。

自动化高架冷库中还装有空气冷却器，这种装置使库房上部空间形成低温空气层，靠对流进行冷却，以保持库内设定的温度，不需要在温度控制上再耗费任何人力，减少员工成本。

2.1 主要功能房间、设备构成不同

自动化高架仓库主要由结构框架、储物货架、自动化货架运输设备、货物运输传送带及操控系统组成。库房主要包括存放货物的储存空间、搬运及输送设备（如吊车、电梯、传送带等）、出入储存区域的运输管线以及消防设施、管理用房等。

自动化高架冷库是在传统智能化高架仓库的基础上增加了制冷设备，单独分隔了冷藏保温房间，形成了以冷藏间为主体，其他设施为辅的仓储形式。冷藏间和其他设施的设计布局根据储藏物品的不同、工艺要求及相关规范条文要求的不同进行相应的设计。

2.2 货架材料不同

货架是由钢材所构成的存放成件物品的保管设备，货架内部是符合标准规格的储物空间，专用设备在货架之间穿行，完成货品传递流程。

自动化高架冷库的货架因冷库保温形式的不同分为和主结构一体式或单独设置两种形式的货架。因冷藏储存空间高度较大，且为恒定低温环境，钢材在 −20℃ 以下抗冲击性会明显下降，导致普通货架结构柱和货架钢材强度不够，易引发倒塌事故。

自动化高架冷库的货架在材料选择方面，推荐选用应力小、韧性好的材料，在货架的表面处理方面需采用双重保护——防锈层和冷冻层。除此之外，在造价相对富裕，考虑建造高标准冷库的情况下还可以选用高耐蚀性货架。它是用添加了 Al、Mg、Ni、Cr 等合金的特种钢材制成的高标准货架，Al、Mg、Ni、Cr 含量增加使钢比普板耐蚀性提高几倍到十几倍。

2.3 防火分区面积不同

根据《冷库设计标准》GB 50072—2021 中 4.2.2 条的规定，自动化高架冷库冷藏间按照耐火等级一级的单层、多层冷库定性，总占地面积小于等于 7000m²，防火分区内面积小于等于 3500m²。根据 4.2.6 条和 4.2.7 条，单层和多层库房每层穿堂或封闭站台建筑面积应小于等于 1500m²（穿堂或封闭站台在设置自动灭火系统和火灾自动报警系统的情况下，最大允许建筑面积可增加 1 倍）。

自动化高架库根据《建筑设计防火规范》GB 50016—2014（2018 年版）中 3.3.2 条及 3.3.3 条规定，丙类 2 项自动化高架库每座仓库的建筑面积应小于等于 6000m²，每个防火分区建筑面积应小于等于 1500m²（仓库内设置自动灭火系统时，每座仓库允许最大占地面积和每个防火分区允许最大建筑面积可增加 1 倍）。

3 自动化高架冷库的主要优点

3.1 库存能力大幅提升

与传统的单层叉车式冷库或多、高层冷库相比，自动化高架冷库的空间利用率大大提高。库存效率相当于传统冷库的 4~6 倍。如果还可以在前期考虑密集存储的设计方案，自动化高架冷库库存容量会比常见的自动化高架库再有约 15%~30% 的提升。由于冷库的建设造价一般较高，提高冷库库存空间的利用率对降低单托盘单位造价起到举足轻重的作用。

据行业内的测算，自动化系统的能耗约为传统冷库的一半左右，对于有效降低成本，倡导绿色冷链物流和执行"碳达峰、碳中和"的国家政策是非常有利的。

3.2　工作环境大大改善

在冷链物流中，因运输的物品需在极低温环境下贮存，冷藏房间内部与室外温差巨大，工人不能长时间在极端环境下生产和工作，也不能频繁地通过温差较大的区域，在实际工作中对冷藏品的运输、传递造成极大困扰。

自动化冷库应运而生。它的基本设计思路是将冷藏储存区和分拣操作区分开。在自动化冷库的设计中，冷藏储存区一般与分拣操作区是两个贴临的区域，通过隔墙或防火墙分隔。冷藏储存区的恒定低温环境可以达到 −30℃，通过特殊设备可达到更极端的低温环境。冷藏储存区内冷藏品全部通过货架、码垛机、传送带等设备自动化操作，避免了低温对工人的影响；分拣操作区设计的作业温度通常在 5~10℃范围内，既满足冷藏货品在短时分拣、挑选、运输时不会融解，避免影响货物品质，又改善了人员的工作环境。

将分拣操作区和冷藏储存区分开，分拣操作区内的给水排水、暖通、电气设备无需再作防低温特殊处理，降低了各专业设备因特殊处理带来的造价增加及后期维护的风险。

4　自动化高架冷库的保温形式设计分析

4.1　内保温形式

内保温形式即冷库的保温板设置在冷库结构体系内侧的方式（图1），行业内大多数的冷库保温结构均采用此方式。

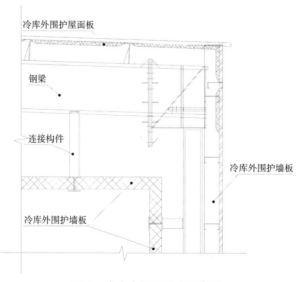

图1　冷库内保温形式示意图

外墙彩钢板＋内墙的保温板或保温喷涂，每层冷库的每个温度分区都是一个封闭的保温系统，结构受力构件被保温板包裹；库外侧设柱、梁，利用库外的框架结构支撑库板，安装制冷设备，支撑屋面系统。

内保温形式的特点是：

1）库房的利用率较高，外围护隔热面积较小，相应冷耗也较小。

2）工程技术方案简单，冷库保温板外还有外围护板材，保温板因室外环境因素影响导致损伤的概率大大降低，降低后期使用中的维护成本。

3）屋面防水设计与一般仓库基本无异，施工工艺简单，对施工工期影响有限。

4）卸货月台侧外墙为其他围护板材，可直接安装雨篷、装饰板等外部构件，不会对冷库保温体系产生影响。避免因构件的安装产生冷桥。

5）结构主体柱梁均在常温环境下，可使用普通钢材，成本较低。

内保温形式的缺点是：

1）冷库内制冷、照明等设备安装固定相对较复杂。设备管道和抗震支架等吊架穿过保温板时需要进行封堵和断冷桥处理。

2）内保温的主体结构外框架与冷库板间的设备管线及结构维修工作量较大，出现问题时需拆除冷库保温板才可以维修。

4.2 外保温形式

外保温形式即冷库的保温板设置在冷库结构体系外侧的方式（图2），保温板兼作外墙使用，一层或者多层仓库为同一个封闭保温系统，结构受力构件处于低温环境中。库内侧设钢柱、钢梁，利用库内的钢框架支撑库板、安装制冷设备，并支撑屋面系统。

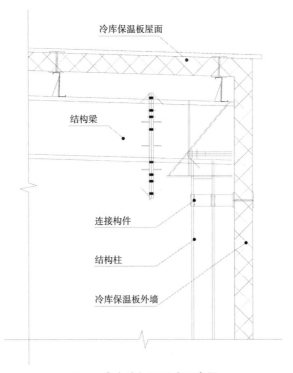

图2 冷库外保温形式示意图

外保温结构特点是：

1）空间利用率高。

2）无吊顶夹层，建筑物总体高度可以降低（或建筑高度相同情况下冷藏房间净高增加）。

3）无需外围护板材，外围护造价降低。

4）冷库内部设备房、管道吊件直接与主体结构相互连接，无需再进行防冷桥处理等特殊处理。

外保温形式的缺点是：

1）库房的利用率较低（内部有钢柱、檩条等）。

2）主体结构均在冷库保温板内的恒定低温环境中，主体结构中的钢材要使用耐低温钢材，冷库主体造价提高。

3）冷库保温板在主体结构外侧，兼顾外围护板材的功能，需做好防雨雪日晒侵蚀、防碰撞等措施。后期维护成本增加。

4）屋面的防水、隔汽等节点处理起来复杂、烦琐；屋面宜为防水柔性屋面，故冷库屋面需要安装太阳能光伏板时，由于外保温做法的保温材料在结构层外侧，导致安装太阳能板支架等构件时需要穿透防水层及保温层，易导致屋面漏水及屋面跑冷。

5）为了防止冷桥，框架柱不应直接穿透隔热层（钢材传热快），并使用半隔热体（通常为硬木垫块）固定在基础上，或采用特殊的聚氨酯隔热垫，成本高，技术难度大。

6）在大型冷藏间内，不能通过屋架直接送风，无法实现"附壁效应"，冷风机的射程受影响，需增设送风管道。

7）由于聚氨酯保温板很长又不可弯曲且依托于墙面檩条，对墙面檩条的整体平整度要求极高。后期外墙经过长时间风吹雨淋，气密性和防水性变差。

8）现阶段市场上冷库的保温外板多为 B 级材料。但根据《建筑设计防火规范》GB 50016—2014（2018 年版）3.2.1 条规定，耐火等级一级、二级的冷库外墙板需采用 A 级材料（不燃）。因此外保温式冷库保温外墙板可选用的材料较少。

4.3 外保温结构形式和内保温结构形式对比

1）内保温结构形式高架冷库，不同库区可设置不同温度（−18℃、−22℃、−40℃等），使用灵活性更强，可以满足不同温区的使用要求；外保温结构形式高架冷库一般按照整体为同一温区使用，整栋高架库分区一个温度。若分阶段使用，未使用的分区一般为常温状态，会导致使用区域温度稳定性不强，易跑冷结露。

2）内外保温结构形式不同，对于使用客户或要求不明确的冷库，内保温冷库相对灵活，可以分区也可以整栋使用；而对于外保温结构形式，适宜整栋在一个温区使用，不适合分层使用，分层使用时运营费用更高。

3）对于有光伏要求的外保温结构形式的柔性防水屋面，屋面易产生漏点及跑冷；因自动化高架冷库库区空间高度高，且库区内自动化程度高，日常员工巡查时无法通过简单、快速的方式到达冷库屋面进行巡视。更加不容易发现冷库屋面有漏点和跑冷现象的产生。

4）外保温结构形式的冷库，结构受力构件长期处于低温环境下，对于建筑结构构件的耐久性以及低温环境下抗变形的要求较高，且由于结构构件与基础连接，立柱断冷桥的工艺难度较大；内保温结构形式的冷库由于绝大部分结构构件均在保温板以外的常温环境，与普通库工艺要求相似，使用及改造更为灵活。高架库多为钢结构体系仓库，在使用内保温形式的情况下，自动化高架冷库钢结构体系和相关构造做法与普通高架库相似，无特殊复杂、烦琐的工艺，对施工工期影响有限。

5）外保温结构形式相对内保温而言减少了彩钢板外墙，但内部结构构件等级由于在低温环境下需要提高约10%，两者造价相对持平（具体价格取决于品牌、做法等多种因素）。

综上，内保温结构形式主要优点为使用模式灵活，可满足各单元不同温度设置，如变温库等，可根据使用需求分期投入运营。屋面布置光伏设备时对屋面影响较小，减少屋面漏水风险；外保温结构形式使用灵活性差，整栋冷库需整体使用、整体运营，对使用具有一定局限性。外保温结构形式整栋高架库的结构构件均在低温环境中，对结构构件耐久性和低温环境下的抗变形性等指标要求高，结构断冷桥工艺难度大，相关造价提高。

冷库保温体系的选择除了要考虑两种保温结构的优缺点外，还要根据项目实际的地理位置、储藏品需要的环境条件以及项目的造价预算等多方面综合考虑。

5 自动化高架冷库构造设计要点

5.1 地坪构造

5.1.1 架空地坪设计

高架冷库地坪一般设计成架空地坪。架空层净高不应低于1m。架空式地面的进出口处洞口底必须高于露天地面150mm以上，且出入口间要设置格栅。露天地面应低于架空地坪出风口洞口标高150mm以上，出风口应设格栅。如地坪有采暖需求，采暖部分的架空层的出口处，还必须设置具有良好保温性能的启闭门设备。

5.1.2 地坪标高设计

高架冷库的冷藏间地坪标高一般推荐设置为-0.800，操作区和码头、穿堂地面标高一般设置为±0.000。主要原因在于冷藏间内布置有大量的储物货架、自动化货架运输设备、货物运输传送带及操控系统。其中主要的自动化搬运及输送设备（如吊车、电梯、传送带等）、出入储存区域的运输管线等装置均需要一定高度的设备基础。经和结构专业对于多个项目的评估以及和多个自动化设备厂商技术人员的沟通，操作区和码头、穿堂地面标高和冷藏间地面标高有800mm左右的高差是一个既经济又可以满足设备安装使用的数值。

5.2 门窗构造

冷藏储存区域通向操作分拣区域的门，因兼顾保温隔热作用，建议首选使用聚氨酯隔热材料生产的保温门，保温应使用三元乙丙橡胶所制成的密封条。保温门内部还需设置应急开锁装置，并有明显的指示标识。在日常使用时，冷藏门的打开形式都是移动开门（图3），而保温门对应的地面区域则应设置电加热系统（图4）。

5.3 防冷桥构造措施

由于冷库的整体隔热设计与局部构造的差异，其内部结构中的某个部位的传热系数高于其余部分，从而产生了大量冷量传输的通路，简称"冷桥"。冷桥的存在不但造成保温板局部失效，同时还会形成保温隔热系统的薄弱点，并由此导致该处保温板材温度过高的部分出现凝露、结

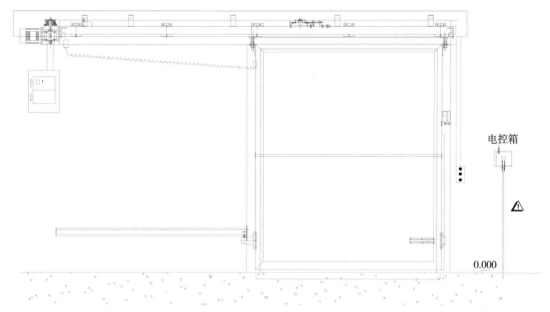

图 3　冷藏门开启示意图

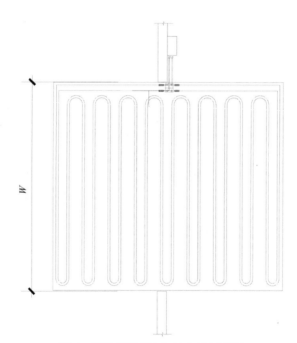

图 4　保温门地面电加热布置示意图

霜、冻结、隔热层受潮等情况。相关构造受潮进而结冰后被破坏，严重的时候会导致整体建筑受冻破坏。

自动化高架冷库中有很多的工艺设备，不同区域设备之间的衔接、数据化传输的弱电桥架、电缆、制冷工艺及制冷设备的盘管、冷媒管等均需要穿过保温板，这些被设备管道穿越的位置均需要断冷桥处理，相关节点如图 5 所示。

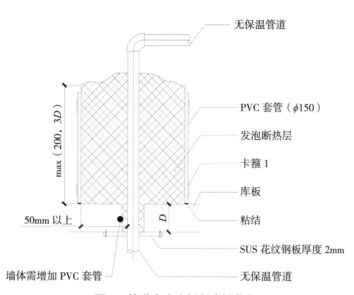

图 5　管道穿冷库板断冷桥节点

5.4　外保温屋面防水措施

外保温形式中屋面的保温板会被风霜雨雪侵蚀，防水隔汽要求较高。处理不当会导致保温板的整体保温性、耐久性受到影响从而导致建筑物整体也受到影响。

由于建筑材料的吸水性能对保温特性有着很重要的影响，吸水性能越低，建筑材料导热系数越稳定，即建筑材料的保温特性就越稳定，使用寿命也越长。如果保温施工材料吸水或受潮，由于水的导热系数是 0.58W/（m·K），是一般建筑上使用的保温聚氨酯材料导热系数的 20~30 倍，保温材料内吸附的水分子形成冰晶时，其导热系数也会提高。

柔性屋面是现阶段建筑设计、工程施工单位中较为常用的屋面防水措施，主要是将沥青、油毡等柔性材料，或以高分子组合材料为基础的柔性材料铺设于屋面板上。柔性防水屋面构造节点详见图 6。

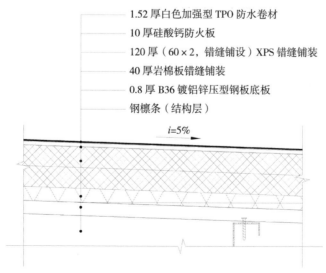

图 6　柔性防水屋面构造节点

根据《建筑设计防火规范》GB 50016—2014（2018 年版）中 3.2.16 条要求，一、二级耐火等级厂房仓库的屋面板应采用不燃材料。根据类似项目经验，屋面常用做法为"压型钢板 + 岩棉 + XPS 保温板 + 硅酸钙防火板 + 防水卷材"，此做法满足防火规范要求。根据《建筑节能与可再生能源利用通用规范》GB 55015—2021 的要求，厂房仓库的屋面需要安装太阳能板，太阳能板安装时支架固定在屋面结构上，支架会穿透保温防水层，对于库内的防水效果有一定影响。

6 结语

在冷链物流的发展过程中，冷库设计的合理性和高效性将直接影响整个冷链物流系统的运行效果和物品质量。随着自动化高架冷库在新建冷库中的占比不断上升，其设计除了本文中所强调的要求外，还需要考虑技术创新、能源节约和安全保障等因素。只有设计合理、运营效率高的自动化高架冷库，才能满足未来冷链物流发展的需求。

7

◇ 某双层冷库结构设计要点分析

涂敏　吴瑕

摘　要：本文结合上海某双层冷库的工程设计，总结并分析了冷库结构设计中地坪做法、荷载取值及结构体系选择应考虑的因素。
关键词：冷库　地坪　荷载　结构布置

1　引言

冷库是指采用人工制冷降温并具有保冷功能的仓储建筑，包括库房、制冷机房、变配电间等。近年来国内物流业发展迅速，物流仓储需求越来越旺盛，不管是普通货物仓储、电商物流仓储还是冷链仓储都有广阔的市场需求。尤其是冷链物流取得了大规模的发展，加之我国电子商务发展迅猛、生鲜乳制品等行业订单数量增多，对冷链物流行业需求不断增加，推动了我国冷链物流行业不断发展。

2　项目概况

项目位于上海市浦东新区航头镇，是一个生鲜物流加工配送中心项目。该项目规划用地面积 77632.8m²，约合 116.5 亩，建设用地为矩形，长约 290m，宽约 273m；共设有加工中心、自动高架立体库、双层冷库、配套楼及配套设备用房、物流集散的回车场、停车场等设施。

本文以 3 号冷库为例，阐述其冷库结构设计的要点。3 号冷库一层层高 11.30m，二层到檐口层高为 10.70m。一层采用钢筋混凝土框架结构，柱网尺寸为 12m×12m，二层隔跨抽柱，采用混凝土柱 + 轻钢屋面结构形式，柱网尺寸为 12m×24m。

3 设计参数

本工程结构重要性系数 1.0，结构设计使用年限 50 年；抗震设防类别为标准设防，抗震设防烈度 7 度（0.1g），建筑场地类别 IV 类，设计地震分组为第二组，场地特征周期为 0.90s；基本风压为 0.55kN/m² （50 年重现期），地面粗糙度类别为 B 类。

4 冷库地坪形式选择

在冷库库房温度较低的情况下，如果地坪不作好防冻处理，会引起地下土壤的冻结，从而引起地坪的冻鼓，轻则影响冷库的正常使用，严重时可能导致基础抬高，破坏冷库结构。因此冷库地坪不但要设置相应的隔热防潮设施，还必须对地坪作防冻处理。目前冷库首层防冻胀的形式主要有乙二醇加热地坪、建筑通风地坪及结构架空层通风地坪。乙二醇加热地坪采用在低温冷库地坪下埋设管道，用乙二醇循环加热防止地坪冻胀。建筑通风地坪采用在建筑地坪下埋设通风管道，利用自然通风或机械通风增加空气流动，防止结露及冻胀。结构架空层通风地坪利用架空地坪形成自然通风，防止结露及冻胀。

本工程位于上海市浦东新区，土层分布自上而下为：

①$_1$ 杂填土、①$_2$ 浜底淤泥、② 褐黄～灰黄色粉质黏土、③ 灰色淤泥质粉质黏土、③$_夹$ 灰色砂质粉土、④ 灰色淤泥质黏土、⑤$_{1-1}$ 灰色黏土、⑤$_{1-2}$ 灰色粉质黏土、⑥ 暗绿～草黄色粉质黏土、⑦$_{1-1}$ 草黄～灰黄色黏质粉土夹粉质黏土。

由于第③层灰色淤泥质粉质黏土和第④层灰色淤泥质黏土在整个场地均有分布，为流塑状态的高压缩性土，③层灰色淤泥质粉质黏土厚度约为 3m，④层灰色淤泥质黏土厚度约为 10m，冷库一层堆载为 30kN/m²，首先从造价经济角度考虑采用建筑地坪进行沉降计算，绝对沉降值大于100mm，不满足业主使用要求。而后考虑采用结构架空层通风地坪，结合柱网间距 12m×12m，架空层柱网为 4m×4m，经过沉降计算，绝对沉降值小于 100mm，能满足业主使用要求，故本工程采用结构架空层通风地坪，架空层小柱子下采用单桩基础，具体架空层结构布置及架空层桩位平面布置如图 1、图 2 所示。

5 冷库楼面及屋面荷载确定

5.1 冷库楼面荷载的确定

冷库建筑一般包含冷藏间、穿堂及设备房，典型的冷库平面布置图如图 3 所示。冷库建造穿堂的目的是减少内外或不同温度冷库在开门进出货物时外界温度对库内环境温度的冲击，并可作为各冷藏间货物进出冷库的通道，起到沟通冷库各冷藏间、便于冷藏货物装卸及周转的作用。冷藏间为用于储存冷加工产品的房间。

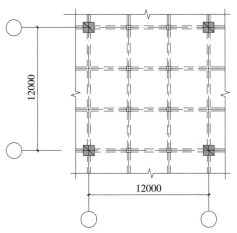

图1 架空层结构布置图（单位：mm）

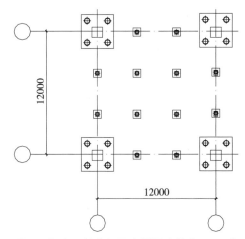

图2 架空层桩位平面布置图（单位：mm）

冷库要依据不同的温区、不同的功能分区（货架区、走道区、分拣区、冷间、穿堂等）按冷库设计标准选取对应的荷载及对应的环境类别。对于采用货架储存货物的冷库楼面，建议根据货架层数及货物密度按实换算，并根据不同结构构件的受力特性及货架布置、货架层数、单个托盘重量等基本荷载条件，按不同结构构件（楼板、次梁、主梁、柱、基础）分别进行等效均布活荷载的等效换算，按需设计，同时要依据不同的温区，不同的功能分区选取对应的荷载及对应的环境类别。

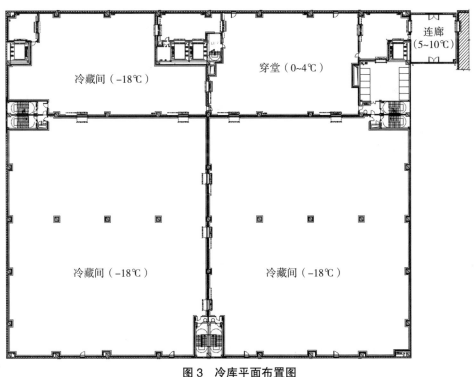

图3 冷库平面布置图

对于穿堂地面活荷载标准值一般根据《冷库设计标准》GB 50072—2021 表 5.2.1 取值为 15kN/m²。

当冷库的货物为直接堆垛时，根据《冷库设计标准》GB 50072—2021 规定，直接码垛货物的冷库楼面和地面结构均布活荷载标准值根据房间用途按表 5.2.1 取值，冷藏间一般取值为 20kN/m²。

目前冷库冷藏间大多数采用货架存储货物。冷库采用货架仓库时，一般冷库存储配套的单层货架高度在 1700~2000mm，所以对于典型的净高 9m 的情况下，一般可摆放 5 层货架，且大多以双深位货架为主。冷库货架还会有对应的荷载使用标识牌，便于后期使用中精准控制，冷库货架布置图详见图 4。针对冷库的货架布置情况，根据《冷库设计标准》GB 50072—2021 的 5.2.2 条，活荷载标准值应根据货架层数及货物密度等按实际情况计算取值。

图 4　冷库货架布置图

冷藏间一般根据实际的货架布置图，确定货架柱脚的集中力，根据《建筑结构荷载规范》GB 50009—2012 附录 C 中楼面等效均布活荷载的确定方法来计算冷藏间主梁、柱、基础、次梁、楼板的活荷载标准值。确定板等效均布活荷载时，将货架排布在引起板弯矩及剪力最不利处，详见图 5。确定次梁等效均布活荷载时，将货架排布在引起次梁弯矩最不利处，详见图 6。其他条件包括：通用冷库的典型柱网 12.0m×12.0m 单元，5 层普通货架（底层地堆 +4 层货架），单个货架尺寸 1.0m×2.4m，通道宽度 3.5m，每个托盘质量不大于 1000kg，货架按货物重量的 10% 考虑。其中底层地堆荷载按 8.0kN/m²，叉车通道区域按 8.0kN/m² 考虑。根据以上方法进行不同结构构件（楼板、次梁、主梁、柱、基础）对应的等效均布活荷载换算，具体结果详见表 1。

常用货架冷库（货架与次梁垂直）等效均布活荷载汇总　　　　表 1

序号	货物层数	单个托盘质量	不同结构构件	活荷载（kN/m²）
1	5 层	1000kg	楼板	40.0
			次梁	28.0
			主梁、柱、基础	22.0
2	4 层	1000kg	楼板	32.0
			次梁	23.0
			主梁、柱、基础	18.5

注：对应的次梁间距 3.0m，柱网 12.0m。

一般来说，主梁、柱、基础等效均布活荷载在 20~25kN/m²，次梁等效均布活荷载在 25~30kN/m²，楼板等效均布活荷载在 40~50kN/m²。

本工程业主未提供货架布置图，楼面活荷载根据业主要求按 20kN/m² 进行设计。

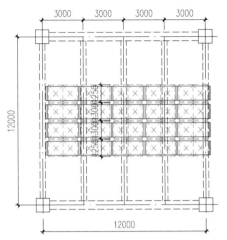

图 5 板弯矩计算最不利平面布置（单位：mm）

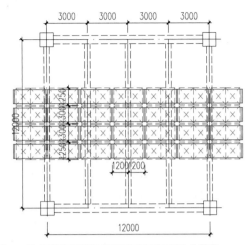

图 6 次梁弯矩计算最不利平面布置图（单位：mm）

由于目前多数冷库采用内保温体系，故冷库楼面恒荷载取值与一般的干仓有所不同，尚需要考虑保温面层做法、保温吊挂、风机及检修荷载。

5.2 冷库屋面荷载的确定图

针对仓库屋顶的荷载取值，主要从屋面结构体系、屋面做法、屋面功能、屋面光伏预留等几个方面综合分析后合理确定，遇到需求不明确的，可按需适当预留。

5.2.1 屋面不同结构体系下的荷载取值

1）屋面为轻钢屋顶时：结合项目的设计需求，建议附加设备吊挂荷载不小于 0.15kN/m²，活荷载 0.50kN/m²。轻钢屋顶还可考虑光伏一体化，将光伏板与主体结构的轻钢屋顶合二为一，兼具屋面围护、屋顶光伏两种功能，设计施工一体化，屋面附加恒荷载 0.50kN/m²。

2）屋面采用混凝土屋顶时：结合项目的设计需求，对应屋顶设停车场或休闲运动场地的区域，选用混凝土上人屋面，恒荷载按屋面做法按实选用，屋顶停车场活荷载 4.0kN/m²，屋顶运动场地活荷载 4.5kN/m²，屋顶花园活荷载 3.0kN/m²。

本项目采用轻钢屋面，屋面活荷载按 0.50kN/m²、附加吊挂荷载按 0.15kN/m² 进行取值，未考虑光伏荷载。

5.2.2 冷库与仓库的屋面荷载差异

冷库与通用仓库的屋顶相比，屋面以上的活荷载总体上没有大的差异，最主要的荷载差异在于屋面的保温做法引起的荷载变化。

冷库屋面保温做法：冷库屋面的保温做法主要有两种，一种做法是屋面保温与屋面做法一体化，在屋面恒荷载中统一考虑；另一种做法是屋面保温吊挂在屋面板下，在屋面恒荷载中要分别计算后叠加。

冷库屋面需要附加的设备管线、设备机房、通风气楼、风机设备等荷载，根据厂家条件及设备专业的平面布置图按实际考虑。

6 冷库保温形式的选择

冷库如采用外保温，结构构件无保温包裹，相应的环境类别按《冷库设计标准》GB 50072—2021 中 5.1.11 条采用。

主体钢结构长期暴露于低温环境中，相应冷间的钢材质量等级、涂膜厚度等应结合对应的温度合理选用。

主体混凝土长期暴露于低温环境中，相应保护层厚度、裂缝控制标准等应结合对应的温度合理选用。

冷库如采用内保温，结构构件均有保温包裹，相应的环境类别均为正常环境，不作特殊要求。

多高层冷库采用内保温，结构柱周边、结构梁周边、结构板上下表面均应有保温包裹，严格执行，保证结构的安全耐久性。

冷库采用何种保温形式，应从施工质量，工程造价和业主的使用需求等几方面综合考虑。

7 冷库结构体系的选择

内保温双层冷库常用的结构形式与普通干仓类似，可采用钢结构或混凝土结构。当采用混凝土结构时，对于有装配式要求的地区，应选择合理的预制装配方案并同时满足装配及经济性要求。

对于没有装配式要求的地区，冷库可采用现浇框架结构，楼面结构形式优先采用单向次梁更为经济。典型现浇框架结构平面布置图如图 7 所示。

本工程位于上海市浦东新区，根据上海市相关装配政策要求，单体预制率满足 40% 即可。故 3 号冷库装配预制方案为框架柱现浇，框架梁预制、钢次梁，楼面钢筋桁架楼承板，屋面彩钢板，装配式楼梯。经过计算单体预制率为 47%，满足要求。钢次梁结构平面布置图如图 8 所示。

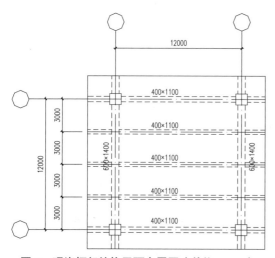

图 7　现浇框架结构平面布置图（单位：mm）

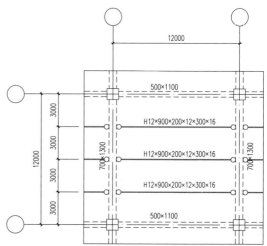

图 8　钢次梁结构平面布置图（单位：mm）

8　结语

本文通过结合某冷库工程实例的结构设计，从地坪形式的选择，冷库楼面活荷载确定方法及结构形式确定等方面进行分析，对冷库的结构设计要点进行总结，希望能为其他设计人员提供一定的借鉴作用。

参考文献

[1]　中华人民共和国住房和城乡建设部.冷库设计标准：GB 50072—2021[S].北京：中国建筑工业出版社，2021.

[2]　中华人民共和国住房和城乡建设部.建筑结构荷载规范：GB 50009—2012[S].北京：中国建筑工业出版社，2012.

8

◇ 冷库水消防系统设计

王平香

摘　要：近年来，冷库市场需求大，建设发展十分迅速。由于冷库规模不断扩大，其消防要求也越发严格。本文根据市场上冷库建造方式的不同，分别从新建、改建、前期预留三种冷库建造形式的角度，研究不同的水消防设计，在满足消防安全的同时保证经济、合理。

关键词：冷库水消防系统　消火栓系统　喷淋系统

1　冷库水消防系统设计概述

冷库是指采用人工制冷并具有保冷功能的仓储建筑，主体是库房，也包含制冷机房、变配电间等功能房间。冷库是特殊的物流仓库，具有低温、高湿、密闭性强等鲜明特点，其自身的建造特殊性决定了冷库的水消防系统和普通仓库存在较大的差异，传统的消火栓、喷淋系统无法实施且无法满足冷库的灭火需求。因此，需因地制宜地选择适合冷库的水消防系统，保证消防安全的同时兼顾经济性、合理性。

2　冷库水消防系统研究

2.1　新建冷库水消防系统设计

2.1.1　新建冷库消火栓系统

冷库需设置室内外消火栓系统。以体积大于 50000m³、高度不超过 24m 的冷库为例，室外消火栓流量为 45L/s，室内消火栓流量为 25L/s，火灾延续时间为 3h。

冷库室外消火栓系统的设置与普通仓库消火栓设置原则不完全相同，特殊之处在于：制冷机房处应设置室外消火栓，且室外消火栓与制冷机房门口处的距离不宜小于 5m，并不应大于 15m。

冷库室内消火栓设置的总原则是：设于穿堂和楼梯间，且满足其所在场所两股水柱同时到达。穿堂设置室内消火栓如图 1 所示。考虑穿堂和楼梯间为主要的运输和疏散通道，一旦发生火灾，能较快地取到消火栓用于灭火，及时制止火势蔓延，保护人员撤离。而冷库冷藏间常年低温、高湿，发生火灾概率较小，根据现行冷库设计标准，此处可不布置消火栓。但对于温度大于等于 0℃的冷库，仍然存在火灾风险，虽规范未作要求，从安全角度考虑建议可设置室内消火栓系统。场所温度决定了消火栓系统选择：当环境温度低于 4℃时，室内消火栓系统可采用干式系统，但应在首层入口处设置快速接口和止回阀，管道最高处应设置排气阀；当环境温度大于等于 4℃时，采用湿式消火栓系统。

图 1　冷库穿堂区域消火栓安装图

2.1.2　新建冷库自动喷水灭火系统

冷库区域根据具体情况确定是否设置自动喷水灭火系统。《冷库设计标准》GB 50072—2021 规定：设计温度高于 0℃的高架冷库、设计温度高于 0℃且一个防火分区建筑面积大于 1500m² 的非高架冷库，应设置自动灭火系统。由上述规范条文及实际情况可知，0℃及以下温度的冷间发生火灾的可能性微小，一旦发生首选消火栓和灭火器手动灭火，可不设置自动喷水灭火系统。0~4℃的冷库选择干式或预作用喷淋系统；4℃以上的冷库设计湿式喷淋系统。无论是何种冷库，其穿堂区域都需要设置自动喷水灭火系统。穿堂为作业区，按厂房设计自动喷水系统。典型穿堂及冷藏间内设置的喷淋如图 2 所示。

图 2　冷库穿堂及冷藏间内喷淋安装图

设计中还存在一些特殊情况：当冷库库房冷藏间最大允许总占地面积或装配式冷库库房的最大允许总占地面积超过规范要求时，需要设置自动喷水灭火系统使得设计合规。或者某些外资项目，安全要求较高，需额外增设自动喷水灭火系统。遇到上述情况，通过在冷藏间增设自动喷水灭火系统作为补偿措施。

2.1.3 新建冷库消防系统断冷节点

当冷库内必须设置消防系统时，需要预防冷桥的发生。若冷库为冷库板合围类型，则因为冷库板无法固定消防管道，设计时尽量将消防干管设置于冷库库板外，末端消火栓、喷淋点位穿越库板进入到冷藏间内。库板内外侧温差较大，管道穿越库板需采取断冷措施，节点做法如图3所示。

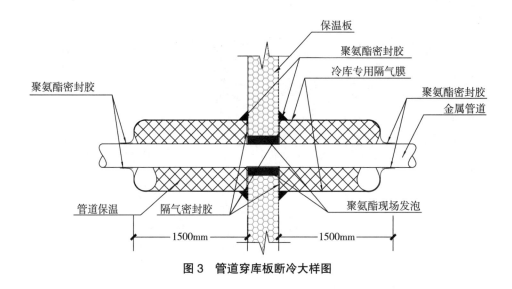

图3　管道穿库板断冷大样图

2.2　干库改冷库水消防系统设计

由于市场上冷库需求较大，目前出现大批后期干库改冷库的工程。这类工程前期为干库，配有完善的水消防系统，后期改造时需根据冷库需求调整原有消火栓和喷淋系统。

若改造后的冷库温度在0℃以下，以体积大于50000m³、高度不超过24m的干库改冷库为例，仅在冷库的穿堂、机房等处设置喷淋和消火栓系统。干库和冷库的消防系统参数对比见表1。

干库、冷库消防系统参数对比表　　　　　　　表1

仓库类型	室外消火栓系统	室内消火栓系统	喷淋系统	消防总用水量
干库	45L/s（3h）	25L/s（3h）	95L/s（1h）	1098m³
冷库	45L/s（3h）	25L/s（3h）	55L/s（1h）	954m³

可知，改为0℃以下的冷库后，原干库的室外消火栓系统、消防水池和消防泵可满足冷库要求，不需要改造，重点改造库内消火栓及喷淋系统。

1）室内消火栓系统：改造后，穿堂、机房等区域沿用原有消火栓立管，消火栓根据布局就近移位；冷间不需要设置消火栓。改造方案有两种：于冷库外增加隔断阀门，阀门后冷库内管道内水放空，冷库内的空管需要增设防结露保温措施；于冷库外增加隔断阀门，拆除阀门后冷库区域的消火栓。

2）室内喷淋系统：0℃以上区域沿用原有的喷淋报警阀、喷淋立管，仅对每层顶的横向管道及喷头进行改造。0℃以下区域不需要设置喷淋，改造方案同消火栓。

3）若建筑专业需要消防专业配合设置喷淋以扩大建筑占地面积，则需在冷库内增设喷头，管道设于冷库外面。

若改造后的冷库温度为 0~4℃，则需要把库内消火栓系统和库内喷淋系统分别改为干式和预作用系统。消火栓系统增加电磁阀或电动阀，消火栓点位根据需求调整并加装泄水阀泄水，系统增加快速排气阀。喷淋系统中湿式报警阀改为预作用报警阀，喷头改为干式下垂型或直立型喷头，系统合适位置增加快速排气阀。这种类型的改造，应尽量沿用原设计管道，减少拆改，降低改造价格，且需要做好不同温区穿管时的断冷处理。设置于库内的设施和管道需设置防结露保温措施。

若改造后的冷库温度为 4℃以上，则消防系统可继续沿用原先的湿式系统。改造内容如下：1）根据冷库布局微调消火栓点位。2）根据冷库布局微调喷淋点位，喷头改至冷库内设置。3）库内消防系统均增加防结露保温措施，不同温区穿管时做断冷处理。

2.3 前期预留冷库水消防系统设计

前期按照干库设计，但业主明确预留未来改造冷库的可能性。这种情况下，前期按照干库设置消防水系统。可根据建筑规划，初步预估冷库布置，于喷淋、消火栓系统上预留合适的分隔阀门及后期排水阀门、管道。一旦未来改造，可按照干库改冷库的步骤进行，以便最大限度地减少拆改。

3 冷库水消防设计的难点探讨及展望

冷库水消防系统的合理设置，可减少火灾事故的发生，降低损失。但冷库作为一项新型产品，还处于发展的上升期，冷库水消防系统设置仍然存在难点和争议，总结存在如下几点：

1）冷桥仍然时有发生，断冷节点需进一步优化。

2）对于净高 8~9m 且温度小于 4℃的冷库，设置预作用喷淋系统时，只能采用 K115 干式下垂型喷头或 K115 直立型喷头，两者均存在困难。首先，市场上缺少成熟的 K115 干式下垂型喷头产品；其次，若项目为内保温型冷库，喷淋管道设置于库板外，采用直立型喷头系统无法排水。

3）对于净高超过 9m 且温度小于 4℃的冷库，设置预作用系统时，早期抑制快速响应喷头和仓库型特殊应用喷头均缺少规范依据无法使用，会遇到无合适的喷头可用的困局。

4 结语

目前，大、中型及高层、高架类、自动化冷库建筑类型日益增多，功能日益多样化，而新建、改建、预留冷库的水消防系统仍存在难点与争议，需进一步加强技术研究，提高火灾防控能力。

参考文献

[1] 范征 . 关于冷库火灾成因及消防系统设计问题的探讨 [C]. 2011 年全国冷冻冷藏行业与山东制冷空调行业年会暨绿色低碳新技术研讨会论文集，2011：58-62.

[2] 张涛，郭秀艳 . 冷库类建筑消防设计的几点建议 [J]. 消防技术与产品信息，2017，（6）：24-26.

9

◇ 冷库排水系统设计

郑代俊

摘　要： 冷库需要设置排水系统，但忌讳排水管道穿越保温板，会跑冷，同时冷库内的排水管道还存在结露问题。本文通过分析常规冷库中的排水种类、排水点位、排水性质等，得出排水设计方法、注意事项等，为冷库给水排水设计提供合理的方法和建议。

关键词： 冷凝水　融霜排水　冲霜排水　排水设计

1　综述

空调设备运转时，会产生冷凝水，冷风机自融和融霜也产生融霜水等，如果不及时把水排走，会对冷库的正常使用产生影响。所以，在冷库安装工程中，排水系统安装是非常必要的，需要做好排水设计。

冷库设计中常遇到的排水有：冷凝水排水、融霜排水、冲霜排水、其他原因排水等，下面分别讨论。

2　冷凝水排水

湿空气在较冷的物体表面上凝结成的水滴，叫做"露"。冷凝水是指水蒸气经过冷凝过程形成的液态水，俗称"结露"。它的特点是，在较冷的物体表面形成，为液态。湿空气的露点温度是判断是否结露的依据，当温度下降到低于露点温度时，就产生了冷凝水。

比如，当打开冷库门时，湿空气会在口部附近流通，此时，地面温度低于空气的露点温度，会产生冷凝水。

再比如，空调设备表面温度低于空气的露点温度时，水汽也会凝结在盘管表面，产生冷凝水。

2.1 口部冷凝水排水

冷库出入口处排水，《冷库设计标准》GB 50072—2021 中 8.3.1 条有要求：冷库穿堂、制冷机房及设备间、设计温度不低于 0℃的冷却间地面宜有排水设施。电梯井、地磅坑等易于集水处应有排水及防止水流倒灌设施。根据现场反应，在自动出入口处设置冷凝水排水，比如电梯口、自动高架库的口部（包括缓冲间）等，如图 1、图 2 所示。平常的出入口，冷凝水少，可不设排水。

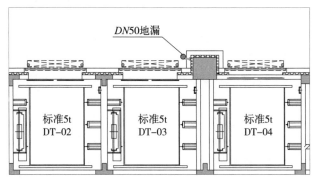

图 1　电梯口部地漏示意图

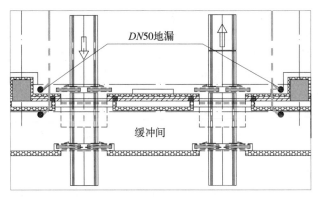

图 2　自动高架库口部地漏示意图

冷库常设有架空地坪或通风地坪，防冻胀。架空层内需设置排水设施，冷凝水通过地面设置的排水明沟流至集水坑内，集水坑数量由建筑专业确定，通常每幢建筑架空层内设置 4 个集水坑，坑内设置排水泵，排水性质主要为冷凝水。

通风地坪内设有风道，一般每个防火分区为一套独立系统，靠外墙处设有进出风口，这里面会有冷凝水产生。由于通风系统需要密闭，集水坑往往设于靠外墙处，为便于检修，实际操作中，集水坑内的水泵、阀门、管道等采用不锈钢材质，防锈蚀。

电梯基坑内积聚的冷凝水，如果是架空地坪的项目，可于电梯坑底设置 DN50 地漏，就近接至排水明沟，排水管道需设置存水弯，防冷气外泄；其他可采用压力排水，参照通风地坪的排水做法。

2.2 空调设备冷凝水排水

空调设备冷凝水一般存在于恒温库、设备间等温度相对高的区域，需要设置冷凝水排水，由空调专业提供具体的排水点。

2.3 冷凝水排水设计

冷凝水呈水流量小、延续时间长等特点。可根据湿空气焓湿图计算，工程设计中，可不进行具体水量计算。如为重力排水，设置 $DN50$ 地漏（淹没深度为 15mm 时，排水流量为 0.8L/s）和 $De50$ 排水管（坡度为 2.6% 时，排水流量为 0.759L/s），能满足排水要求。如为压力排水，排水泵选型可以参照重力排水流量，采用 2 台，1 用 1 备。考虑排水集水坑的位置维护、管理不方便，设计时，坑内设置水位指示、超警戒水位报警装置，并将信号引至物业管理中心，方便维护、管理，避免产生水灾事故。

3 融霜排水

霜的定义：气温降至 0℃以下，空气中的水蒸气不经液态，而凝华在物体表面，呈白色的结晶体，叫做霜。其特点是：存在于 0℃以下的环境中、较冷的物体表面，为固态。

冷库结霜原因：空气有一定的湿度，冷风机的表面温度在 0℃以下，当空气流过冷风机表面时就会凝华、结霜。根据已有资料表明：当空气相对湿度大于 50% 时，温度在 –1~7℃左右最容易结霜。空气干球温度在 –5~5℃范围，相对湿度大于 85% 时结霜最为严重。

冷风机表面结霜后，由于霜层的热导率低，形成了热阻，导致换热量降低；同时，霜层堵住了翅片之间的间隙，导致空气阻力增加，降低制冷效率，冷却表面上的结霜若不及时清除，则将浪费电能、中断降温过程，严重会导致设备损坏，因而融霜及排水尤有必要。

融霜排水设计：融霜排水和冷凝水排水的差别是：霜为固体，需要融化后才能通过管道排走；冷凝水为流体，可随时排走。

常见的融霜方法有：水、电、热气等，由于水融霜的排水量和其他不同，我们称之为冲霜，在下个小节讨论。融霜排水具有间歇性、温度低、水流中含有冰块类固体等特点，因而，相对于冷凝水排水，融霜排水管道管径需适当放大，设计做法如图 3 所示。

4 冲霜排水

冲霜采用的介质为水，有以下优点：价格便宜，循环利用，融霜时间相对较短。

相关测试资料表明，当水温不低于 10℃，冷库里的管道长度在 40m 以内时，流动的水不会产生冰冻现象。

水温越高，融霜就会越快，有条件时可适当提高水温，以缩短冲霜时间和减少冲霜水量，但水温也不宜过高，如超过 25℃时容易产生水雾。因而《冷库设计标准》GB 50072—2021 中 8.2.5 条第 2 款规定：冲霜水的水温不应低于 10℃，不宜高于 25℃。

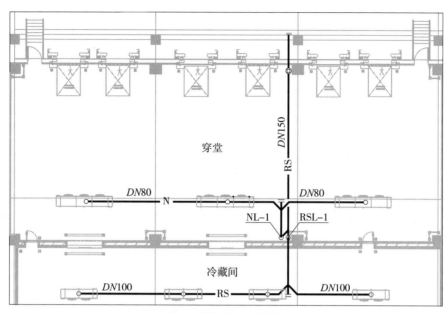

图 3　融霜排水平面图

冲霜排水设计按以下进行：冲霜排水管道内含有气体和冰，呈液、气、固三态流动，若按照雨水排水方法进行水力计算，会造成排水不畅，甚至冷风机托盘溢水，造成损失。应参照排水管道计算，采用非满管流的水力计算公式，排水管径较大。

冲霜排水特点为流量大，水温低，含空气、冰、水等，水流状况不好，为间歇性排水。

设计时，排水弯头、三通、四通均采用 45°连接，以减小水头损失。建议每层防止冷气外泄的水封设于排水横管 1.5m 以下处，保持一定的水压，便于排水。

为避免冻结，冲霜排水立管、防跑冷的水封，设置在穿堂或常温区域，避免设置电伴热。

冷库冲霜水系统采用循环供排水系统，冲霜机房相对集中设置，机房数量根据所负担的冲淋区域合理确定，每次冲霜淋水范围为 2~3 个冷风机，淋水延续时间为每次 15~20mim，设计前由制冷专业提供设计条件。设计做法如图 4 所示。

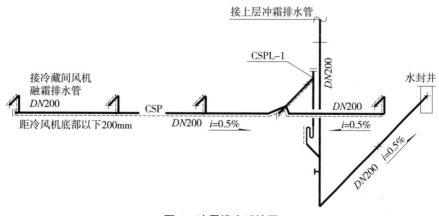

图 4　冲霜排水系统图

5　注意事项

非冷库用给水排水管道均不进入冷库区域。

雨水等给水排水管道避免设于保温板上方，防漏水淋坏冷库的保温系统。

冷却设备的冷却水、冲霜水水质应满足工艺设备对水质及卫生的要求。

冲霜水量按产品样本选择，如无产品资料，可按照 $Q=0.035A$ 估算，其中：Q 为冲霜流量（m³/h），0.035 为冷风机每平方米冷却面积所需融霜水量 [m³/（m²·h）]，A 为冷风机冷却面积（m²）。

由于冲霜给水通过淋水流至集水盘，后进入排水管道，水中含有冰屑、空气等，所以冲霜排水最大瞬时流量大于给水量。

冷库冷间冲霜水系统采用电磁（电动）阀时，宜就近设置，最好设于常温环境，避免冻结。

冲霜、融霜给水管设有坡度，坡向空气冷却器（冷风机）、储水池。

冲霜水系统可选用焊接钢管或镀锌钢管。

冷风机水盘排水、蒸发式冷凝器排水应采取间接排水的方式。

多层冷库中的各层冲（融）霜水排水，应在排入冲（融）霜排水主立管前设置水封装置。

冷库内不同温度冷间的冲（融）霜排水管，应在接入冲（融）霜排水干管前设置水封装置。

冲（融）霜排水、冷间地面排水管道出水口应设置水封或水封井。

给水排水管道穿过冷间保温层时，应采取防止产生冷桥的措施，保温层内、外两侧管道防冷桥保护的长度均不小于 1.5m。

冷库穿堂内明露给水排水管道设置防结露的措施。

冷间内融霜给水排水管道、冷库融霜排水管道水封处、寒冷地区穿堂内布置的充水给水排水、消防管道均需设置电伴热防冻 + 保温措施。

融霜排水管道出口设置细目不锈钢丝网，起防虫作用。

6　结语

冷库很容易产生结霜，需要设置排水系统，以保持冷库的正常运行。

参考文献

[1]　中华人民共和国住房和城乡建设部. 冷库设计标准：GB 50072—2021[S]. 北京：中国计划出版社，2021.

◇ 《冷库设计标准》制冷系统设计简述

李鹤

摘 要： 修订后的《冷库设计标准》GB 50072—2021，一方面是根据国内外最新制冷系统的发展对原有规范的更新，另一方面也是从安全、环保的角度对制冷系统提出了更多可持续性发展的要求。本文根据作者对《冷库设计标准》GB 50072—2021 的理解和体会，整理了相关技术要点，并结合目前项目的实际应用情况，给出适应《冷库设计标准》GB 50072—2021 的制冷系统解决方案，供相关工程项目实施参考。

关键词： 冷库设计标准　二氧化碳制冷　氨超低充注

1　前言

　　《冷库设计标准》GB 50072—2021（以下简称《新国标》）于 2021 年 12 月 1 日起实施。修订后的《新国标》加强和提高了对冷库制冷系统的安全性和对环境友好的有关规定；填补了我国制冷系统设计中二氧化碳制（载）冷系统的设计标准空白；补充完善了冷库（含装配式冷库）库房防火分区划分标准，增加了库房保温隔热材料燃烧性能、高层冷库消防扑救的相关规定，对规范冷库工程建设，促进冷链物流行业健康发展发挥了重要作用。

　　2020 年 9 月，中国明确提出 2030 年"碳达峰"与 2060 年"碳中和"的目标。本次《新国标》的修订不仅体现了制冷行业对"双碳"目标的直接呼应，而且寻求从"安全"和"环保"两个维度进一步加强对制冷系统的技术引导。从"安全"的角度，进一步深化了氨制冷系统的安全要求。从"环保"的角度，限制大、中型冷库和大、中型制冷系统采用卤代烃及其混合物的使用，且补充完善了近年来逐步应用较多的二氧化碳制（载）冷系统的规范要求。

2　《新国标》相关内容解读

　　关于制冷系统中制冷剂和载冷剂的应用，有很多的研究和讨论。笔者试图从《新国标》制定的角度，解读这本标准对于制冷剂和载冷剂应用的导向。

2.1 深化氨制冷系统的安全要求

氨作为一种天然制冷剂，在全球已有一百五十年的使用历史。在科技飞速发展的今天，氨因为其优良的热物理性能、制冷效率高、低廉的价格和绿色环保，而被工业冷冻冷藏领域所青睐。在国内，由于一些安全事故的发生，尤其是 2013 年中不到三个月的时间里，吉林和上海发生两起举国震惊的与氨有关的重大事故，引起了社会的广泛关注。虽然调查表明事故根源是企业在工程建设和运营管理阶段不遵守规范和标准，但是经过这两次事件的发酵，不可避免地把部分矛头对准了对"氨"的安全性的质疑，地方上对于"氨"作为制冷剂的使用也有受限和收紧的趋向。其实目前在国际上，欧美国家的冷冻冷藏行业，氨作为制冷剂的使用率仍然达到 90% 以上，欧美甚至还有很多氨应用于商业建筑空调的案例。

为客观认识和加强安全应用，《新国标》从以下几个角度深化了相关内容。

2.1.1 选址方面

《冷库设计规范》GB 50072—2010（以下简称《旧国标》）4.1.1 条规定：使用氨制冷工质的冷库，与其下风侧居住区的防护距离不宜小于 300m，与其他方位居住区的卫生防护距离不宜小于 150m。而《新国标》3.0.9 条规定：使用氨制冷系统的房间、安装在室外的氨制冷设备和管道与厂区外民用建筑的最小间距不应小于 150m；当氨制冷系统配置氨泄漏事故紧急处置装置时，与厂区外民用建筑的最小间距不应小于 60m。

《新国标》在对氨制冷安全距离的控制上，是在增加了更加严格的安全和控制措施的前提下，并综合安全、环保和节约土地资源等多项要求的基础上降低了对其的要求。但是也强调实际工程进行安全、环保等评估时，若发现还存在风险，可通过加大间距、设置挡墙、减少充注量等措施消除风险。

2.1.2 关于涉氨的区域限制

《新国标》6.3.3 条规定：1）对于生产性冷库和物流冷库，其中具有分拣、配货功能的穿堂或封闭站台不应采用氨直接蒸发制冷；2）商用冷库不应采用氨。这两款新增条文从使用区域是否人员较多的角度，为保障安全而限制了氨直接蒸发制冷的应用。

2.1.3 关于充注量

《旧国标》6.4.16 条规定：对使用氨作为制冷剂的冷库制冷系统，其氨制冷剂总的充注量不应超过 40000kg，具有独立氨制冷系统的相邻冷库之间的安全隔离距离应不小于 30m。

《危险化学品重大危险源辨识》GB 18218—2018 中对于氨作为危险化学品的临界量确定为 10t，而《危险化学品重大危险源监督管理暂行规定》规定了重大危险源的辨识、管理、监督方法和相关法律责任。以上一系列的行政法规，共同构筑了制冷设备工程的安监政策框架。因此《新国标》取消了氨充注量的规范限定。

2.1.4 关于安全与控制

《新国标》制冷系统安全与监控章节，新增了若干与氨制冷系统相关的条文，其规定：与氨制冷剂直接接触并且需要定期或不定期操作、维修、更换的元件不应布置在冷间内；氨制冷系统空气冷却器的热气融霜系统应采用自动控制；氨制冷系统集油器的放油口应配置截止阀和快速关闭阀。同时还包含对配置氨泄漏事故紧急处置装置的氨制冷系统的要求等。这些都是从系统安全性的角度对氨制冷系统提出更多的保障性措施。

此外,《新国标》在氨泄漏报警系统的设置方面、氨制冷机房应设置洗眼和淋浴等安全防护装置等方面增加了条文规定。氨气为有毒的可燃气体,以上措施均为预防人身伤害及爆炸事故的发生,保障冷库运行安全,以及针对当氨制冷机房发生氨泄漏及设备阀门检修等情况时,为了保护操作及救护人员的人身安全而设置的。

2.2 强化了制冷剂和载冷剂的环保要求

2.2.1 限制氢氯氟烃(HCFCs)类制冷剂

《新国标》6.3.3 条规定:大、中型冷库和大、中型制冷系统不宜采用卤代烃及其混合物在冷间内直接蒸发制冷。《新国标》6.3.6 条规定:对于制冷剂采用卤代烃及其混合物的直接蒸发制冷系统,不宜采用多倍循环供液。

我国是《蒙特利尔议定书》和《联合国气候变化框架公约》的缔约国,按条约规定,目前常用的卤代烃及其混合物类制冷剂中的氢氯氟烃(HCFCs)类已经进入总量削减阶段,详见原环境保护部《关于严格控制新建、改建、扩建含氢氯氟烃生产项目的通知》(环办〔2008〕104 号);氢氟烃(HFCs)类由于全球变暖潜能值(GWP 值)高,而具有过渡性质,而大、中型制冷系统的使用寿命往往在 20 年以上,为降低环保政策风险,尽量减少卤代烃及其混合物的灌注量和泄漏可能性是目前最经济、可行的技术措施。基于上述形势,新建工程不宜大量采用 GWP 值高的 HFCs 类制冷剂。

目前常用的 R507A 制冷剂,属于 HFCs 类制冷剂,其消耗臭氧潜能值(ODP 值)为 0,但是 GWP 值为 3985,从环保的角度属于需要限制大量使用的制冷剂。

2.2.2 推荐采用二氧化碳制(载)冷剂及系统

《新国标》6.3.4 条规定:对于大、中型制冷系统,载冷剂使用温度低于 −5℃时,宜采用二氧化碳。

二氧化碳是自然界天然存在的气体,具有非常稳定的化学性质,既不可燃也不助燃,运动黏度小,热力性质优良。采用二氧化碳系统也是降低氨或卤代烃充注量的方法之一,但二氧化碳临界压力较高,二氧化碳系统的应用同样面临很多挑战。近年来,二氧化碳系统已经得到了一定范围内的使用,但是《旧国标》中对于二氧化碳相关的设计标准有所缺失,《新国标》中从设计温度、设计压力、二氧化碳安全阀设置等方面补充了相应的内容。

3 《新国标》下制冷系统的选择探讨

3.1 二氧化碳制冷系统

无论《新国标》中对于氨使用场景的限制,还是卤代烃在大、中型冷库和大、中型制冷系统中的使用限制,均对二氧化碳制冷系统的应用和推广形成了一定的推动作用。

由于二氧化碳具有临界温度低且压力高等问题,目前二氧化碳在低温冷冻冷藏中的应用主要有两方面:氨(R507A)/二氧化碳复叠系统和氨(R507A)/二氧化碳载冷系统。

3.1.1 氨（R507A）/ 二氧化碳复叠式制冷系统

氨（R507A）/ 二氧化碳复叠式制冷循环是高压侧采用氨（R507A）作为制冷工质进行单级压缩的制冷循环，将低压侧二氧化碳系统压缩机排气通过蒸发冷凝器进行冷凝，冷凝后的二氧化碳液体节流降压后，通过二氧化碳泵将低温二氧化碳液体输送到末端蒸发器，进行制冷降温。氨（R507A）/ 二氧化碳复叠式制冷循环需要分别设置氨（R507A）和二氧化碳两种制冷压缩机。

氨（R507A）/ 二氧化碳复叠式制冷循环示意图如图 1 所示。

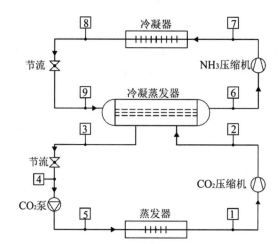

图 1　氨（R507A）/ 二氧化碳复叠式制冷循环流程简图

3.1.2 氨（R507A）/ 二氧化碳载冷式制冷系统

氨（R507A）/ 二氧化碳载冷式制冷循环是仅需要单一氨（R507A）制冷压缩机进行制冷循环，氨（R507A）制冷系统采用二次节流中间不完全冷却方式，将从末端蒸发器降温蒸发后的二氧化碳气体通过蒸发冷凝器进行冷凝，冷凝后的二氧化碳液体通过二氧化碳泵输送到末端蒸发器，进行制冷降温。

氨（R507A）/ 二氧化碳载冷式制冷循环示意图如图 2 所示。

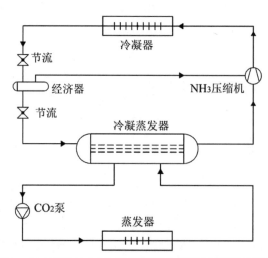

图 2　氨（R507A）/ 二氧化碳载冷式制冷循环流程简图

目前对于大、中型冷库和大、中型制冷系统，冻结物冷藏间应用二氧化碳载冷或者复叠系统已经是较为常规的选择。对于载冷和复叠系统的对比，相关文献都有一些研究成果，本文摘录一些结论供参考。

文献 [1] 以冷间温度为 −25~−18℃的变温冷库为研究对象，当冷间温度变化伴随着制冷系统蒸发温度变化时，进行了氨（R507A）/二氧化碳复叠式制冷系统循环和氨（R507A）/二氧化碳载冷式制冷系统循环的性能理论分析和研究，得出以下结论：

1）氨（R507A）/二氧化碳复叠式制冷系统和氨（R507A）/二氧化碳载冷式制冷系统随着冷间温度和蒸发温度的降低，其制冷性能系数降低，在最高冷间温度（−18℃）与最低冷间温度（−25℃）的工况下，两种系统理论能效比计算均相差 16% 左右。

2）氨（R507A）/二氧化碳复叠式制冷系统中，当二氧化碳冷凝温度变化时，系统存在最大制冷性能系数值，在一定的二氧化碳冷凝温度变化范围内，其对制冷性能系数值影响小；当二氧化碳冷凝温度不变，氨与二氧化碳的换热温差变大，其制冷性能系数变小，每增加 1℃换热温差，其制冷性能系数降低约 2%。

3）氨（R507A）/二氧化碳载冷式制冷系统随着氨系统中间补气温度变化时，系统存在最大制冷性能系数值，但中间补气温度在一定的范围内变化时对系统制冷性能系数值影响小。

4）在文中计算工况下，当冷间温度在 −18 ℃时，氨（R507A）/二氧化碳复叠式制冷系统与氨（R507A）/二氧化碳载冷式制冷系统能效值几乎相当；当冷间温度分别为 −20℃、−22℃和 −25℃时，其氨（R507A）/二氧化碳复叠式制冷系统比氨（R507A）/二氧化碳载冷式制冷系统能效值大 1%~2%。

3.2 盐水载冷系统

二氧化碳由于工作压力较高，主要应用在低温工况的制冷系统中。对于穿堂、分拣加工车间及冷却物冷藏间等类型的中高温工况，采用盐水载冷系统（本文以应用较多的乙二醇水溶液载冷系统为例）是比较常规的选择。

以乙二醇水溶液为载冷剂的制冷系统（以下简称乙二醇制冷系统）作为一种间接式制冷方式，以其无毒、无味、热力性能好、性能稳定等优点而得到广泛应用。但是乙二醇水溶液黏度受温度影响较大，温度降低时黏度增大，在管道和水泵选型时，需要根据不同浓度，对不同流速及管径下的乙二醇溶液雷诺数进行计算，从而计算得到相应的摩擦阻力系数。乙二醇的浓度则根据冷间设计温度，所需载冷剂的供回水温度，以及不同温度下乙二醇水溶液的凝固温度这几个之间的温差确定。乙二醇溶液的凝固点与其浓度有直接的关系，浓度百分比与凝固点关系详见图 3。

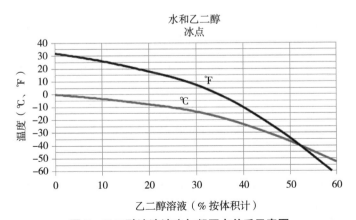

图 3 乙二醇溶液浓度与凝固点关系示意图

设计中应避免系统管道阻力损失过大，造成设备选型过大或过小。确保乙二醇水泵选型的合理性，避免配电过大或过小，影响系统运行能耗以及系统正常运行。

3.3 直接膨胀供液系统

国内制冷设计习惯采用桶泵系统多倍循环供液方式，此种形式供液均匀、易于后期的调试、供冷效果较好，但是制冷剂充注量较大，无论是控制氨还是卤代烃及其混合物的充注量，均应从使用规模上加以控制。直接膨胀供液系统取消了低压循环桶，采用电子膨胀阀，可向蒸发器直接供液，低压侧的制冷剂充注量可降低 80% 左右（图 4）。项目设计中，应通过对制冷机组位置的合理选择和制冷管道的布置，尽可能采用直接膨胀供液系统，提升系统的安全性和环保性。

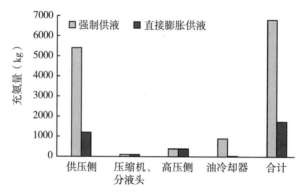

图 4 某冷库强制供液与直接膨胀供液充氨量对比

3.4 氨超低充注集中式制冷系统（LCCS）

采用氨制冷剂的关键是安全问题，降低制冷系统氨充注量是保证系统安全的重要方法之一。常用的降低氨充注量的关键点包括：1）除了气液分离器外，尽可能减少液氨储存设备；2）尽可能将氨设备限制在有限空间内，输送到穿堂或冷库的冷媒尽量使用载冷剂，通过间接冷却来实现，可采用盐水（乙二醇等）或二氧化碳载冷剂；3）采用直膨式蒸发器，减少满液或桶泵循环蒸发器；4）冷凝器尽量接近蒸发器；5）避免长或大的液体管线和带液回气管；6）避免热虹吸冷却油／采用绝热乙二醇液体冷却器等。

江森自控氨超低充注集中式制冷系统（LCCS, Low Charge Central System）（原理图见图 5），是一种超低氨充注的成套系统解决方案，它结合了高效、可靠的集中式制冷系统与智慧控制的远程分布式冷凝模块（RDC units, Remote Distributed Condensing units），可以将整个制冷系统的氨充注量降低至 0.2~0.4kg/kW，与传统氨制冷系统相比，氨充注量可减少 85%~95%。

极低的氨充注提高了食品及饮料等生产企业制冷系统的安全性，保障了人员和产品的安全，工厂周围区域的安全性也得到了提高。此外，在很多情况下，氨的极低充注可以降低工厂在监管方面的压力，减少在合规性方面的花费。

其主要的运行特点为：

1）主要部件为远程分布式冷凝模块，单个冷凝模块负担多台室内冷风机。基于智慧控制系统，多个 RDC 模块紧密配合，并联工作。

2）采用直膨式供液系统，减少整体氨的充注量。

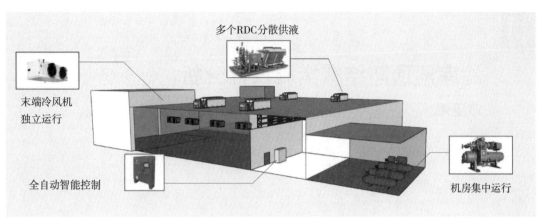

图5　氨超低充注集中式制冷系统原理图

3）机房内仅布置压缩机组，机房尺寸减小约50%。去除了机房内所有的液氨容器及液体管路。

通过使用 RDC 模块，LCCS 消除了传统冷库系统中的集中式冷凝器、高压储罐、桶泵系统及含大量制冷剂液体的长距离输送管路，从而大大降低了氨的充注量。

4　结语

《新国标》从"安全"和"环保"两个角度对制冷剂、载冷剂和制冷系统的选择方面都形成了导向作用，这也促进了冷冻冷藏行业在直膨系统、二氧化碳复叠（载冷）系统、氨系统的低充注量、盐水低温载冷系统的更多研究和应用，响应了国家的"双碳"战略、节能减排、绿色环保，也是未来制冷系统可持续发展的方向。

参考文献

[1]　李坤. CO$_2$ 复合制冷系统的理论能效分析 [J]. 冷藏技术，2021，（3）：56~59.

[2]　中华人民共和国住房和城乡建设部. 冷库设计规范：GB 50072—2010[S]. 北京：中国计划出版社，2010.

[3]　中华人民共和国住房和城乡建设部. 冷库设计标准：GB 50072—2021[S]. 北京：中国计划出版社，2021.

11

◇ 冷库闷顶防结露措施设计分析

邓臣伟

摘　要：闷顶结露是冷库常见的一种现象，对冷库的正常运行有重要影响，本文针对结露的原因，提出可通过设置机械通风及除湿机，达到减少冷库闷顶结露的目的。

关键词：冷库　闷顶　除湿系统自控

1　前言

随着生活品质的提升，居民对新鲜食品的需求与日俱增，促进冷链技术迅猛发展，成品和半成品及速食品的生产和储存对于冷间内的温湿度控制提出严格的要求，例如西瓜的贮藏温度在10~15℃，鲜猪肉的贮藏温度为0~1℃，而速冻库的室温能达到 −40℃。工程上根据温区将其集中分为高温库（5~25℃）、中温库（−5~5℃）及冷冻库（−18℃）等，由于冷冻库室温较低，结露较为严重，故本文主要以冷冻库作为对象分析其结露现象。常规的冷库保温做法是冷库喷涂或采用聚氨酯保温板，而由于冷库喷涂需要涂料反应凝固之后形成保温层，可能存在涂层厚薄不均、密封不好、寿命较为不稳定等问题，较保温板效果略差，故工程上常采用保温板作为主要的保温措施。本文主要对采用聚氨酯保温板时，如何处理工程上常见的结露现象提出一些参考。

采用保温板时冷库的局部剖面如图 1 所示，保温板（下文称库板）与上层楼板之间的空间称为闷顶。

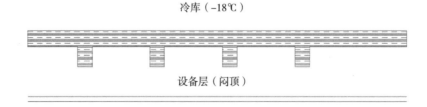

图 1　冷库闷顶剖面图

实际运行中，由于闷顶上下层均为低温冷库，闷顶库板表面及楼板的下表面若无相应的通风和除湿措施，在高温潮湿的天气下，闷顶内局部会产生结露，结露不仅会使保温板外表面形成一层水膜，破坏系统的保温能力，长期结露还会使保温板发生腐蚀或霉变。闷顶结露一方面会造成层内线缆桥架、风管及设备生锈，另一方面露水还会通过库板缝隙渗透到库内，影响室内卫生条件，甚至会使设备运行发生故障，造成重大损失。

2 闷顶结露原因分析

在一定的大气压力下，当空气温度降低，低于空气的饱和温度时，空气中的水分便会凝结出来，形成小水滴，这便是结露。对于闷顶内的空气来说，当壁面温度低于空气露点温度时，便会结露。由于冷库温度及围护结构热流密度可视为恒定，可认为冷库上下壁面的温度恒定，因此防结露的重点在于提高壁面温度或壁表面空气的露点温度以及减少空气的水蒸气含量来减少结露的产生。

3 防结露措施

由以上分析可知，防结露可以从两个方面进行控制。第一方面为提高壁面温度。由于壁面温度受库温的影响，增加库板的厚度（下层顶板）或上部楼面保温厚度理论上可以提升壁面温度，但是由传热学原理，此部分提升效果有限，且成本较高。另外，可以在冷表面增加电热丝。但是在闷顶内大量设置电热丝无疑也增加了安全隐患。另一方面为提高空气的露点温度。可以从以下几种工程中常用的措施着手。

3.1 设置通风系统

由于闷顶处于上下冷库的中间，其温度受冷库壁面换热的影响，温度会逐步降低，直至保持稳定，因此可设置通风系统提高空气温度。工程上设置通风系统时，常有以下三种方式：

1）自然通风：外墙设置防雨百叶，增大自然通风口面积，相应提高闷顶内的自然通风换气次数，提高闷顶内的空气温度，如图 2 所示。此种方式造价低且施工方便，但仅适用于结露风险较低的干燥地区。

2）机械排风、自然进风：由于自然通风靠风压及热压推动，受室外环境因素影响较大，风压较小且不稳定，当采用自然通风效果不佳时，工程上常采用机械排风、外墙百叶自然进风的方式来强制流通闷顶内空气，提高空气温度，如图 3 所示。此种方式采用机械排风的手段，避免冷空气聚集，降低了结露风险，但需设置风机，增加投资及运行费用。

3）机械送风、机械排风：当冷库进深较大时，自然进风在流入闷顶的过程中，与冷库上下壁面发生充分对流换热，温度逐步降低，闷顶内最远点的温度已不能满足需求，故需优化机械通风方式，采用机械送风、机械排风的手段，将室外热空气直接送至闷顶内，提高空气温度，减少结露产生，如图 4 所示。此种方式需保证送排风风机联动启停，且一一对应，同时需均匀设置送、排风口，提高了系统调试难度，且增加了投资运行费用。工程上可按 6 次 /h 换气次数计算闷顶通风量。

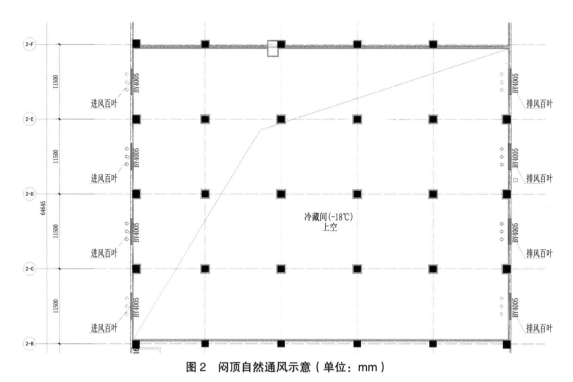

图2　闷顶自然通风示意（单位：mm）

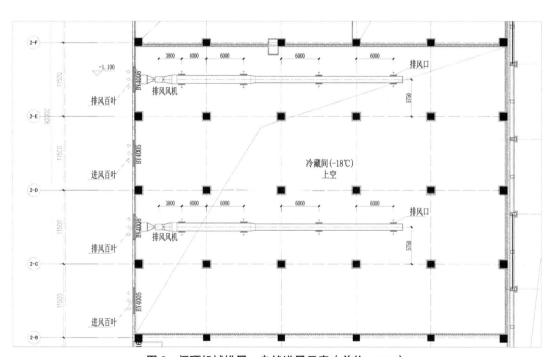

图3　闷顶机械排风、自然进风示意（单位：mm）

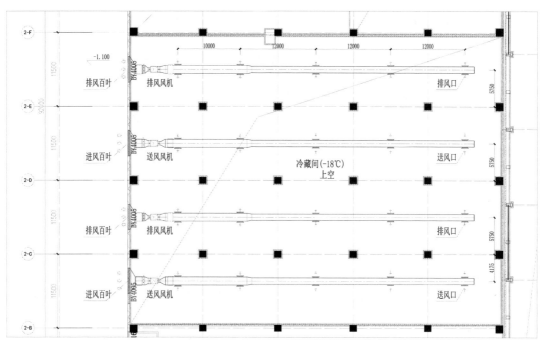

图 4　闷顶机械送风、机械排风示意（单位：mm）

3.2　设置除湿机除湿

3.2.1　除湿机简介

当室外空气湿度较高或冷库位于高湿地区时，由于闷顶表面温度始终低于空气的露点温度，此时无论多大的通风量均会出现结露现象，因此可设置新风除湿机除湿，降低闷顶内空气的含湿量。此时应关闭闷顶内外墙百叶及其余洞口，减少室外高湿度空气的进入，同时开启新风除湿机除湿，降低闷顶内空气湿度，减少结露产生。

3.2.2　除湿机除湿原理及分析

新风除湿机主要通过风扇吸入湿空气，经过热交换器，把空气中的水分子冷凝成水珠，接室内排水管排出，同时经过处理的干燥空气排至闷顶内，从而达到除湿的效果。

除湿机的除湿量计算公式：

$$G = \frac{W}{\Delta d} = \frac{W}{d_1 - d_2}$$

式中　W—闷顶内空气的湿负荷；

d_1—闷顶内空气的含湿量（g/kg）；

d_2—除湿机出口空气的含湿量（g/kg）。

根据具体地区的室外空气状态确定除湿机的运行工况。工程上可假定相对湿度 $\phi=85\%$ 时对应的含湿量为除湿机开始除湿时闷顶内空气的含湿量 d_1。

3.3 防结露系统联合运行控制策略

由于结露主要取决于闷顶内的空气温度及湿度，故应根据闷顶内空气的温度及相对湿度来控制防结露系统的运行，以下对通风系统及新风除湿系统联合运行提供一些参考。

联合运行控制策略可采用：

1）闷顶内均匀布置温湿度探头，每个防火分区不低于 5 个，以防火分区实际面积为准，温湿度探测器需能反映闷顶内各点空气的实际温湿度情况，提供反馈信号给除湿系统，并需设置室外温湿度探头（用于确定室外空气状态及校核能否采用通风方式）。

2）当闷顶内温度大于等于 18℃且相对湿度大于等于 75% 时开启送、排风机通风除湿，通风开启一段时间后，若相对湿度增加至大于等于 85%，进行报警，并关闭外墙补风百叶、关闭送排风风机，开启除湿机进行除湿，除湿机进行台数控制，根据湿度反馈情况进行台数批次开启。相对湿度降低后控制反向进行。

3）控制显示系统需显示风机以及除湿机的运行和故障状态，可在闷顶内局部几处增加漏水报警，在库板上和楼板下方设置的接水盘上设置点式检测板，数字输入的告警点位上接一个漏水检测板，用于显示漏水报警。自控系统接收该通断信号，主板根据通断信号来判断是否漏水，进行漏水报警显示及强制开启除湿机。

4 结语

由于结露会对正常工艺生产造成重要影响，因此在设计阶段采用针对性的预防措施去消除和减少结露问题是最为妥当的解决方案。良好的围护结构保温性能是冷库保冷及防结露的基础，同时采用通风或设置除湿机等方式及时处理结露问题，才能保证冷库正常高效运行。

12

◇ 冷库与干仓电气设计对比分析

耿涛　蒋臻

摘　要：伴随着我国经济快速发展以及交通基础设施的不断完善，物流建筑在全国各地蓬勃发展。根据物流建筑的不同类别，电气设计可分为冷库电气设计与干仓电气设计两大类，本文将针对以上两类电气设计在配电、照明、消防等各个电气系统进行要点对比分析，旨在得出较优的设计做法，为日后相关设计提供参考。
关键词：物流　冷库　干仓　电气设计

1　配电系统对比分析

1.1　冷库配电系统要点

冷库设计必须符合现行国家标准《供配电系统设计规范》GB 50052、《建筑设计防火规范》GB 50016、《冷库设计标准》GB 50072 相关规定，并且需符合各物流企业的设计标准。

1.1.1　负荷等级

二级负荷：包括消防用电和制冷设备。

消防用电：所有消防设施用电及机房用电，包括变电所内照明、操作和控制电源，应急照明。消防动力设备包括消火栓泵、喷淋泵、排烟风机等。火灾自动报警及联动控制系统设备电源等。

制冷设备：包括制冷机组，末端冷风机等。当中断供电不会引起较大经济损失时，可按三级负荷考虑，制冷设备的供电等级最好与建设方共同协商确定。

三级负荷：除一级、二级负荷以外负荷。

1.1.2　负荷估算

可根据负荷密度指标进行初期负荷估算，一般可按照 80~120W/m²；冷库负荷计算也可按需要系数法确定计算负荷，总电力负荷的需要系数不宜低于 0.55。

1.1.3 供电电源

冷库项目高压容量申报可根据实际情况申请一路高压或两路高压，一般一路 10kV 高压最大负荷不应超过 8000kVA。变配电室内需安装高压配电装置及干式变压器，干式变压器数量宜设置为偶数。变配电室面积，当变压器数量大于两台时，每增加两台变压器，变配电室面积需至少增加100~120m²。

1.1.4 配电干线

制冷机房内大型制冷机组可考虑采用母线或者电缆放射式供电。冷库内制冷设备和其他动力设备一般采用不同的配电箱供电，可方便管理。

冷库中的冷风机配电可按照以下规则：

（1）每台电动机应单独设置配电线路、断相保护及过载保护。

（2）当空气冷却器电动机绕组中设有温度保护开关时，每台电动机可不再单独设置断相保护及过载保护，同一台空气冷却器的多台电动机可共用配电线路。

1.2 干仓配电系统要点

配电设计需符合现行国家标准《供配电系统设计规范》GB 50052、《建筑设计防火规范》GB 50016、《物流建筑设计规范》GB 51157 相关规定，并且需符合各物流企业的设计标准。

1.2.1 负荷等级

二级负荷，包括消防用电和重要负荷。

消防用电：所有消防设施用电及机房用电，包括变电所内照明、操作和控制电源，应急照明。消防动力设备包括消火栓泵、喷洒泵、排烟风机等；火灾自动报警及联动控制系统设备电源等。

重要负荷：库内办公区用电、仓库照明用电（一般 30%~50%）、一定比例滑升门升降台用电（防火分区内卸货面全部或者离叉车坡道最近一个）等等。

三级负荷：除一级、二级负荷以外负荷。仓库空调插座、50%~70% 仓库照明、通风机、维修插座、配套楼、动力中心等用电。

1.2.2 负荷估算

方案阶段可根据负荷密度指标进行初期负荷估算，根据多家大型物流企业设计标准以及多个项目的实际经验数据，单层或多层干仓一般可按照 20~30W/m²。

1.2.3 供电电源

通常情况下，项目采用单路 10kV 市政电源 + 柴油发电机的形式供电；但当经济上合理时，首选双路 10kV 市政电源。

当园区变压器容量超过单路 10kV 市政电源最大允许容量时（线路最大允许容量需咨询当地供电部门），可采用双路 10kV 市政电源来满足用电需求。

根据实际设计经验，一般情况下干仓项目建筑面积不大于 10 万 m²，高压容量申报一路高压即可，变配电室内需安装高压配电装置及干式变压器（一台或两台），变配电室面积不小于 200m²。

1.2.4 配电干线

采用树干式与放射式相结合的配电方式；对于单台容量较大的负荷或重要负荷，如消防水泵、消防安防控制室等采用放射式供电，对于一般负荷采用树干式与放射式相结合的方式供电，避免全部采用放射式供电，减少低压柜出线回路数量。

二级负荷供电：采用双电源末端互投或双电源引到适当配电点，自动互投后用专线送至配电箱的形式；对于断电时间较敏感的网络、监控等弱电系统，需要在末端配置足够容量的UPS。

三级负荷供电：采用单路市政电源供电。

1.3　配电系统注意事项

物流项目的特点就是占地面积大，单体面积大，这就使变配电室到末端用电设备的电缆距离过长。有关节能规范中规定，低压供电半径不宜超过250m，所以物流项目中我们需要在设计阶段复核距离变配电室较远的单体的供电距离，如超过250m，需根据敷设距离、计算电流等核算该回路电压降，通过合理选择电缆规格，使电压降控制在合理范围内。

2　照明系统要点对比分析

2.1　冷库照明系统要点

2.1.1　照度标准（表1）

冷库照度标准				表1
办公室300lux	冷藏间50lux	低温穿堂150lux	雨篷150lux	高低压配电室200lux
设备用房100lux	制冷机房150lux	楼梯间50lux		

注：以上区域照度值及其他未列出区域照度值可参照现行国家标准《建筑照明设计标准》GB 50034、《冷库设计标准》GB 50072相关条文，同时如果业主有其他需求，可按照实际需求进行设计。

2.1.2　灯具要求

冷间内的照明灯具应选用符合食品卫生安全要求和冷间环境条件、可快速点亮的节能型照明灯具。灯具显色性指数不低于60。

冷库灯具专用灯具参数可参考表2。

冷库灯具专用灯具参数					表2
$\frac{ML}{18}$	冷库、食品车间专用LED灯	防护等级：IP65	使用环境温度：−35~50℃	显色指数 Ra=80	色温：6500K
$\frac{ML}{50}$	冷库、食品车间专用LED灯	防护等级：IP65	使用环境温度：−35~50℃	显色指数 Ra=80	色温：6500K
⊖	LED长明灯	防护等级：IP65	使用环境温度：−35~50℃	显色指数 Ra=80	色温：6500K

雨篷下应采用吸顶型灯具，防护等级为IP65，光源同库内均采用LED光源。

2.1.3　灯具布置

冷间内的灯具布置一般为吸顶安装，同时应避开吊顶式空气冷却器和顶排管。在冷间内通道处重点布灯，在货位内均匀布置，行间距一般为 9.0m 或者 7.5m，列间距为 6.0m 或者 6.5m；穿堂区灯具宜横向布置，与冷间垂直，行间距一般为 4.5m 或者 6.0m。

另外，冷间内需要在出口位置设置长明灯。

雨篷下的照明灯具在雨篷下方吸顶安装，从相应的防火分区配电。

2.1.4　照明控制

冷间灯具控制开关一般设置冷间入口照明箱，集中控制冷间的照明灯具，其他区域一般为就地分散控制。

雨篷灯控制开关装于室内，与低温穿堂灯具控制开关置于同处。

2.2　干仓照明系统要点

2.2.1　照度标准（表 3）

干仓照度标准　　　　　　　　　　　　　　　　表 3

办公室 300lux	存货区 150lux	理货区 200lux	雨篷 150lux	高低压配电室 200lux
设备用房 100lux	楼梯间 50lux			

注：照度值参照现行国家标准《建筑照明设计标准》GB 50034、《物流建筑设计规范》GB 51157 相关条文，同时如果业主有其他需求，可按照实际需求进行设计。

2.2.2　灯具要求

仓库灯具必须要满足以下功能：耐高温、阻燃、绝缘性好、防电燃，具有过热、过电流双重保护功能。

仓库内之前采用的 T8 或者 T5 系列的高效节能荧光灯具目前已逐渐被大功率的 LED 灯具所取代，LED 灯具相比之下具有节能、显色性好、寿命长等多项优点，项目中常采用的灯具有 LED 高天棚荧光灯，功率一般为 110~130W，光效达到 13000~15000LM/W。仓库内灯具应具有防坠落措施。

雨篷下采用吸顶型灯具，防护等级为 IP65，光源同库内均采用 LED 光源。

2.2.3　灯具布置

灯具安装高度根据不同业主标准有些许差别，一般情况不低于净高 9.0m。

存货区灯具应设于通道内，与货架平行并且应注意避开屋顶的采光天窗，行间距一般为 9.0m 或者 7.5m，列间距为 6.0m 或者 6.5m；理货区荧光灯具宜横向布置，与存货区垂直，行间距一般为 4.5m 或者 6.0m。

雨篷下的照明灯具在雨篷下方吸顶安装，从相应的防火分区配电。灯具控制开关装于室内。

2.2.4　照明控制

库内灯具控制开关一般设置在分区配电柜或区域照明控制箱内，理货区与货架区均独立控制，并且两个区域的普通照明与重要照明的布置一般为间隔布置，方便控制并且节能。

部分项目采用设计智能控制模板的智能照明，以及人体感应等控制方式，实现照明控制灵活多样，方便管理并节能。

3 火灾自动报警系统对比分析

3.1 冷库火灾自动报警系统

火灾探测器是火灾自动报警系统的关键组成部件。探测器的选择直接影响到火灾自动报警系统的准确性与可靠性。一般冷库有温区划分，如冷库的穿堂区域一般温度在 5~10℃，冷间区域温度一般在 −25~−18℃，而闷顶区域则视为常温。

冷间的特点在于温度一般在 0℃ 以下，相对湿度较大，易产生水雾。根据规范，冷间内选择管路采样式吸气感烟火灾探测器。规范明确探测器主机应布置在冷间内，而通常探测器主机的工作环境温度是有下限的，所以在采购主机时需保证主机在冷间内能够正常工作，且需定制防冻盒子，包裹设备以防低温冻坏。

穿堂区的工作温度大多在 0℃ 以上。但其四周大量使用保温材料，该场所火灾初期阶段发展较慢，阴燃时间较长，之后燃烧将迅速扩大，因此该类场所应采用极早期吸气式感烟探测器，主机设置在穿堂区即可。

在冷库中闷顶主要是对建筑起到保温隔热作用，在一般项目设计中，将此处设定为无可燃物区域。但闷顶内部一般都会集中采用封闭式桥架敷设大量的电缆，且空间相对密闭狭小，一旦发生电气线路故障老化等，极易引发火灾。而且由于空间密闭狭小，充烟蓄热较快，此处发生火情难于发现。通过对环境、灵敏度和维护成本等方面的分析比较，感烟火灾探测器比较适合安装在冷库闷顶内。探测器维护简单，可免清洗，便于安装。

制冷机房中由于制冷压缩机储存大量的制冷剂，存在较大的安全隐患。目前我国采用的制冷剂大多为液氨、氟利昂和二氧化碳。因此，需要在制冷机房中安装气体探测报警系统，其线路单独引至消控室。液氨型制冷机房设置可燃气体探测报警装置，氟利昂制冷机房设置氟利昂浓度探测报警系统，二氧化碳制冷机房内设置二氧化碳浓度报警装置。

综上所述，冷间宜采用吸气式感烟探测器，穿堂应采用吸气式感烟探测器，冷间内的探测器主机需采用耐低温型。在冷库闷顶内选择感烟火灾探测器。在液氨制冷机房、氟利昂制冷机房和二氧化碳制冷机房分别设置可燃气体探测报警装置。

3.2 干仓火灾自动报警系统

3.2.1 常规探测器选择

一般情况下，不论是单层还是多层的干仓，层高均控制在 12m 以下，此层高虽然可以采用点型感烟探测器，但是实际效果很不理想。综合探测效果与经济性，现在大部分项目选用线型光束感烟探测器，这种方案既满足了设计规范，又能节省投资，同时效果也有一定的保证。唯一需要注意的是，线型光束感烟探测器在设计时需注意光束收发路径上有无遮挡物，避开风管、水管以及考虑未来货架堆放最大净高。

当业主有高标准要求时，采用吸气式感烟探测器效果更佳。

3.2.2 特种火灾探测器

图像型火灾探测器：根据物质燃烧产生的烟雾、火焰、温度、辐射呈现不同的光谱特性，通过特种摄像机采集紫外、近红外、近红外＋、远红外多光谱图像，并与可见光视频进行复合，经过软件对疑似火焰的光谱特征和亮度、大小、形状、动态特性等成像特征进行分析，从而排除照明灯光、阳光、反光、辐射、电焊、车灯等各种干扰，给出火灾报警信号和位置信号，同时能在消防控制室通过视频图像进行复核和查看灭火过程，大大提高火灾扑救的准确性和有效性。

图像型火灾探测器优点：报警灵敏，可用于室外，定位准确，施工方便，安消一体化。

图像型火灾探测器缺点：不能有探测死角，需多布置几套，不能布置在阳光直射的位置。

多层物流建筑的卸货平台在运营期间，货车的不断往返及天气等不可抗力的因素，很容易使感烟探测器、空气采样探测器及红外对射探测器产生误报。而图像型火灾探测器，由于它不断成熟的AI算法以及精准的硬件设备，是比较适合的选择。

3.2.3 吸气式火灾感烟探测器

在设计吸气式火灾感烟探测器时，需第一时间了解单体防烟分区的分布情况。防烟分区的分布会限制吸气式火灾探测器主机的选型及采样管的走向。当净高大于6m，防火分区面积大于2000m² 时需新增防烟分区，遇到防火分区面积大于4000m² 小于6000m² 时，该防火分区往往为三个防烟分区。此时空气采样管可按照转折拐弯设计，如图1所示。

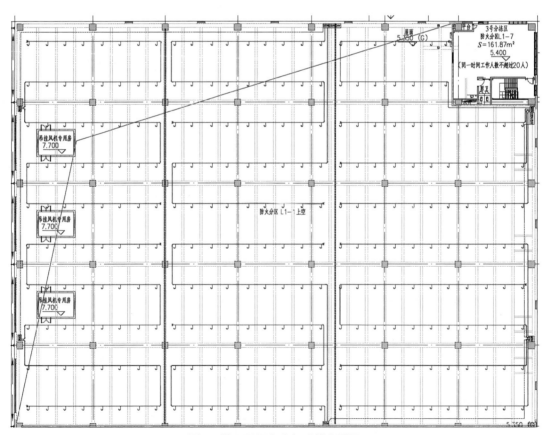

图1 某双层干仓空气采样布置图

空气采样探测系统施工时，一般会有施工单位进行空气采样探测器管路优化，可采用分支管的做法。根据图集《火灾自动报警系统施工及验收标准》21X505—2 第 27 页图示中说明，主采样管不得在探测器外做分支。所以设计人员需认真复核优化图纸。

4 设备安装与管线敷设对比分析

4.1 冷库设备安装与管线敷设要点

冷库由于其温度低的特性，设备安装和管线敷设均有严格的要求。冷库主要由月台、穿堂和冷间等功能区构成，冷间用来存放货物，月台、穿堂主要进行货物分拣搬运，对于现代冷库，由于货物周转快，流通量大，还配套有专门的配送分拣加工区。冷库的月台和穿堂为保证商品在分拣搬运过程中的冷链环境，这些场所均要求维持一定的低温状态，不同温区交界处由于温差的存在最容易结霜结露，因此需要注意这些场所电气设备的设置和安装。这些场所的明装配电箱除了要有一定的防护等级外（IP55 及以上），线路还要采用下进下出方式。

冷库还有一些要求，比如冷间内灯具要带防护罩，防止进出货时碰撞，灯具的金属外壳应接专用保护 PE 线，照明支路设置剩余电流保护装置。冷间内配电线路均要选用符合环境温度条件的耐低温电缆。月台靠近停车场侧要预留供冷藏车充电的专用室外插座。冷库由于其结构形式和保温需求的特殊性，设备安装以明装为主，这样不会破坏冷库的围护结构，有利于保温也便于维护。冷间内的设备如照明灯具、冷风机等的控制均设置在冷间外的穿堂和月台等不容易结霜结露的场所。冷风机的急停按钮或开关不允许设置在冷间内。冷间内机电设备如防火卷帘控制盒，空气采样探测器主机等需额外定制防冻盒以免设备长期处于低温造成损坏，甚至造成短路引起火灾。

冷库的电气线路以明敷设为主，冷间内线路可采用穿管和穿桥架等形式，目的是减少线路穿越保温层。月台、穿堂等场所，如没有设置专用冷库保温层，可采用局部暗敷设形式。穿越冷间保温层的电气线路必须相对集中，减少穿越点以降低冷损，且穿越处必须采取可靠的防火和防止产生冷桥的措施。先采用桥架将线路引至冷间外引入点，然后转为小套管保护，冷间外墙体侧进行防火封堵，冷间内保温层侧进行防冷桥密封。目前大型冷库末端普遍采用冷风机制冷，冷间内总体较干燥，冷库冷间内采用桥架管道布线的形式较多。

4.2 干仓设备安装与管线敷设要点

干仓主要是由货架区、理货区和办公区等功能区构成，理货区用来分拣各式各样的货物并发出，货架区会在地面固定成排货架用来存储货物，办公区用于管理人员办公。

干仓中除办公区的照明插座回路以外，库内其他的配电装置以及配电管线均需要明敷，并且除了给升降台配电的供电回路以外，所有管线均不能埋地敷设，这是因为干仓的租户不确定且货架布置未知，避免因为货架移动问题及其他一些未知原因，破坏埋地管线。

货架区的桥架以及灯具设计时，不应设置在货架的正上方。

5 结语

冷库和干仓有相似点又有不同，而且电气设计的规范条文多，内容杂。本文通过对规范的梳理和对以往项目的总结，对干仓和冷库电气设计特点进行了总结。

在国家大力发展物流及冷链行业的大基调下，希望设计人员也能够做到自己的设计条条有依据，这不仅是对自己负责，也是对国家经济发展的一种有力支持。希望大家能从本文得到一些设计上的帮助。

13

◇ 冷库地坪造价简析

王卓

摘　要：冷库地坪需要采用一定的防冻措施，否则不仅会造成重大的经济损失，还会有严重的安全隐患，危及生命。本文简述几种常见地坪防冻措施的做法及相关造价的测算。

关键词：冷链　冷库　冷库地坪　防冻措施　造价　投资

随着我国经济的迅猛发展，居民生活水平的不断提高，消费者对食品的种类、质量、口味、营养等需求日渐增加。而食品的锁鲜需要在冷藏、冷冻的环境下加工、储藏、运输及配送。这不仅促使生鲜电商的发展，也大大提升了冷库容量的需求。加之疫情后人们对生活供给，食品保供，医疗医药储备等的思考，都离不开冷链产业的支持，即对冷库的需求。冷库是整个冷链产业体系的核心节点，是生鲜产品运输中的关键环节，保证储藏、转运高效有序地完成。那么对于造价人员，应对影响冷库造价的因素做好充分的测算分析，为合理选取冷库地坪防冻措施提供依据，并在冷库项目前期决策中做好评估，那就需要对多个冷库项目进行测算分析，使得测算数据趋于准确有效。本文将对冷库造价影响很大的地坪部分，即对冷库地坪防冻措施做简要的介绍及造价分析。

低温冷库常年在 0℃ 以下运行，若地坪下的土层得不到热量补充，即使冷库地坪铺设了隔热、隔汽层，也并不能完全阻隔热量的传递，只能降低其传递的速度。冷库运行后，库内温度急剧下降，与地坪下的土层产生较大的温差，库内冷量不断传至土层，使土层内的水分受冻结冰，产生膨胀力，易对上方冷库造成破坏。轻者地坪隆起，重者围护结构、库内柱梁顶起，更严重者则破坏整个冷库的主体结构体系，危害建筑安全，使冷库无法正常运行使用，造成巨大的经济损失。因此，冷库地坪需要采取必要的防冻措施，使地坪下的土层保持在 0℃以上。

冷库地坪防冻常见的做法有：架空地坪防冻、通风地坪防冻、敷设热源地坪防冻等。下面将对不同防冻措施的冷库地坪做法及造价进行阐述。

1　架空地坪

将冷库地坪架空，在架空板上做隔热层，使从地坪散发出来的冷量，能通过架空层的空气散发掉，也就是以空气层把冷库地坪与土层分隔开，使库内冷量不直接传到土层，避免土壤冻害膨胀。

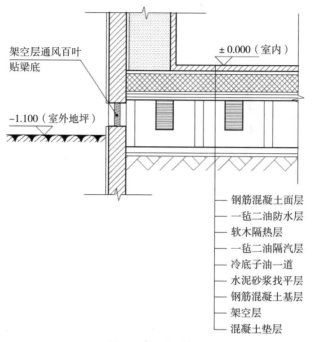

图1　高架空地坪

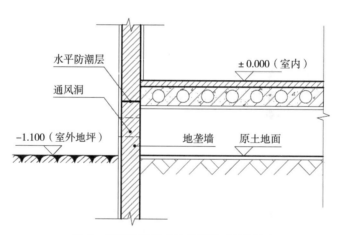

图2　低架空地坪（地垒墙防冻地坪）

架空地坪又分为高架空地坪（图1）和低架空地坪（图2）。高架空地坪即是在冷库首层下部设地下室，地下室可作空气温层或其他用途。低架空地坪则是用梁板系统或地垒墙将首层地坪托起。

架空地坪防冻措施不利的是若空气间层温度过低仍能导致土层产生冻害。

下面就某架空地坪冷库项目做简要的造价分析：

该冷库项目位于武汉，为双层冷库项目，属于低温冷库，冷藏间温度为 –18℃，结构形式为框排架结构，抗震等级为四级，抗震设防烈度为6度，基础形式为桩基＋承台，柱跨为12.0m×12.0m，地坪荷载为30kN/m²，总建筑面积19350m²，首层面积约9200m²，建筑高度23.90m，室内外高差1.1m。本项目架空地坪剖面图及立面图详见图3、图4。

表1为本项目地坪以下土建相关工程量及造价。

某架空地坪项目地坪以下土建相关工程量　　表 1

分项	工程量	单位	综合单价（元）	备注
主体桩	13830	m	335	PHC 600 AB 130 预制管桩
地坪桩	18294	m	250	PHC 500 AB 100 预制管桩
承台	1310	m³	1300	预拌混凝土（泵送）C35，配筋 60kg/ m³
基础梁	315	m³	2500	预拌混凝土（泵送）C35，配筋 220kg/ m³
柱子	250	m³	3700	预拌混凝土（泵送）C40，配筋 390kg/ m³
梁	415	m³	3600	预拌混凝土（泵送）C35，配筋 330kg/ m³
挡土墙	185	m³	2000	预拌混凝土（泵送）C35，配筋 120kg/ m³
地坪板 200mm	7400	m²	440	预拌混凝土（泵送）C35，配筋 33kg/ m²

综合表 1 按照该两层冷库地坪面积折合地坪单方造价为 1928 元 /m²；除去基础部分折合地坪单方造价为 657 元 /m²。

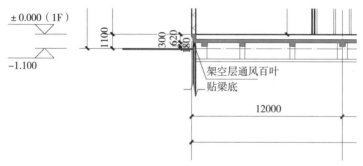

图 3　架空地坪剖面图（单位：mm）

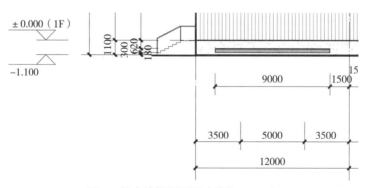

图 4　架空地坪立面图（单位：mm）

2　通风地坪

在冷库地坪保温层下埋设通风管道进行自然或机械通风，地坪传来的冷量由通风管中流动的空气散发。通风管道一般均为水泥管或缸瓦管铺设（图 5）。

自然通风地坪是以室外空气作为热源，当室外空气在热压和风压的作用下通过通风管道并不断补充热量，使冷库保温层下部始终保持在 0℃以上。机械通风地坪则采用将蒸汽送入通风管道的方式来提高冷库保温层下部的温度。这种方式一般在采暖季节使用，平时一般采用风机将室外空气送入通风管道。自然通风地坪一般用于进深较短、冬季室外温度较高地区的冷库。机械通风地坪一般用于大型冷库，但必须将通风管道通过通风管沟组织起来进行有计划的送热。通风管间距对冷库地坪通风防冻系统中加热层上、下表面的平均温度分布有较大的影响。在其他条件相同的情况下，通风管间距越小，通风加热层上、下表面各点温度波动的振幅越小，冷库地坪的防冻效果也就越好一些，不过这样必然会增加相关造价，而且加热层温度高，也会加大冷库的负荷，也同样造成能源浪费。所以仍需综合考虑各项因素，选取节能、高效、绿色及造价合理的方案。

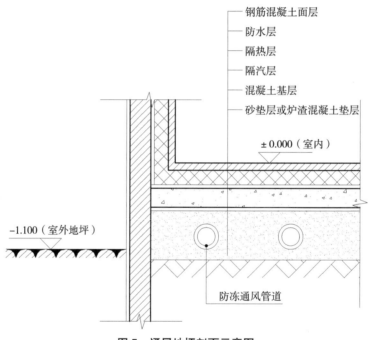

图 5　通风地坪剖面示意图

下面就某通风管地坪冷库项目做简要的造价分析：

该冷库项目位于上海市，为三层冷库项目，结构形式为框排架结构，抗震等级为二级，抗震设防烈度为 7 度，基础形式为桩基 + 承台，柱跨为 12.0m×17.1m，地坪荷载为 30kN/m²，总建筑面积 45990m²，首层面积约 14370m²，建筑高度 30.42m，室内外高差 1.3m。本项目通风地坪平面详见图 6。

表 2 为本项目地坪以下土建相关工程量及造价。

某通风地坪项目地坪以下土建相关工程量　　　　　　　　　　表 2

分项	工程量	单位	综合单价（元）	备注
主体桩	27294	m	335	PHC 600 AB 130 预制管桩
地坪桩	362	m³	2100	JAZHb-225-610B 预制方桩

分项	工程量	单位	综合单价（元）	备注
承台	3300	m³	1220	预拌混凝土（泵送）C35，配筋 52kg/m³
基础梁	595	m³	2100	预拌混凝土（泵送）C35，配筋 170kg/m³
柱子	225	m³	3550	预拌混凝土（泵送）C40，配筋 392kg/m³
圈梁	33	m³	2475	预拌混凝土（泵送）C35，配筋 98kg/m³
挡土墙	290	m³	2000	预拌混凝土（泵送）C35，配筋 120kg/m³
通风水泥管	11150	m	250	D300
回填碾压	13700	m²	25	每 300mm 回填碾压一次至室内设计标高
地坪板 180mm	13700	m²	150	预拌混凝土（泵送）C35，配筋 20kg/m²

综合表 2 按照该三层冷库地坪面积折合地坪单方造价为 1519 元 /m²；除去基础部分折合地坪单方造价为 462 元 /m²，其中通风水泥管部分单方造价约 190 元 /m²。

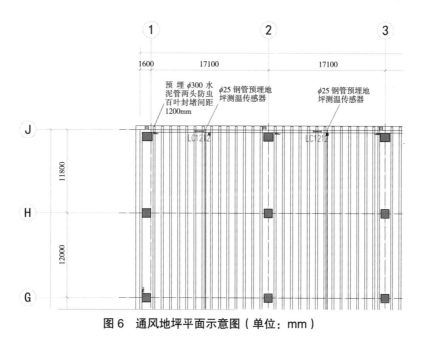

图 6　通风地坪平面示意图（单位：mm）

3　敷设热源地坪

敷设热源地坪是指在冷库地坪保温层的垫层中敷设各种热源，包括电热丝（地坪隔热层下的混凝土垫层内埋设电热钢丝网加热，阻隔冷量传递土层）、油管（在冷库地坪中埋设油管，用热油在管内循环，以吸收地坪传出的冷量，见图 7）、乙二醇不冻液等加热媒介（见图 8、图 9、图 10）。

敷设热源地坪防冻措施不利的是建成后不易维修，对施工要求高。

图 7 油管敷设防冻示意图

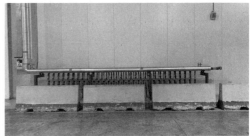

图 8 乙二醇系统实例照片

不包括地坪下土建工程造价，厂家对乙二醇防冻系统的报价为 80~120 元 /m²（地坪敷设面积）。

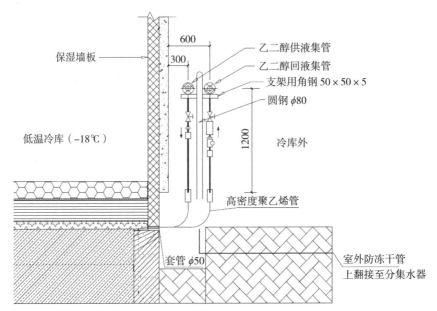

图 9 乙二醇系统剖面示意图（单位：mm）

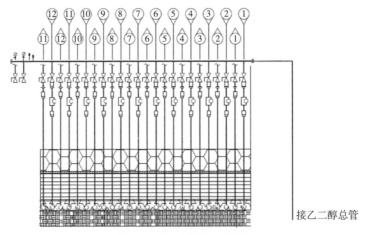

图 10 乙二醇系统示意图

综合多个冷库实例，得出常见冷库地坪综合单价如表 3 所示。

常见冷库地坪综合单价   表 3

地坪防冻措施	架空防冻地坪	通风防冻地坪	乙二醇防冻地坪
综合单价	650~750 元 /m²	450~550 元 /m²	430~570 元 /m²

仅参考上述案例，考虑不同地坪防冻措施的做法，可以看出架空防冻地坪的造价大于通风防冻地坪及乙二醇防冻地坪的造价。因此，在冷库项目实例中，仅从节约成本的角度，一般会优先考虑通风防冻地坪或是乙二醇防冻地坪。当然任何方案的比选不能单从成本的角度，还要考虑多种因素，综合考量，以选取最优方案。如：不能单单为了节省建设成本，忽略了运维成本；或为了节约运维成本，忽略了施工条件限制、防冻效果等因素。

在一个工程项目中，地坪以下工程造价占据整个单体造价相当大的一部分。不同地区、不同地勘情况、不同基础形式都会对造价产生很大的影响。针对具体项目仍需要具体分析抗震等级、基础形式、地坪荷载、柱跨大小等因素及主体结构与防冻做法的关系，从而合理选取对应方案。

对于有分期建设意向的冷库项目，也应根据不同分期情况，做好投资分析，为建设单位提供充分的经济分析，为业主投资决策提供经济技术支持。对于需要预留冷库条件的干仓项目，冷库地坪是必须做到位、不可或缺的重要部分，该项又是造价的重要组成部分。干仓预留冷库条件的项目，并不是简单增加制冷系统的费用，前期土建设计就要考虑冷库的地坪防冻措施、保温工程、楼层荷载等问题，并且冷库的地坪防冻措施、保温工程、楼层荷载都是影响冷库造价的重要分项。

针对不同地区、不同地质条件以及任何影响选用防冻措施的因素，都应做好经济对比。当然在选择冷库地坪防冻措施时不仅考虑工程造价还应综合考虑库房布置、运行能耗、维护管理等多方面要求，进行技术经济比较，合理选定。

4 结语

冷库地坪冻胀会影响到冷库的安全运行，冷库设计施工中，需采取有效预防措施。冷库地坪发生冻胀是因为地基冻胀性土壤，冷库施工前应做好地质钻探，开槽时遇冻胀性土壤应彻底清除，再采取有效防冻措施，以绝后患。一旦冷库建成运行，后面再暂停冷库的运行来改造维修，将会引起巨大的经济损失。

最后，随着冷链需求的不断加大，特别是疫情刚刚过去，民生保供都离不开冷库。根据 CBRE 世邦魏理仕近期发布的《冷库投资与选址策略》报告显示，目前在中国市场冷库的需求大于供给，至少还有 1500 万 m² 的缺口。在北上广深一线城市的冷库市场，仍存在不能满足需求的矛盾，未来必将不断涌现大量冷库建设项目。前期做好冷库各项经济技术比选，将会给建设方提供决策依据，并带来诸多收益。

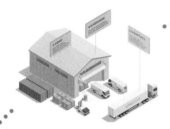

二

中央厨房、加工中心设计

- 中央厨房设计要点
- 加工中心的设计原则
- 中央厨房供水系统设计
- 中央厨房生产排水系统设计
- 某冷库和加工中心制冷空调系统设计
- 中央厨房供配电设计

1

◇ 中央厨房设计要点

顾佶　边苏佳　罗超群

摘　要：中央厨房的大发展是预制菜及新零售规模化发展的大势所趋，本文通过中央厨房项目的设计经验，从功能布局、流线、土建做法等各方面的设计入手，总结出相关中央厨房设计的要点。
关键词：中央厨房　建筑设计

1　综述

中央厨房的定义：具有独立场所及设施设备，集中完成食品成品或半成品加工制作，并直接配送给餐饮服务单位。

餐饮产业链主要包含原料生产、餐饮加工、终端食品服务3个主要环节。其中上游的原料生产分散，产业化程度相对较低，下游的终端服务竞争激烈，因地域差异，口味差异大，标准化程度低，受各种因素影响，终端服务行业利润和效率普遍不高。受限于产业链上下游低效运营，加工环节的工业化程度成为保障食品安全、节约成本并提升运营效率的关注点。

中央厨房概念的提出是中游餐饮工业化的标志，中央厨房负责集中完成食品成品或半成品的加工制作及配送，完备的中央厨房体系包括统一采购，统一制作和统一配送。借鉴美国、日本等高度餐饮工业化国家的运营经验，自2010年起中央厨房的模式在国内落地兴起，尤其在连锁餐饮领域迅速普及，截至2018年末中央厨房的规模已超70%，自建中央厨房的连锁餐企包括海底捞、西贝、外婆家、避风塘、全家、罗森等知名品牌和盒马鲜生、永辉、叮咚买菜、美团、清美等一系列新零售企业。

在原料生产规模化进展缓慢、终端租金和人工成本上升的大背景下，运营中央厨房的可操作性强、模式成熟，在降低成本、提高效率方面效果明显。中央厨房经过统一流程、按照统一标准批量化生产，能够最大限度地保障食品味道及品质的稳定性。同时，中央厨房加工环节能够执行食品级安全标准，通过前后端沟通、数字化管理，做到精准备料和产品溯源，保证食品的安全性和新鲜程度。通过简化和标准化操作流程，运营中央厨房也为餐饮快速扩张、提高连锁化率提供关键保障。

下面我们将通过已建成的中央厨房设计全过程，以及项目的设计经验，总结以下中央厨房设计要点。

2 中央厨房建筑平面布局设计

中央厨房建筑设计包括前期方案、施工图设计、工艺装修深化设计阶段，中央厨房工艺设计很难与土建设计同步推进，方案和施工图设计阶段需要优先考虑工艺介入后对建筑设计的影响，合理的平面布局有利于后期工艺布局和工艺设备的深化和安装，现总结以下设计重点。

2.1 合适的进深大小有利于中央厨房后期工艺设计的介入

中央厨房合适的进深设计有利于后期工艺设计的介入，单体进深太深不利于组织安全疏散，进深过小不利于布置工艺生产线，对于较长的生产线，短进深无法满足要求（厂房疏散距离详见表 1）。

厂房疏散距离表（单位：m）   表 1

生产的火灾 危险性类别	耐火等级	单层厂房	多层厂房	高层厂房	地下或半地下厂房 （包括地下或半地下室）
甲	一、二级	30	25	—	—
乙	一、二级	75	50	30	—
丙	一、二级	80	60	40	30
	三级	60	40	—	—
丁	一、二级	不限	不限	50	45
	三级	60	50	—	—
	四级	50	—	—	—
戊	一、二级	不限	不限	75	60
	三级	100	75	—	—
	四级	60	—	—	—

我们平常较常见的中央厨房生产物品的火灾危险性均为丙类（即①闪点不小于 60℃ 的液体；②可燃固体），根据《建筑设计防火规范》GB 50016—2014（2018 年版）3.7.4 条，单层丙类厂房的疏散距离为 80m，多层丙类厂房的疏散距离为 60m，高层丙类厂房的疏散距离为 40m。以多层厂房为例，疏散距离为 60m，厂房的进深不宜大于 60×2=120m，考虑到工艺房间和工艺生产线影响疏散，以及以往项目的实际经验，多层中央厨房的进深宜控制在 90m 以内（图 1）。单层中央厨房的进深宜控制在 120m 以内，高层中央厨房的进深宜控制在 75m 以内。

中央厨房的进深设置原则，应根据实际情况合理设置，上述的进深数据要求仅为参考数值，对于后期工艺及生产线介入的项目，合理的进深设置有利于提高后期改造的灵活性。

2.2 均匀布置安全出口

中央厨房需考虑人员的安全疏散问题，对于预留中央厨房项目，建议尽可能多地均匀布置安全出口，有利于后期疏散设计，同时为生产流线设计提供更多可能性。安全出口宜在每个防火分区内靠外墙均匀布置，保证室内任何一点都可以快速便捷地到达安全出口（图 2）。

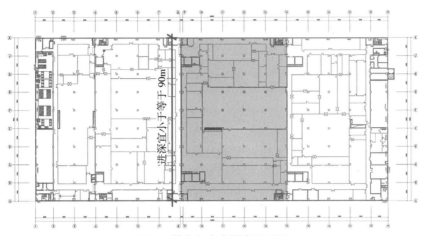

图1　某多层中央厨房平面图

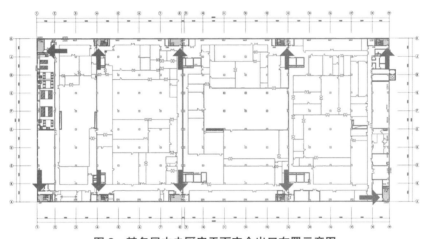

图2　某多层中央厨房平面安全出口布置示意图

2.3　电梯设置原则及位置

中央厨房相对于其他物流建筑而言货物周转需求小，多数中央厨房项目均为多层电梯建筑，对于有分层出租需求的中央厨房建筑，宜设置成多层坡道厂房，有独立的货车上下的坡道，解决垂直交通问题。上下货车的坡道应根据车流量合理设计坡道宽度及坡度，坡道位置宜均匀布置，或设置在交通的核心枢纽位置。

对于高层及多层中央厨房建筑，应合理布置电梯及升降机位置。中央厨房的工艺生产线有原料的进入流线，有成品货物的出厂流线，建议进出流线的端头设置垂直交通设施，同时建议更多地预留电梯或提升机的洞口，为后续业务增加提供改造可能性（垂直提升机设备详见图3）。

图3　垂直提升机设备

3 中央厨房布局设计

中央厨房生产过程中会有多种不同的环境，高湿度、高温度、生产产生的水蒸气和油烟等等，据此会有多种不同功能分区，根据温度区划分，有超低温区、低温区、空调房间、常温房间（仅有通风要求），肉类和水产等生鲜加工区域多为超低温区、低温区，蔬菜、水果分拣包装区以及工作人员换衣区、办公区多为低温区和空调房间，热加工区多为常温房间（仅有通风要求）。

根据干湿作业不同分为有水房间和无水房间，有水房间需要考虑防水及排水要求，楼地面需设置防水层和排水地沟地漏等设施。

根据作业洁净要求的不同分为洁净区和非洁净区，洁净区与非洁净区通过适当措施需保证洁净区不受污染的同时能够正常生产作业。

不同功能房间以工艺设计为基础，建筑设计中合理组织流线及分区，有水房间与无水房间分开布置，洁净区集中布置，非洁净区服务洁净区合理分散布置。

3.1 相同功能分区宜集中布置

对于温度要求相同的房间建议集中布置，制冷或空调系统的布置更集中，减少因管道敷设过于分散而带来的成本增加。有水房间集中布置，有利于布置排水和给水系统。对于有相同洁净度要求的工艺房间，也应集中布置，保证生产工作人员不用穿越非洁净区进行作业，提高生产效率。

3.2 中央厨房人员及货物流线设计

中央厨房流线主要包括作业人员动线、参观人员动线、物流加工动线、设备搬运动线、周转箱清洗供箱动线等，各流线间既要互相独立互不干扰，又要互相联系紧密配合，中央厨房平面布置设计中，要充分考虑各动线之间的关系，保证生产效率的同时，着重关注食品的安全。

3.3 作业人员流线设计

作业人员动线主要分为生区和熟区，生区和熟区对洁净度的要求不同，生区对洁净度的要求相对低一点，而熟区对洁净度的要求更高。作业人员动线可通过集中的换靴区→更衣室→洗手消毒间然后通过公共走廊进入作业区。熟区的人员动线需在各分区独立的换靴区→消毒风淋后进入作业区。图4为生区、熟区作业人员动线分析图（虚线为生区作业流线，实线为熟区作业流线）。

3.4 物流加工动线及周转箱清洗及供箱动线

物流加工动线和周转箱清洗及供箱动线是中央厨房生产作业的主要流线，周转箱清洗及供箱动线一般位于成品区，物流加工动线主要为原料收货→预料清洗分类→热加工（或其他加工工艺）→包装→成品暂存。原料收货和成品转运流线应分开设置，不可交叉重合。图5为物流加工动线和周转箱清洗及供箱动线分析图（深色为物流加工动线，浅色为周转箱清洗及供箱动线）。

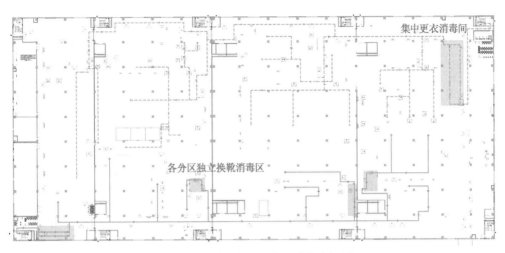

图 4　生区、熟区作业人员动线分析图

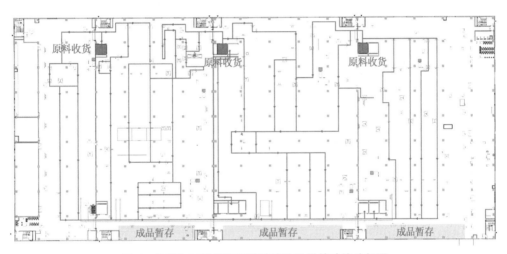

图 5　物流加工动线和周转箱清洗及供箱动线分析图

3.5　设备搬运动线

除了考虑人员流线和物流加工流线，同样需要考虑设备搬运动线，中央厨房的设备除了小型设备外还有较长的生产线需要搬运，需要合理考虑设备吊装口位置，部分内隔墙需要在设备搬运完成后进行施工，也可以预留设备搬运洞口。

4　中央厨房各功能分区降板及面层设计要求

中央厨房相同温度区域宜集中布置，根据温度不同设置地面保温，相同保温厚度区域统一降板，不同温度区域降板保持差异性，从而节省土建成本。

对于后期预留中央厨房的项目，建议统一降板，后续改造可灵活应对不同分区的温度要求（不同温度区域楼面保温厚度需求详见表 2）。

不同温度区域楼面保温厚度需求表　　　　　　　　　　　　　　　表2

	地面（mm）
-45℃低温区域	250
-25~-18℃低温区域	150
0~4℃低温区域	75
2~5℃低温区域	75
10~12℃低温区域	75
常温房间	根据当地节能要求计算

中央厨房面层做法主要由防水层、保温层、面层组成。在楼层降板一定的情况下，可根据保温厚度情况，适当增减轻集料回填厚度。根据是否为有水房间来决定楼面做法是否需要设置防水层。表3为常见的中央厨房楼面做法（有水房间）。

中央厨房楼面常规做法表　　　　　　　　　　　　　　　　　　　表3

1. 面层（干撒式耐磨地坪、聚氨酯地坪、环氧地坪、PVC地坪等）
2. 钢纤维或钢筋混凝土层
3. 水泥砂浆保护层
4. 防水层或透气膜
5. XPS保温层
6. 轻集料回填层
7. 水泥砂浆保护层
8. 防水层
9. 结构楼板，详结施

注：该做法表为有水房间做法。

根据加工作业的干湿程度，可以适当增减防水层的数量，建议有水房间的防水层厚度最少不低于2道。

5　中央厨房设备专业配合原则

中央厨房生产环境复杂，需要包括空调、制冷、蒸汽、燃气、强弱电、给水排水、净水等各种设备的协同配合。安排好各专业的管线、桥架、井道是中央厨房设计中的重点和难点，在保证管线互不干扰的基本前提下，合理安排管线减少成本。

中央厨房室外设备较多，放在屋面是一个较好的选择，钢结构屋面不适合大面积布置设备，混凝土屋面更适合中央厨房建筑。

工艺专业牵头，土建及设备专业协调配合，将复杂的中央厨房工艺生产落实。

5.1 室内管道井分散均匀布置

中央厨房室内管道宜分散均匀布置，水井、电井分散布置有利于后期改造，调整相关房间使用功能时不需要进行大规模地坪或吊顶拆除重建，只需要就近接入管井即可（图6）。

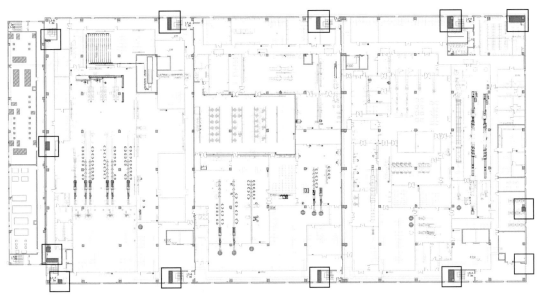

图6 中央厨房设备管井布置示意图（图中框线位置）

5.2 室外设备集中布置

混凝土屋面的设备宜集中布置，统一设置机房或预留机房，统一设置基础及预留基础，后期改造或生产业务调整，在不破坏屋面防水层的基础上可灵活改造。图7为中央厨房屋面室外设备布置示意图。

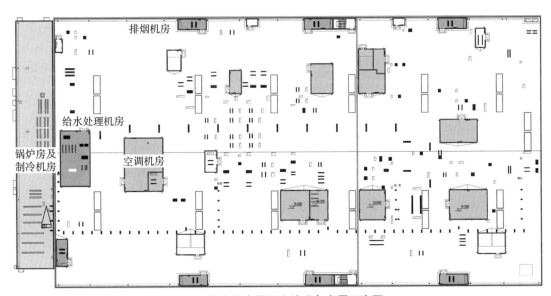

图7 中央厨房屋面室外设备布置示意图

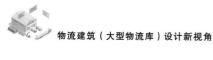

6 结语

   通过对中央厨房平面布局、功能分区、疏散出口、流线等研究分析，以及综合各项目实施过程中的经验，总结出以上设计要点。但在实际的项目和工程实践中，需要具体项目具体分析，具体问题具体对待。中央厨房快速发展的今天，需要更多地结合地域性，结合企业生产特点及要求进行设计。

2

◇ 加工中心的设计原则

罗超群

摘　要： 在加工中心建筑配合设计中，通过与各专业间的协同配合落实复杂的生产需求，建筑作为平台专业为各专业的条件落实提供保障，本文通过实际项目遇到的相关问题，总结出加工中心相关设计原则。

关键词： 加工中心　建筑设计　生鲜加工配送中心

1　综述

本文论述的加工中心主要为物流园区内生鲜产品的加工、包装、分拨分拣等作业服务，其全称为生鲜加工配送中心，以下简称加工中心。

加工中心与一般大型配送中心及农产品物流集散中心不同，属于整个供应链的中后端；配送类型具有多品种、小批量、频率高、响应快等特点；部分生鲜制成品加工属于采购—仓储—加工—配送—销售一体化闭环操作形式，故对加工中心整体适配性要求较高。

加工中心需要设置加工区域（分拨分拣、包装等），同时要配套收发货功能，需要第一时间将生鲜原料通过物流网络输送到加工中心，同时也需要确保生鲜第一时间通过物流网络运送到门店，相关企业把加工中心作为生鲜供应链衔接的中心，应充分发挥整合资源的作用。通过加工中心的建设和运作，将企业的门店、物流配送、原料采购、生鲜加工等部门进行重组，提高了门店的生鲜产品质量控制水平。同时，企业可多向产地市场采购，重建有效的生鲜采购渠道；有助于提高规范化管理程度，使连锁超市与供应链上游的沟通更加顺畅，商品采购供应更有保障。

下面将分述加工中心的功能分区、交通流线、消防设计等。

2　功能分区

加工中心主要由加工区、收发货区、暂存区（中间仓库）、配套用房等组成，加工区为加工中心的核心功能，收发货、暂存区（中间仓库）均为其重要的配套服务功能，配套用房主要由员工休息区、办公区、卫生间等组成。收发货区为原料及成品的装卸货区，需配置一定的货车装卸货位，原料进入和成品配送宜分开设置，互不干扰。货物的暂存区为成品或原料的临时存储区，宜紧邻加工区布置，与加工区有一定的联系。图1为某加工中心平面功能布置图。

加工中心对于物流配送效率要求较高，需尽可能多地布置装卸货口，单体建议双边或多边设置装卸货月台，且宜布置在建筑的一层。同时可通过设置电梯作为垂直运输的主要方式，电梯在收发货区宜分别独立设置，在加工中心二层及以上一侧电梯进货，一侧电梯出货，保证原料与成品无交叉。

加工区有一定温度及湿作业要求，土建设计时需考虑防水及保温设计。暂存区需设置一定数量的冷库和低温房间，满足不同生鲜产品的存储需要。加工区主要包括蔬菜瓜果的分拣称重包装、牛羊猪肉类切割称重包装、生鲜宰杀包装等功能。

加工中心合适的进深设计有利于后期工艺设计的介入，加工中心单体进深太深不利于组织安全疏散，进深过小不利于布置工艺生产线，对于较长的生产线，短进深无法满足要求。一般进深建议控制在 80~100m。

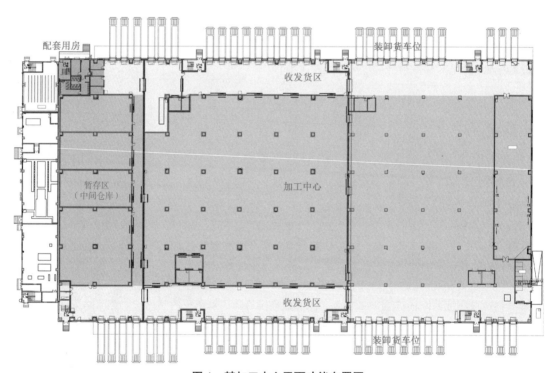

图1　某加工中心平面功能布置图

3　加工中心流线设计

加工中心工艺流线的设计主要包括：

1）产品流线的选择。根据产品方案选择产品流线，相近或相似的产品流线可集中或部分集中设置。比如面条生产线和面点生产线，是比较相近的两条生产线，宜集中设置，可共用相同原料库。面点生产线宜靠近肉类或蔬菜生产线，因为面点生产线一部分产品需要肉和菜（饺子、馄饨），这样原料运输更方便简洁。

2）流线设计。加工中心内的流线主要有物流（食品流线、垃圾流线、运载工具流线）和人流（生产员工流线、行政办公员工流线），各流线相互独立，不交叉、不返流。

3）洁净区域的划分。在加工中心内可按洁净度分为：污染区、非控制区、准洁净区、洁净区4个区域。人流、物流、气流要加以严格区分。气流设计主要由设备专业控制，各区域的作业人员要避免交叉，进入洁净区的人员需要经过二次消毒的程序。在人流不能交叉而物流需要通过的相邻区域需要设置传递窗或传递门进行物料传送。

配合工艺流线设计，加工中心设计中要合理组织货物及人员流线。图2为某加工中心流线示意图。

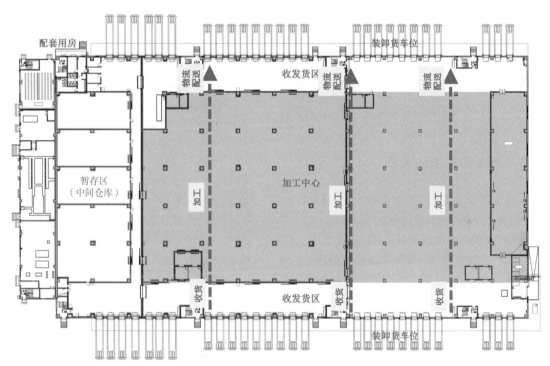

图2 某加工中心流线示意图

4 消防设计

4.1 加工中心防火分区面积

加工中心消防设计上一般定性为丙类厂房，生产的火灾危险性为丙类（即①闪点不小于60℃的液体；②可燃固体），耐火等级不低于二级。

加工中心的防火分区面积按丙类厂房的面积控制（表1），丙类厂房的耐火等级为一级时，单层厂房面积不限，多层防火分区面积不超过6000m²，高层防火分区面积不超过3000m²，厂房内设置自动灭火系统时，每个防火分区的最大允许建筑面积可增加一倍。厂房的占地面积不限。

加工中心中有货物暂存的需求，以及水果催熟的暂存区域，加工中心内部宜设置中间仓库，中间仓库应为独立的防火分区，且有独立安全出口，防火分区按相应丙类仓库的面积控制，设置自动灭火系统时，每个防火分区的最大允许建筑面积可增加一倍。以多层丙类 2 项仓库为例，每个防火分区的面积不大于 1200m²，设置自动灭火系统时，面积可增加一倍，即 1200×2= 2400m²。

丙类厂房防火分区面积的规定　　　　　　　　　　　　　　　　　　　　　　　表 1

生产的火灾危险性类别	厂房的耐火等级	最多允许层数	每个防火分区最大允许建筑面积（m²）			
			单层厂房	多层厂房	高层厂房	地下或半地下厂房（包括地下或半地下室）
丙	一级	不限	不限	6000	3000	500
	二级	不限	8000	4000	2000	500
	三级	2	3000	2000	—	500

4.2　加工中心消防疏散

加工中心按丙类厂房的消防疏散进行设计。按《建筑设计防火规范》GB 50016—2014（2018年版）3.7.4 条丙类厂房内疏散距离控制。加工中心内中间仓库每个防火分区不少于 2 个安全出口，疏散距离无要求。厂房部分需考虑疏散宽度，需按该规范的 3.7.5 条进行复核。

因加工中心工艺要求，不是所有的房间都可以直通疏散走道，部分房间需要通过其他房间进行疏散，房间内任一点距离安全出口的最近距离不能低于《建筑设计防火规范》GB 50016—2014（2018 年版）3.7.4 条关于厂房疏散距离的要求，疏散路线上不得有影响疏散的工艺设备或其他障碍物，且疏散门应开向疏散方向。消防设计时，尽量均匀布置安全出口。

5　建筑设计的其他要求

加工中心地面要求平坦、防水防滑、易清洗、耐磨、有排水措施；由于加工中心有大面积的冷库及冷加工间，所以墙体多为冷库板，在油烟、蒸汽产生量较大的区域要注意选用抗油污、易清洗、不易变形变质的材料。吊顶要求采用表面光洁、耐腐蚀、耐温、不霉变且不易脱落掉渣的材料。墙体及吊顶宜采用金属夹芯板，金属面板宜为不锈钢材质，例如金属岩棉夹芯板、双面彩钢聚氨酯夹芯板等。由于加工中心内有较多的内部物流周转运载工具，门、过道墙壁、各冷库开门应作防撞保护，主要加工操作区的房间门除满足消防需要外多采用可自行关闭的弹簧门。一些有较高设备的加工区应注意根据最高设备的高度以确定加工间的净高。

6 结语

　　加工中心的建设在我国尚处于起步阶段，但发展迅速，大型零售连锁企业的竞争日趋激烈，十八届三中全会召开后，政府更是将食品安全问题提到了一个新的高度，提供品质优良、食用安全、品种多样的生鲜产品是决定企业核心竞争力的一个关键要素，而实践证明，加工中心成为保证食品品质、卫生标准一致性、控制加工损耗、提高农副产品附加值的一个重要手段，加工中心的建设是行业发展的必然结果，同时也是我国建设食品冷链物流的一个必然趋势。加工中心的设计涉及面广，从前期规划到后期建设需要食品、物流、工程等多方面知识的综合运用。本文将加工中心建筑设计的内容进行总结，以期起到抛砖引玉的作用。

3 中央厨房供水系统设计

张月红

摘　要：本文以上海某中央厨房项目设计为例，主要阐述了中央厨房供水系统设计，包含给水系统、热水系统、软化水系统、纯净水系统，为中央厨房供水系统设计提供思路。

关键词：中央厨房供水　给水系统　热水系统　软化水系统　纯净水系统

1　综述

中央厨房又称加工配送中心，主要给连锁餐饮企业提供半成品或成品。中央厨房加工能力强，生产的食物品种比较丰富。与普通物流仓库、厂房相比，中央厨房对生产用水水质、水温等要求更高，因而中央厨房的供水系统也相对复杂。根据中央厨房的实际用水水质、水温需求不同，中央厨房的供水系统可分为给水系统、热水系统、软化水系统、纯净水系统。目前，国内的中央厨房在整个餐饮行业处于快速发展阶段，在设计、管理和运行中还需要进一步研发和完善。如何设计中央厨房供水系统，目前未见专门的规范作为依据。本文以上海某中央厨房项目供水系统设计为例，主要阐述了中央厨房的给水系统、热水系统、软化水系统、纯净水系统设计，为中央厨房的供水系统设计提供思路。

2　供水系统

中央厨房用水分为生活用水和生产用水。中央厨房生活用水为卫生间卫生器具用水，生活供水系统简单，与普通物流仓库、厂房类似。但与普通物流仓库、厂房不同的是：中央厨房用水主要为生产用水。以下对中央厨房生产用水及其供水系统进行介绍。

2.1　用水量

中央厨房生产设备种类多，用水量比较大。规范对中央厨房用水量无明确要求，中央厨房用水量如给水用水量、热水用水量、软化水用水量、纯净水用水量等需根据工艺设备配置提资进行计算。与实际运行相比，若根据设备数量和设备用水量进行简单的加和得出的用水量偏大，按此设计的管网和水处理设备参数偏大，需结合业主的实际运行经验做适当的折减，这样既满足实际运行需要，又经济合理。

2.2　用水计量

中央厨房根据生产部位不同划分为不同的功能分区，常规有以下区域：豆制品区、中式面点面条区、熟食＋半成品区、调味料区、蔬菜加工区、猪肉加工区、牛羊肉加工区、周转箱冲洗区和公摊区等。根据业主提供的不同功能分区划分、租赁分区、计费要求、用水种类等按功能、类别设置水表计量。给水供水管、热水供回水管、软化水供回水管、净化水供回水管均设置水表计量。水表设于吊顶内，采用远传水表，进行数据采集，以中央厨房面条区热水水表安装为例，如图 1 所示。

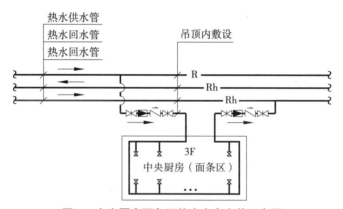

图 1　中央厨房面条区热水水表安装示意图

2.3　用水点

中央厨房生产用水点位繁多，且用水设备种类多，如洗手池、单星水槽、双星水槽、冲水地龙、各种加工设备、生产线等。不同的设备，其给水点位离地高度不同，如洗手池角阀离建筑完成面 0.57m；靴底消毒池、不锈钢长靴水池给水角阀离建筑完成面 0.30m；冲水地龙给水点位离建筑完成面 1.2m；其他给水点位一般离地高度 1.2m。给水点位高度实施前需和业主确认后方可实施，以便满足设备实际的用水高度需要。另外，局部区域根据业主要求需预留给水点，给水点预留到吊顶上方并预留阀门，方便后期引至给水设备。

对于单一分散的用水点，单独从吊顶下 1 根立管。对于集中的多个用水点，可从角落集中下 1 根立管后分别接至各个用水点，从而减少立管的数量，如图 2、图 3 所示。

2.4　给水系统

中央厨房水源为城市自来水。根据当地水压情况，建筑一层采用市政供水，二层及以上采用变频加压供水。自来水水箱及生活变频泵设于设备房生活水泵房内。因中央厨房用水量大，与常规物流仓库项目相比，中央厨房自来水水箱尺寸较大，占地面积大。

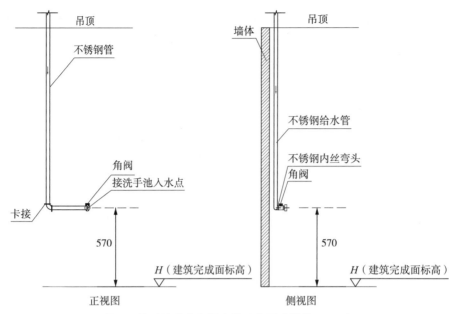

图2 洗手池单个角阀安装示意图（单位：mm）

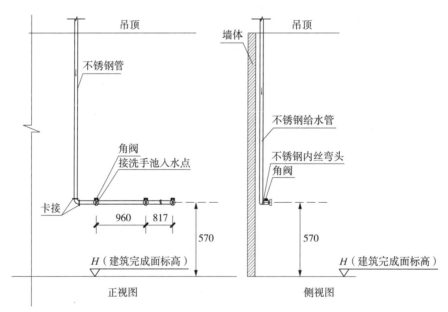

图3 洗手池两个以上角阀安装示意图（单位：mm）

中央厨房生产区域多设置在二层及以上楼层。不同的生产设备其实际用水水压要求不同。对于普通物流仓库、厂房用水点处供水水压大于0.2MPa时，配水支管应采取减压措施；但对于中央厨房工艺设备的水压不受节水要求0.2MPa限制，如清洗冷水需要压力0.2~0.4MPa；清洗热水需要压力0.2~0.4MPa，建议不小于0.3MPa，如低于0.2MPa设备会自动报警停机。

因中央厨房的用水点多、分布广，接至末端用水点的管线采用枝状管网，管线短，节省造价；为提高供水的安全性，主干管采用环状管网。如业主为节省造价，给水系统可采用枝状管网，具体根据项目实际需求及经济条件确定给水管道布置为枝状还是环状。

2.5　热水系统

中央厨房热水用水量大，主要为清洗加工用热水，采用集中热水供应系统。清洗加工用热水可采用蒸汽换热提供热水，换热设备采用板式换热器 + 闭式热水罐（注：蒸汽换热系统蒸汽压力0.4MPa，被加热水进水温度为5℃，出水温度为65℃），如图4所示。

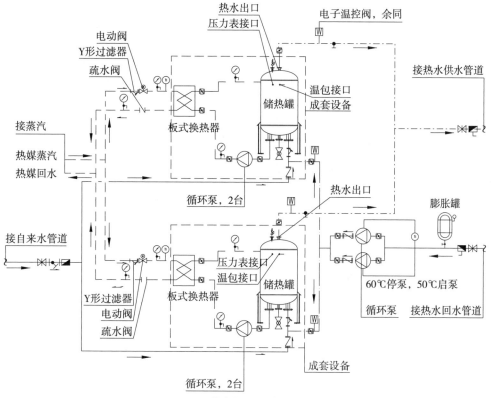

图 4　蒸汽换热系统示意图

中央厨房的热水系统设热水回水管和循环泵，保证干管和立管中的热水循环，循环管道同程布置。每个功能分区内设置热水供水、回水管保证热水干管循环，以豆制品区热水系统为例，如图5所示。

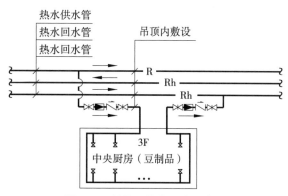

图 5　豆制品区热水系统示意图

2.6 软化水系统

设计前期因工艺需求，中央厨房的局部设备有软化水用水点，如和面间、米粉面条生产线等区域。自来水经水泵加压后，经多介质过滤器及活性炭过滤器过滤、软水机处理后得到常温软水，储存于软水水箱内，软水供水泵出口设置紫外线杀菌。和面间软水用水点需要供应软化冰水，常温软水经加压泵加压后到工艺冰水换冷设备，提供冰水；设备参数为板式换热器 + 闭式水罐 1 套。图 6 为软化水系统图。

中央厨房的软化水系统设软化水回水管和循环泵，保证干管和立管中的软化水循环，循环管道同程布置。

项目后期配合工艺调整，中央厨房软化水用水点均改为纯净水用水点，相应地取消软化水系统，取消软水机、软水水箱、软水供水泵等设备及其后的软水管网，大大节约造价。

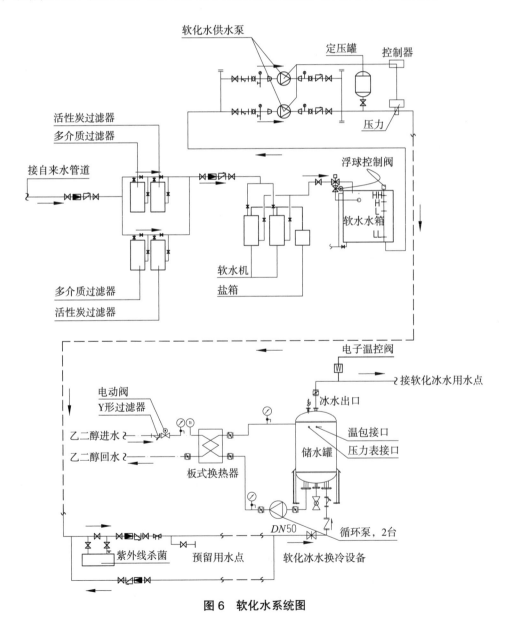

图 6　软化水系统图

106

2.7 纯净水系统

根据中央厨房工艺需求，局部生产设备设有纯净水用水点，如熟食 + 半成品区的前处理制冰机、沙拉间洗消机、和面间电子水量调温器、调味料灌装间落地式夹层锅、面条 / 面皮生产线和配液罐等区域。自来水经水泵加压后，经多介质过滤器及活性炭过滤器过滤，连接直饮水处理设备，经处理后得到达到直饮水标准的纯净水。常温纯净水储存于纯净水水箱内，在纯净水供水泵出水口处接紫外线杀菌仪杀菌，纯净水经过加压泵加压后接管到车间常温纯净水使用点；同时接工艺冰水换冷设备，提供冰水，纯净冰水用于沙拉间、面条加工间等；设备参数为板式换热器 + 闭式水罐 1套。图 7 为纯净水系统图。

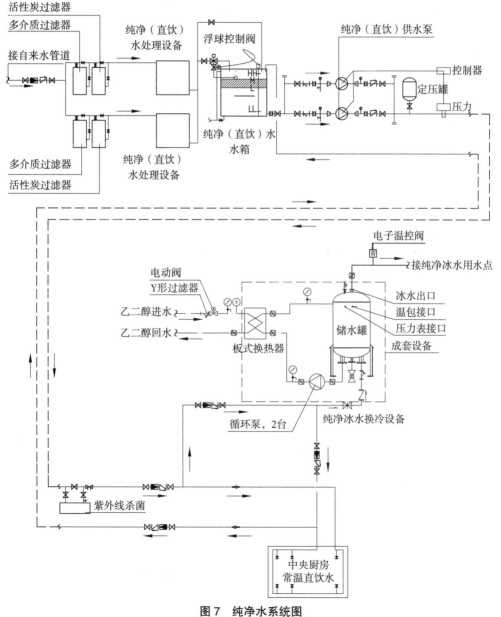

图 7　纯净水系统图

中央厨房的纯净水系统设纯净水回水管和循环泵，保证干管和立管中的纯净水循环，循环管道同程布置。

2.8　管网敷设

中央厨房的软化水、纯净水用水点较分散，如给水处理机房设在屋顶时，软化水、净化水干管及其循环管道可敷设在屋面上，其优点是检修方便；但缺点包括：1）管道明露在室外，容易遭受太阳暴晒，管道内水温变化大，容易滋生细菌，影响用水水质；2）因用水点位分散，管道涉及范围大、管道较长，需土建配合管道基础范围较广且屋顶其他专业设备较多，配合过程比较烦琐。建议软化水、净化水干管走室内吊顶内，不仅避免了水质变差问题，也避免设置管道基础带来的问题。

3　结语

结合上海某中央厨房的设计经验，对中央厨房供水系统如给水系统、热水系统、软化水系统、纯净水系统的设计进行了介绍，并对管网敷设位置进行了比较，以供参考。

参考文献

[1]　郭顺堂，刘贺.中央厨房——中国食品产业新的增长极 [J]. 食品科技，2013，38（3）：290-295.

[2]　马晓晨，刘智勇，余增丽.中央厨房的产业现状及对策分析 [J] 食品安全导刊，2022，（16）：130-132.

4

◇ 中央厨房生产排水系统设计

吴鑫

摘　要：以上海某中央厨房项目设计为例，主要阐述了中央厨房的排水点位、排水立管位置、结构降板高度的确定，并进行了排水处理方案设计及比选，为中央厨房的排水系统设计提供设计思路。

关键词：中央厨房　生产排水　结构降板　污水处理

1　中央厨房简介

中央厨房是指在一个大型的生鲜加工配送中心内，采用大型及自动化程度高的设备生产食物半成品或成品，供自营或向其他厨房或食品公司及用户配送的生产地。生鲜加工配送中心对于物流配送效率要求较高，故包装分拣区域设于一层，二至三层为中央厨房，中央厨房加工的产品到一层进行包装分拣和成品暂存以便配送。生鲜加工配送中心的优点是可以通过集中采购、集约生产、统一配送，提高工业化标准化水平，降低成本、提高效率、增加效益。

2　中央厨房排水点位设计

根据中央厨房的工艺布局，合理布置排水点位。以实际设计为例，中央厨房内分别设置有豆制品区、中式面点面条区、熟食 + 半成品区、调味料区、蔬菜加工区、猪肉加工区、牛羊肉加工区、周转箱冲洗区和公摊区等。

各区域内设置有各功能房间，不同的房间内根据工艺设备布置有不同的排水需求，根据排水量的大小，不同部位分别设置不同尺寸的排水明沟、线性沟或排水地漏。

排水地漏根据排水量的不同分为提篮地漏和普通地漏。中央厨房中提篮地漏的做法与其他地漏做法不同，以排水量大和方便清理为目的，详见图 1。

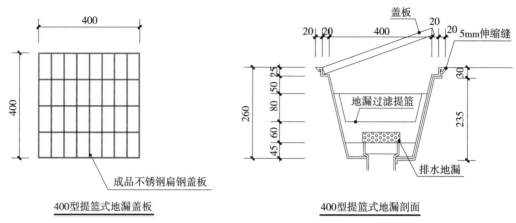

成品不锈钢扁钢盖板

400型提篮式地漏盖板

400型提篮式地漏剖面

图1 提篮地漏示意图（单位：mm）

排水量大的房间设备边设置排水明沟，房间的出入口处设置线性沟防止地面水溢出房间，详见图2。

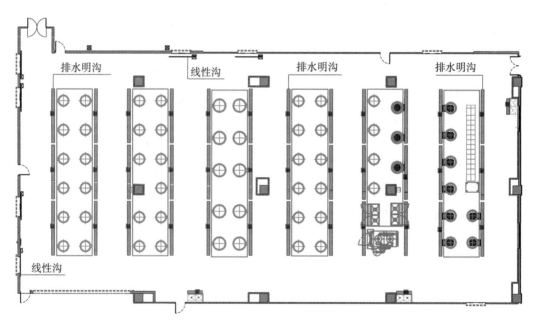

图2 排水量大的房间排水沟及线性沟设置示意图

排水量小的房间设备边分散设置提篮地漏，详见图3。

无排水设备的房间设置普通地漏即可满足使用要求。

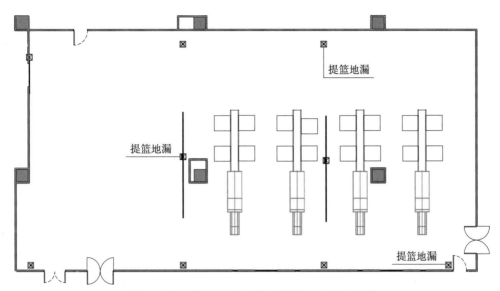

图3　排水量小的房间分散设置提篮地漏示意图

3　中央厨房排水立管位置及降板高度的确定

根据《建筑给水排水设计标准》GB 50015—2019 中 4.4.2 条，排水管道不得穿越食堂厨房和饮食业厨房的主副食操作、烹调和备餐的上方。同时，一层为食品包装分拣区域，排水管道也不得敷设在食品区域的上方。所以中央厨房的排水采用同层排水，二层和三层设置结构降板。

排水立管的位置对降板的高度影响较大，若排水立管集中设置，优点是立管可以集中设在管道井内，出户管道集中，美观且方便检修维护；缺点是排水横管长度较长，导致土建降板的高度增加。排水管道较长约为 50m，起点地漏高度 260mm+ 管长 50m× 坡度 0.004+ 管径变化高度（200mm−100mm）/2=510mm，降板高度为 510mm，详见图4。

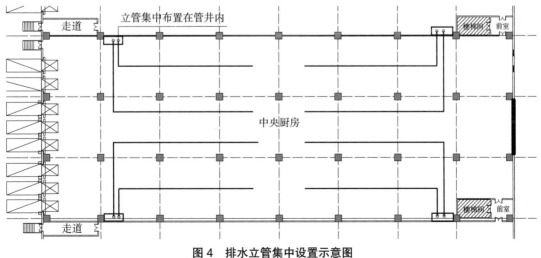

图4　排水立管集中设置示意图

若排水立管分散设置，优点是排水横管长度较短，降板的高度可以降低，缺点是各柱子处立管较多，影响美观，且埋地出户管道较多较长；排水立管分散设置，排水管道较短约为 20m，起点地漏高度 260mm+ 管长 20m×坡度 0.004+ 管径变化高度（150mm–100mm）/2=365mm，降板高度为 365mm，详见图 5。

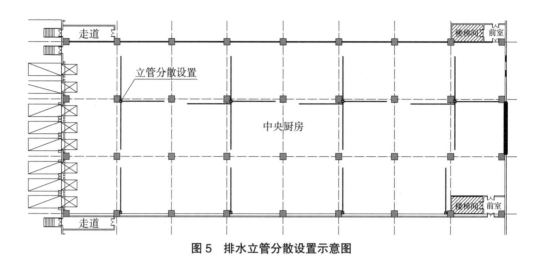

图 5 排水立管分散设置示意图

降板的高度影响土建的成本造价，所以需要合理确定降板厚度。同时，降板的范围也需要综合考虑，工艺布置时可尽量将有排水需求的房间集中布置，两种方案各有优缺点，预留立管位置时需要结合甲方要求，统筹考虑。该项目最终选择立管分散设置，排水横管长度较短，降板高度降低，办公、走道等其他公共区域不设置降板，减少降板的范围，降低成本投入。

另外，立管的设置同时需要考虑洁净区与污染区的设置位置，排水应严格区分洁净区与污染区，如生品等粗加工区域为污染区，净菜、熟品等成品区域为洁净区，洁净区排水可排至污染区，但污染区排水不允许进入洁净区。

热厨加工区域含油量大的排水需要单独排放，若与其他区域排水合并排放，油脂易堵塞管道，所以应单独设置排水立管，排至室外设置的隔油池，经隔油池预处理后，排入园区的污水收集管网，然后进入污水处理设备内进行处理，以降低污水处理设备的负荷。

4 中央厨房污水处理方案比选

中央厨房加工生产过程中产生的污水，有机物浓度比较高，可生化性较好。该部分污水，要经过处理，达到国家或地方排放标准后，才允许排放。

污水处理方案需根据进水水质和国标要求的出水水质综合考虑。污水处理需选用先进、合理的处理工艺，做到操作简单、管理方便、运行费用低。设计时，要考虑水量、水质的周期变化，以提高系统的灵活性、可操作性。更要因地制宜，合理布局，有效地利用空间和场地。

4.1 进水水质

以实际项目为例，表 1 为甲方提供的相关类似项目的进水水质。

进水水质	表 1
指标	进水水质
COD	33500 mg/L
BOD$_5$	17800 mg/L
SS	2000 mg/L
氨氮	100 mg/L
动物油	120 mg/L
pH	6~9

4.2　设计出水水质

根据环评报告要求，出水水质经处理后要达到《污水综合排放标准》GB 8978—96 的表 4 中的二级排放限值，具体见表 2。

设计出水水质	表 2
指标	排放限值
COD	≤ 150 mg/L
BOD$_5$	≤ 30 mg/L
SS	≤ 150 mg/L
氨氮	≤ 25 mg/L
动物油	≤ 15 mg/L
pH	6~9

4.3　处理工艺的选择

不同的处理工艺，出水处理效果不同，投资和运营成本不同，需根据出水水质的要求，合理选择处理工艺。污水通过格栅拦截，去除水中较大的悬浮物、漂浮物和带状物，进入调节池。

方案一：采用 A^{2}O 处理工艺，详见图 6。调节池出水进入气浮机组后进入 A 级生化池（厌氧池）、A 级生化池（缺氧池）、O 级生化池（好氧池）进行生化处理。在 A 级生化池内由于污水中有机物浓度较高，微生物处于厌氧、缺氧状态，它们将污水中有机氮转化为氨氮，而且还利用部分有机碳源和氨氮合成新的细胞物质。O 级生化池的处理依靠自养型细菌（硝化菌）完成，整个生化处理过程依赖于附着在填料上的多种微生物来完成。在缺氧区内，经过水解酸化的作用，使大分子量长链有机物分解为易生化的小分子有机物，并同时去除部分 NH$_3$–N。缺氧区的出水自流入好氧区内，好氧区池底铺设有曝气装置进行曝气，污水在此池内进行有机物生化降解，氧化为无害的物质，降低水中的 BOD 和 COD。

方案二：采用 AO+MBR 膜技术，详见图 7。调节池出水进入气浮机组后进入 A 级生化池（缺氧池）和 O 级生化池（好氧池）进行生化处理。O 级生化池出水一部分回流至厌氧池进行内循环，以达到反硝化的目的，另一部分进入 MBR 池，在此绝大部分有机污染物通过生物氧化、吸附得以降解。

方案一的出水水质可达到《污水综合排放标准》GB 8978—96 表 4 二级排放限值。方案二的出水水质可达到《污水综合排放标准》GB 8978—96 一级 A 标准，超过本项目排放标准。方案二

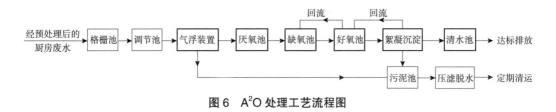

图6　A²O 处理工艺流程图

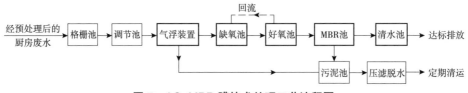

图7　AO+MBR 膜技术处理工艺流程图

处理后出水水质更好，但后期运营费用较高，综合比较后，选择方案一，采用生物处理方法大幅度降低污水中有机物含量是可行也是最经济的。

5　中央厨房排水管材选择

中央厨房热加工区域连续排水温度大于 40℃，根据规范应采用金属排水管或耐热塑料管。以实际项目为例，结合甲方的管材要求，最终排水管材选用不锈钢管，焊接不锈钢管内壁光滑，长期使用不易积垢，耐高温，耐高压，经久耐用，极大地降低了管道渗漏破损等的可能性，减少后期的维护。若甲方有造价方面的考虑，也可选用建筑排水铸铁管或耐热塑料管，如氯化聚氯乙烯管（PVC–C）、高密度聚乙烯管（HDPE）、聚丙烯管（PP）、苯乙烯与聚氯乙烯共混管（SAN+PVC–U）等。

6　结语

中央厨房的排水需要根据工艺布置，合理设置排水管道，设计前期经与甲方进行立管设置位置的多次讨论，最终确定了排水方案，设计过程中工艺厂家根据各功能房间的设备布置，不断更新排水沟和排水点位的提资，需要与工艺厂家密切配合。排水系统的合理设置和污水处理工艺的合理选择，不仅可以减少前期的投资，而且可降低后期运营维护的频率和费用。

参考文献

[1]　中华人民共和国住房和城乡建设部 . 建筑给水排水设计标准：GB 50015—2019[S]. 北京：中国计划出版社，2019.

[2]　中华人民共和国住房和城乡建设部 . 室外排水设计标准：GB 50014—2021[S]. 北京：中国计划出版社，2021.

5

◇ 某冷库和加工中心制冷空调系统设计

吴明　李鹤

摘　要：冷库及加工中心温区分布多，建筑体积大，房间功能要求复杂，对制冷及空调系统的设计要求高。文中根据项目的功能需求及使用特点对制冷系统的选择和布置进行了介绍，针对加工中心及中央厨房特殊要求的送风系统形式进行阐述。设计中以保证实际运营需求为前提，减少系统设备投资成本，优化系统配置从而达到最终的使用要求。

关键词：冷库　加工中心　制冷系统

1　工程概况

目前由于冷链行业发展前景广阔，尤其是受疫情影响，生鲜电商的迅速崛起，冷链物流及加工中心项目得到市场的青睐。2017 年至 2021 年，冷库容量从 3609 万 t 增长至 5224 万 t，保持了较高的稳定增长率。伴随着冷链物流运输日趋成熟，集中食品加工生产线和标准化、规范化、智能化加工中心的建设也不断增加。

本项目为某知名国内零售商超建设的冷库及生产加工中心项目。生鲜生产基地建筑面积 100371m²，建筑功能为双层冷库及加工中心。项目分为四栋单体，其中 1~3 号单体为冷库，1 号自动冷库建筑面积为 5270m²，2 号双层冷库建筑面积为 12374m²，3 号双层冷库建筑面积为 16160m²。4 号加工中心为三层，建筑面积为 57348m²，其中一层为分拣区和装卸货区，二至三层为食品加工、分拣车间。本项目根据不同的设计温度要求进行制冷空调系统设计，满足业主的存储及生产加工要求。

2 室内外设计参数

2.1 室内设计参数要求（表1）

室内设计参数一览表　　　　　　　　　　　　　　　表1

房间名称	室内设计温度（℃）	房间名称	室内设计温度（℃）
1~3号冷库		4号加工中心	
月台	5~10	食品分拣区、成品区、半成品区等	0~4
冷藏间	−18	面点冷却间 面条成品分拣区等	0~4
低温穿堂	0~4	豆制品加工间等	20
4号冷库		箱上线区等	0~10
收发货区	10~15	蔬菜清洗区 肉类加工区等	10
分拣区	0~4	常温原料分区等	20

2.2 室外设计参数

夏季空气调节室外计算日平均温度为30.8℃；
夏季空气调节室外计算干球温度为34.4℃；
夏季空气调节室外计算湿球温度为27.9℃；
夏季通风室外计算相对湿度为60.93%；
冷凝温度（蒸发冷）供回水温度为35℃/37℃。

3 制冷系统设计

3.1 制冷系统分区设计

1~3号建筑均为仓储型冷库，库内温区分别为−18℃，0~4℃和5~10℃。制冷系统中蒸发温度是最重要的运行参数，而蒸发温度与室内设计温度密不可分，因此本项目根据不同的室内温度要求进行制冷系统的划分。1~3号冷库根据温区分为三套独立的制冷系统。为充分利用设备房空间，节约投资成本，提高维护的便捷性，1~3号单体制冷系统均统一设置在2号冷库制冷机房内。制冷机房设备及管线布置图详见图1。

4号加工中心是以食品的处理及加工为主要功能，集农产品加工、成品食材研发、半成品冷冻储藏、中央厨房为一体的功能性建筑。加工中心与1~3号冷库使用功能上相差较大，故4号加工中心选用独立的冷源系统。

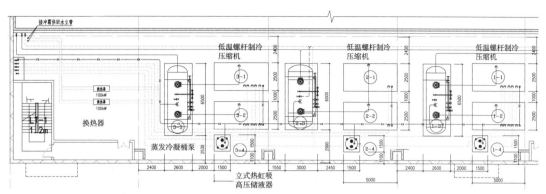

图1　2号制冷机房设备及管线布置图（单位：mm）

4号加工中心一层主要功能为食品分拣区及收发货区，分拣区设计温度为0~4℃，收发货区设计温度为10~15℃。由于温度区间的差异，分拣区与收发货区分别独立设置制冷系统。二层主要为蔬菜加工、包装区及低温肉类分拣区等。三层为面点、豆制品加工区、熟食和预制菜加工区等。二层和三层的设计温度区间为0~4℃、10~15℃、20℃。根据加工中心的温区分类分别设置低温、中温、高温三套空调系统。制冷机房集中设置在4号加工中心的二层，主要机房布置详见图2。

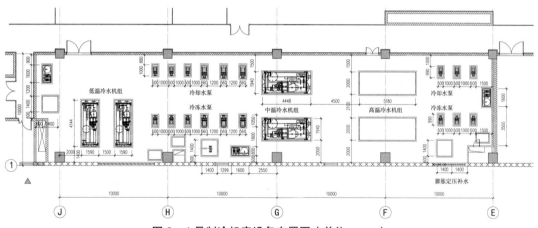

图2　4号制冷机房设备布置图（单位：mm）

3.2　制冷剂的确定

冷库常用的制冷剂有R22、R404A、R134a、R410a、R507A。由于R22对臭氧层有破坏，并且存在温室效应，中国将于2030年完全淘汰禁止使用。R404A常用于中低温冷库内，但由于成本比较高受到一定限制。R134a不破坏臭氧层，是当今绝大多数国家认可并推荐的环保制冷剂，广泛应用于空调制冷设备中。R507A由R125和R143a组成，属于环保型制冷剂，ODP值为0，并且具有良好的传热性能和低毒性，可以达到比R404A更低的温度。

由于本项目1~3号冷库集中冷源设置在2号冷库内，制冷管道接入1~3号的冷藏间及月台，制冷管线敷设距离较长，结合制冷剂特性，制冷系统选用R507A桶泵系统，制冷剂经过液泵送入各单体冷风机内。

4 号加工中心由于房间使用功能及设计温度需求差异，制冷剂的选择也略有不同。由于加工中心室内温度在 0℃以上且具有一定的洁净度等级要求，室内无法直接设置冷风机进行制冷。空调系统均采用全空气空调系统形式，冷媒选用 R134a/ 乙二醇溶液作为载冷剂，通过不同浓度的乙二醇溶液进行系统分区，满足不同温区的设计要求。

3.3 制冷系统配置

本项目桶泵制冷系统中制冷剂存储在贮液罐和气液分离罐的低压循环桶中，再用氟泵把低温液体输送到各冷库内的冷风机中。大部分液体经过蒸发器吸热汽化，其余液体随回气管返回低压循环桶。经气液分离后气体被制冷压缩机吸入。分离的液体和贮液罐液体被氟泵输送到蒸发器完成再循环过程。本项目制冷系统原理图如图 3 所示。

制冷系统根据各单体冷库冷量计算进行配置，−25℃（1，2 号库冷藏间、低温穿堂）制冷系统配置 2 台 500P 四机头并联低温带经济器螺杆制冷压缩机组。在 −25 / 35℃工况下制冷量为716kW / 台，配置两台 2490kW 蒸发式冷凝器。−25℃（3 号库冷藏间、低温穿堂）制冷系统配置1 台 375P 三机头并联低温带经济器螺杆制冷压缩机组和 1 台 500P 四机头并联低温带经济器螺杆制冷压缩机组。在 −25 / 35℃工况下制冷量为 537kW / 台，配置两台 1870kW / 2490kW 蒸发式冷凝器。−7℃制冷系统配置 2 台 420P 三机头并联中温螺杆制冷压缩机组。在 −7 / 35℃下制冷量为867kW/ 台。

4 号加工中心制冷机房以乙二醇溶液为载冷剂，根据加工中心内不同温区要求分别设置低温系统、中温系统以及高温系统。对应室内设计温度为 0℃、10℃以及 20℃。低温乙二醇溶液制冷

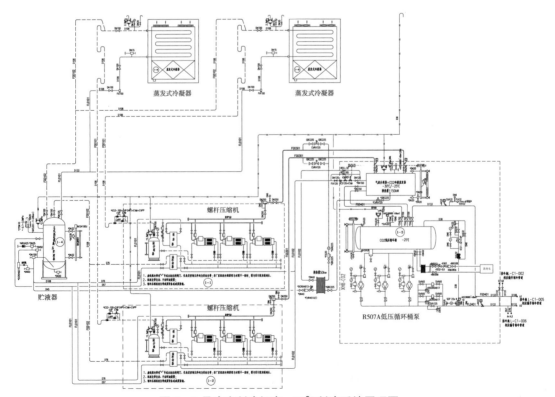

图 3 2 号冷库制冷机房 −18℃制冷系统原理图

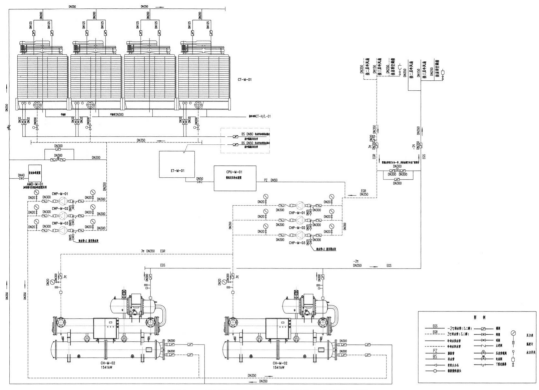

图4 低温乙二醇溶液制冷系统原理图

系统原理图详见图4。本项目根据制冷系统的供回水温度选用不同浓度的乙二醇溶液。低温系统选用35%的乙二醇浓度，供回水温度为–10/–5℃。中温系统选用25%的乙二醇浓度，供回水温度为–2/3℃。高温系统选用传统的冷冻水系统，供回水温度为6/12℃。

3.4 制冷及空调系统布置

3.4.1 制冷系统末端设置

当室内无洁净要求时冷库内均采用冷风机作为制冷系统末端。根据各房间的制冷量以及室内设计温度等参数进行冷风机布置。冷风机的布置需考虑各房间的货架位置与通道尺寸、冷风机的送风角度与送风距离。冷风机采用纤维织物风管进行送风，优化冷风机数量的同时可以进一步保证送风的均匀性。当库内进深在50m以上时，冷风机采用双侧送风，纤维织物风管长度约为40m。当进深不足50m时采用单侧送风形式。冷风机风管布置平面及安装示意平面详见图5和图6。

3.4.2 空调系统末端设置

4号加工中心的蔬菜加工间、腌制半成品分拣区及肉类加工间等房间均有洁净度等级要求，采用一次回风定风量全空气空调系统。空调系统的送风量取三项中的最大值：①满足洁净度等级要求的送风量；②根据热湿负荷计算确定的送风量；③室内供给的新风量。

当房间内工作人员相对较多时，如熟食包装间、配菜馅料包装间，空调送风系统均采用纤维织物风管形式。空调送风管道布置图如图7、图8所示（熟食包装车间），纤维织物送风系统整体送风均匀，射程精确，管壁内外无温差无凝露，室内人员的舒适度高，使用效果良好。

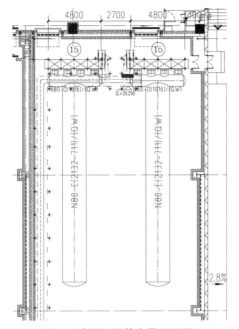

图5　冷风机风管布置平面图

图6　冷风机风管安装实景图

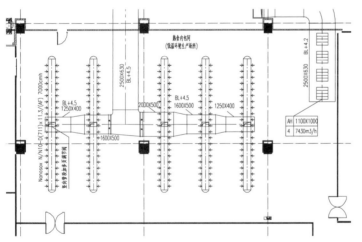

图7　熟食包装车间空调送风管道布置图

图8　空调送风实景图

3.4.3　岗位送风

4号加工中心熟食热车间内设有大量热厨锅具，室内发热量大，为节约空调系统能耗，不考虑对房间整体进行降温。为保证操作人员的基本卫生和舒适度要求，采用全新风岗位送风系统，如图9、图10所示。新风经过空调箱降温处理后送至人员操作区域，风口距地高度约2.5m。

3.4.4　冷风机融霜方式的选择

冷风机融霜一般有热工质融霜、水融霜以及电热融霜等方式。电热融霜是利用冷风机内排布的电加热管对翅片加热使霜层融化，但由于耗电量大，对库温的波动影响也很大，且容易烧坏甚至引起火灾，故本项目未考虑此种融霜方式。

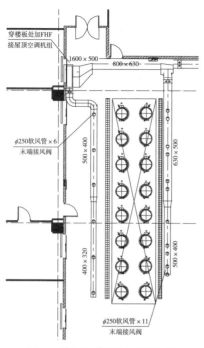

穿楼板处加FHF
接屋顶空调机组
1600×500
800×630
φ250软风管×6
末端接风阀
500×400
630×500
400×320
500×400
φ250软风管×11
末端接风阀

图 9 热厨区岗位送风平面图   图 10 热厨区岗位送风实景图

水融霜是利用水泵向蒸发器外表面喷水,使霜层被水的热量融化后冲走。水融霜操作简单、时间短,是非常有效的除霜方法。但在温度很低的冷库内,经过反复的冲霜水温低,影响冲霜效果。如果在设定的时间内未能把霜冲干净,在冷风机正常工作后,霜层可能会变成冰层,使下次冲霜更加困难。故在本项目设计中未采用水融霜方式。

热工质融霜是利用压缩机排出的高温过热制冷剂蒸气经过油分离器后进入蒸发器中,利用热工质冷凝时所放出的热量将蒸发器表面的霜层融化。同时蒸发器内积存的制冷剂和润滑油借助热工质加压或重力排入融霜排液桶或低压循环桶。热气融霜是制冷系统中有效的融霜方式,而且热气是系统运行的副产品,运行使用方便节能,因此本项目冷藏间4℃以下均采用热气融霜型冷风机。其他高于4℃车间采用空气融霜方式,在停止给冷风机供液后,利用周围空气的热量实现融霜。

3.5 结语

目前随着冷链行业快速发展,功能性需求不断增加,对制冷空调系统的设计要求提出新的挑战。本项目房间功能复杂,温区划分多,需要根据实际需求以及运营要求进行系统形式的选择及区域划分。针对不同的制冷空调系统和末端形式进行精细化设计,设计过程复杂,管线设计及机电综合要求高,实际施工难度大。经过多方的努力本项目已投入运行使用,目前运行效果良好,得到了业主的认可。

6

中央厨房供配电设计

李松松

摘　要： 本文介绍中央厨房的供配电设计，对比了两种供电方式的特点，阐述了中央厨房负荷分类，并结合工程实例说明变电房、配电间位置选择原则。列举了插座、照明、工艺、制冷设备安装及线路敷设设计要点。在项目设计中要积极与业主、工艺厂家沟通，确保设计做到安全、可靠、经济、合理。

关键词： 中央厨房供配电　负荷分类　工艺负荷　制冷

1　供电方式

1.1　两路 10kV 高压电源供电

中央厨房工艺设备多且用电负荷大，当地有条件时，首选两路 10kV 高压电源供电，两路高压电源互为备用，各承担项目 50% 的用电负荷。

1.2　一路 10kV 高压电源 + 柴油发电机供电

当园区只有一路 10kV 高压电源时，项目采用一路 10kV 市政电源 + 柴油发电机的供电方案。此时需要考虑以下内容：

项目总安装容量是否超过一路 10kV 市政电源最大允许容量（线路允许承担的最大容量需咨询当地供电部门）。

柴油发电机组选择需要考虑工艺生产、制冷、消防多重因素。工艺生产要求在市电停电时需保持一部分设备正常运作。冷库制冷主机采用工业级开启螺杆式制冷压缩机组。制冷机组在定频工况下也可实现 10%~100% 负荷范围内无级调节。市电停电后柴油发电机需要满足工艺生产的负荷 + 最小工况制冷负荷。这就需要业主运营部、设计部、制冷厂家共同商定，尽量减少市电停电后仍需要保障的供电设备。

柴油发电机设置可按固定式（有柴发机房）和移动式柴油发电机相结合的方式。固定式柴油发电机满足运营要求的最低保障性负荷。考虑到一些节假日会对供电质量提出更高的要求，在一些大负荷制冷机组、工艺机组预留 ATS 接口，为接入移动式柴油发电机做好预留条件。

2　负荷分级及负荷计算

2.1　负荷分级

根据《物流建筑设计规范》GB 51157—2016 中 4.1.1 条，20000m² ＜单体面积≤ 100000m² 属于大型物流建筑；5000m² ＜单体面积≤ 20000m² 属于中型物流建筑。

根据《物流建筑设计规范》GB 51157—2016 中 4.2.2 条，中、大型物流建筑园区安全等级为二级。

根据《物流建筑设计规范》GB 51157—2016 中 13.1.1 条，中型及以上规模等级的物流建筑的安全防范系统、通信系统、计算机管理系统按一级负荷供电。

存储区域和作业区域照明、叉车充电、提升门升降平台用电等非一、二级负荷为三级负荷。

依据《建筑设计防火规范》GB 50016—2014（2018 年版）10.1.2 条，室外消防用水量大于 30L/s 的厂房（仓库），消防用电应按二级负荷供电。

货梯、保证最低要求的生产工艺、制冷设备用电为业主定义的重要负荷，重要负荷为三级负荷。

2.2　中央厨房供电

一级负荷：安防、通信。两路电源末端自动切换 +UPS。
二级负荷：消防设备、应急照明，两路电源末端自动切换。
三级负荷：单路电源供电。其中重要负荷采用变压器进线开关手动切换。

3　变电房、配电间的设置

以某中央厨房项目为例，该项目总建筑面积 100588.6m²，其中加工中心建筑面积 61927.74m²。中央厨房位于加工中心一层局部及二层、三层，中央厨房建筑面积 42000m²。

3.1　变电房设置

在加工中心三层左右两侧分别设置 2 号、3 号两个分变电房（主变电房在 2 栋多层冷库）。2 号变电房面积 286m²，设置了两台 2500kVA 变压器，并预留 1 台变压器安装空间。制冷机房、热水机房、空压机房等设备房紧邻变电房。2 号变电房供电范围：4 号加工中心左侧以及室外机动车充电。3 号变电房面积 257m²，设置了两台 1600kVA 变压器，并预留 1 台变压器安装空间。3 号变电房供电范围：4 号加工中心右侧以及配套楼。

经计算，中央厨房实际总安装功率：12600kW，中央厨房单位面积安装功率 300W/m²。

业主运营部给出的中央厨房变压器同时系数在 0.50~0.60，中央厨房设计初期单位面积用电指标可按 150~200W/m² 考虑。本次中央厨房设计符合业主要求的负荷指标。

3.2 配电间设置

配电间的位置一是需要深入负荷中心，二是便于日常管理维护。中央厨房按业态划分不同的区域，不同的业态要分项计量。综合考虑，在每个防火分区南北两侧各设置一个配电间，每个配电间面积 8~10m²，配电间设置见图 1。

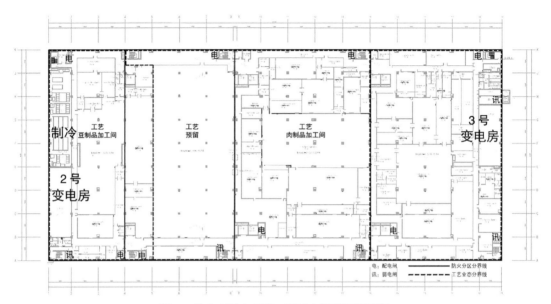

图 1 某中央厨房项目三层配电间设置平面图

4 照明系统

4.1 照度

办公研发区 500lux；生产操作区 300lux；存储区 150lux；运输通道 100lux；其他房间按照规范中较高值设计；闷顶内按照 50lux 检修照度设计。

4.2 灯具选择

根据温区选择适合的灯具：-40℃温区选用最低工作温度 -50℃灯具；-18℃温区选用最低工作温度 -25℃灯具；0℃及以下温区选用最低工作温度 -15℃灯具；其他温区选用正常灯具即可。

根据防护等级选择适合的灯具：办公区、卫生间、楼梯间、设备间选择普通灯具；实验室、研发区、洁净区采用 10 万级别洁净灯具；其他操作间、仓库、更衣洗消间等均采用 IP65 级别三防灯。

主要技术参数：采用 LED 光源，整体光效 ≥ 100lm/W，功率因数 ≥ 0.9，显色指数 Ra ≥ 80，色温 ≥ 5700K，无频闪及炫光，过压短路高温保护，外壳阻燃，低温硅橡胶密封。

4.3　照明配电

公共区引自各自分区的公共照明箱。

各个功能房间尽量单独设计配电回路，方便维护；不允许跨洁净区配电，不允许跨防火分区供电。

灯具布置应平行工艺流线及走廊。

4.4　灯具控制

走廊：灯具间隔控制，在两端设置双控开关，如遇长走道，中间需增加开关。

车间：防水开关设置在车间外，提升门右侧；有多个门的暂存库、原料库需在车间外每个疏散门设置双控开关。

操作间：按照功能区布置灯具；防水开关设置在靠近洗消间的门侧。

洗消间：防水开关设置在各区内。

实验研发室：无菌操作及培养室的密闭开关设置在缓冲间内，其余房间的密闭开关设置在各房间内。

5　动力系统

本工程为三相五线制供电，电源电压为 380/220V，供电方式以放射式为主。

5.1　插座

清扫插座：沿走廊设置清扫插座（防水型，单相五孔插座，底距地 1.3m），间隔不大于 30m。

灭蝇插座：在对外出入口、卫生间、通道两端设置灭蝇灯插座（单相五孔插座，底距地 2.0m）。

消毒插座：按照工艺提资位置设置消毒机插座（防水型，单相五孔插座，底距地 2.2m）。

工艺设备用电点末端插座有防水单相 / 三相工业插座。

工艺用电墙上插座安装高度底距地 1.3m，库板上插座采用明装；砌块墙上插座采用暗装；离墙设备插座安装高度底距地 2.0m。

当工艺有多个用电点较集中且负荷较小时，可采用一拖二 / 一拖三工业插座或插座箱。利用 YGGR 橡胶软电缆吊顶下悬空吊挂，自由状态下离地 2.0m。

除此之外还应考虑烘手器插座、消毒机插座、办公插座、实验室插座等。

5.2　配电箱

按照类型（照明插座、公共动力、通风、制冷、工艺）及功能区（猪肉分割、牛肉、熟食 + 半成品、调味料、中式面点 + 面条、办公 + 公摊区域），为方便管理及计量，每个功能区设置 1~2 个工艺配电箱。如无特殊要求，配电箱设置在配电间内。对于自带控制箱的大功率工艺流水线，由变电房直接供电。

工艺配电箱应预留 25%~40% 的备用回路以适应工艺调整，配电箱容量及上级电缆应适当放大。

每个防火分区设置 1~2 个公共配电箱。

配电箱板材材质、箱体材料：生产车间及户外：304 不锈钢；办公区、配电间、专用机房：冷轧钢板。配电箱采用防水型静电喷塑粉涂装。

配电箱其他要求：柜（箱）体底部预留线管冲孔，不允许顶部开孔。

柜（箱）尺寸应充分考虑设计的进出电缆头的安装空间以及位置，根据进出线规格配备相应规格的端子排。端子排应根据规范考虑接线的安全距离。配电柜（箱）体的所有金属部分，均需做好可靠接地。防潮配电箱柜应设计自动加热除湿的凝露控制器。配电柜（箱）门增加加强筋，避免门板晃动。配电柜需设置 10 号槽钢基础，并与柜体一并喷塑。配电间及专业机房内的配电箱 / 柜无需设置内门，在未保护的铜排位置加 PC 绝缘挡板防护。生产车间、潮湿场所及户外的配电箱，需设置密闭内门，办公室配置安全内门。

5.3　制冷设备

负荷大的制冷机组需分布在不同变压器。

考虑施工与后期维护，末端的制冷风机由专用桥架敷设与专用配电箱供电。制冷风机、电融霜属于工艺设备，需要检修时，在确保其供电配电箱断电后，由专业人员进行检修维护，所以可不设置现场控制按钮。

风机盘管、控制按钮等需和照明开关设置在一起，方便日常管理。

5.4　安全保护

所有进入车间的照明、插座、风幕机、风机盘管、工艺设备均需设漏电保护。

所有配电柜、开关、控制按钮、弱电接线等均需下进下出。

控制按钮根据所处环境选择普通 / 密闭 / 防爆 / 防腐类型。

接地：配电、控制设备的金属外壳、金属电缆桥架、金属构架、灯具金属外壳必须与保护线可靠连接，同时和变电所接地干线相连接，以保障操作安全。在钢管与钢管连接处和钢管与接线盒连接处，均需做跨接线。

所有进出建筑物的金属管道，如水管、气管、排油烟管道、除尘设备及其管道、电缆的铠装层等就近采用 $-40 \times 4mm^2$ 镀锌扁钢或 $BV-1 \times 25mm^2$ 同接地汇结箱 MEB 或预埋的接地装置相连。

天然气等输送易燃易爆气体或液体的管道均需做防静电接地，方法是将这些管道每隔 20m 采用 $ZB-BV-1 \times 16mm^2$ 就近同接地汇结箱 MEB 或预埋的接地装置相连。

冷却塔、风机、水箱等户外大型设备及管道的防雷利用其自身的金属构件采用 $-40 \times 4mm^2$ 镀锌扁钢就近与屋顶接闪器连接。

6　设备安装及线路敷设

6.1　线缆敷设

所有的插座回路配线均为 $ZB-YJV-3 \times 2.5/3 \times 4mm^2$；照明配电回路的配线到第一盏灯具、面板或接线盒的线型为 $ZB-YJV-3 \times 2.5mm^2$，第一盏灯具、面板或接线盒之后照明配线为 ZB-BV

$-3 \times 2.5mm^2$；冷库等低温场所使用耐低温电缆 YGC，容量小于 20A 生产设备的悬空吊挂电源配线采用 YGGR 橡胶软电缆。

办公区配管型号为 JDG 管；车间配电线路可沿强电金属桥架或线槽敷设。无桥架处，吊顶上部配管型号为 JDG 管，管径大于 50mm 的配管或室外配管选择热镀锌 SC 管；车间内的插座配管均为明管，配电线路敷设在吊顶下方、车间内明管铺设时，悬空采用 SUS 管；吊顶下配管沿墙壁敷设时不锈钢墙面采用 SUS 管；车间生产设备及其他明装设备配管不允许使用塑胶软管或螺纹管。

6.2　电缆桥架

电缆桥架尽量布置在通道内；当进入车间内时应避让工艺管道，并尽量设置在通道中间。室外安装的电缆桥架均应加防水盖板，且桥架由室内至室外时应有 5% 的坡度，以防止雨水等沿桥架流入室内。

6.3　防冷桥措施

在冷库、解冻库、前处理等低温加工区（空调设计温度不大于 15℃），从吊顶上引至吊顶下方的配管应注意保温、隔热处理；穿保温层的管线应尽量集中敷设，且需采取可靠的防火及防冷桥措施。

所有配电柜、开关、控制按钮及控制面板等均需采取下进下出线；穿楼板或外墙孔洞需做好止水措施，避免地面积水对用电设备造成影响。

6.4　电气防火封堵

所有电气线路穿楼板、屋面及侧墙以及防火分区分隔处均需采用防火堵料做严密的防火封堵；配线管穿建筑伸缩缝、沉降缝处需隔断，两侧分别安装热浸镀锌接线盒，然后再利用软管连接；穿楼板、屋面及外墙处应做防水处理。所有固定管卡与库板连接处均需做密封处理。

7　结语

在中央厨房的设计中，最大的感受是工艺修改频繁。业主方的设计部、运营部、建设部、各家工艺厂商会根据实际情况对中央厨房工艺流水线、功能房间布置等提出新要求，导致工艺配电不断修改。针对中央厨房工艺修改的不确定性，变电房低压出线回路、主桥架规格、配电间面积、工艺配电箱进线开关、电缆、备用回路，都要有充分余量。且竖向电井面积、竖向桥架规格都要适当加大。

中央厨房生产车间内所有配电回路都要求带漏电保护，工艺配电柜的尺寸较大。末端制冷配电箱以及 PLC 控制柜和部分工艺控制柜，业主均要求放在配电间内。因此各配电间均要出电气大样图，防止不同分包单位将自己负责的配电柜随意摆放。

中央厨房工艺设备多，工艺设备负荷大，且业主要求主桥架需要设置在公共走道，不同业态的工艺桥架从公共区域进入各业态区，不允许跨洁净区供电。这就要求水、电、暖、制冷专业设计初期就需要考虑管道综合。此外，设计初期需要明确计量区域。某些工艺流水线存在跨楼层、跨防火分区供电，当多个计量分区由同一配电箱配电时，需要内部分母线计量。

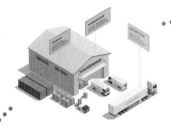

多式联运设计

- 铁路货场物流综合体顶层设计原则
- 铁路货场场站边库设计的流线分析
- 多式联运模式发展策略探讨
- 多式联运——公铁联运案例分享
- 深圳平湖南综合物流枢纽规划设计理念
- 铁路上盖物流项目结构设计一体化可行性研究
- 铁路上盖物流项目水消防灭火系统简介

1

◇ 铁路货场物流综合体顶层设计原则

革非

摘　要：铁路货场一般具备货运信息处理、装卸搬运、运输生产、货物存储等功能。在传统的铁路货场规划设计中，其存储功能由于传统的运营模式和经济发展状况等原因未受到足够的关注，没有起到应有的作用。根据国家"鼓励交通用地空间立体建设、功能融合"的新要求，有必要对铁路货场物流综合体这种高效开发、利用土地的新模式进行综合梳理和探究。

关键词：多式联运　铁路货场　物流综合体　物流作业

1　综述

2022 年 4 月 10 日，中共中央、国务院发布《关于加快建设全国统一大市场的意见》。文中强调建设现代流通网络的重要性，并特别指出：应推动国家物流枢纽网络建设，大力发展多式联运。在此大背景下，我国铁路货运站为适应物流市场的发展与变化，开始向现代物流模式转型，依托铁路货场而建设的物流园区应运而生。

然而，此类园区在实际建设中多以"摊大饼"式在平面上进行扩展，开发体量及车流量的叠加造成了园区交通拥堵、公铁联运效率不高、运输成本增加、作业时间变长等一系列问题。

针对土地高效利用问题，国家陆续出台《国土资源部关于推进土地节约集约利用的指导意见》《国务院办公厅关于支持建设实施土地综合开发的意见》等文件，倡导"鼓励交通用地空间立体建设、功能融合""鼓励提高铁路用地节约集约利用水平"。本文就提高铁路用地效能设计的原则进行总结，以期对类似项目的综合开发、规划设计和运营管理有所裨益。

2 铁路货场综合开发利用模式探究

2.1 铁路货场公铁联运的基本类型

铁路货场是办理货物承运、装卸、保管和交付作业的场所，是铁路与其他运输方式相衔接的地方。与铁路相衔接的最常见运输方式是公路，即公铁联运模式。

公铁联运型物流园区是以铁路货场、铁路集装箱中心站或铁路专用线为依托，有效衔接铁路、公路两种运输方式，从而形成以公铁联运为主要运输组织方式的物流园区。根据物流园区与铁路站场的关系，大体有以下三种类型。

2.1.1 以铁路站场资源为核心的统一规划型

规划布局方式是：依托铁路集装箱中心站、铁路战略装车点等铁路站场资源，配套建设公路站场、物流仓储设施以及口岸等相关设施，实现多种方式的作业区规划统一、功能互补、业务协同。

开发及运维模式是：园区与铁路站场是包含关系，铁路站场在项目规划范围内，货物在项目内实现周转换装。这类项目大多规模庞大，通常由政府主导进行统一规划，以项目为核心形成物流集聚区，集聚区大多采用园区管委会模式进行管理运营。

公铁联运存在的弊端：公铁联运仅在水平向进行，公铁联运流线和其他流线形成较多交叉，相互干扰严重，十分严重地减弱了公铁联运的效率。

2.1.2 以铁路专用线为基础的独立设置型

规划布局方式是：通过引入铁路专用线，连通全国铁路干线网，在园区内实现铁路和公路之间的设施有效衔接、作业协调同步。显而易见，该种模式对于物流仓储设施与铁路运输线的关系更容易进行灵活地处理。

开发及运维模式是：园区为独立建设和运营的项目，铁路专用线产权归园区主体所有，园区依托铁路专用线进行建设和后期运营，并依据实际货运量需求可面向社会提供公共的多式联运服务。

公铁联运存在的弊端：由于常规用地规模有限，在水平布置铁路货场相应设施、专用转运及存储仓库的前提下，很容易造成园区布局的局促，影响各功能的充分发挥。

2.1.3 以铁路站场资源为依托的协同作业型

规划布局方式是：毗邻铁路货场等铁路站场资源，以紧密的业务合作为基础，开展公铁联运的多式联运型物流园区。此种类型的公铁联运，需要着重解决物流园区与铁路货场的有效衔接。

开发及运维模式是：园区为独立项目，与铁路货场为并列关系，铁路货场位于项目红线范围外，紧邻项目。项目主体与铁路货场经营主体之间存在合作关系，具有铁路资源使用权。园区内设有与铁路配套的基础设施，通常共用仓储设施或设置内部通道，通过跨库作业等形式，以装卸搬运方式来实现货物的换装，作业过程中不产生短驳运输。

公铁联运存在的弊端：由于物流存储设施设置于距离铁路货场较远的距离或货场之外，所以它与铁路货场的联系往往不够便利。虽然有设置专用联络通道的技术可行性，但长距离再加上联系程度有限，故公铁联运也比较低效。

2.2　铁路货场物流综合体

根据国家对铁路用地立体开发、功能融合的要求，将铁路站场和物流仓储设施进行复合化、立体式盖上、盖下综合开发形成铁路货场物流综合体的模式变得顺理成章，它能够形成三方面的有利局面：

一是创新铁路用地空间立体高效利用方式，弥补铁路货运站用地不足。

二是围绕铁路核心资源，发挥公铁联运、海铁联运等优势，推动物流服务链条的纵向延伸和横向拓展。探索出铁路货运作业实现多式联运干线运输、仓储及城市配送多业态一体化设置，提高作业效率，引领传统铁路货场设计理念升级。

三是突出货运与生产、服务、商贸、应急等相融，打造新型铁路货运功能单元和新型城市物流功能单元有机统一的新物流空间。

3　铁路货场物流综合体设计原则

物流综合体在铁路货场的功能组成中属于场库的范畴，是货物存储和不同运输方式之间实现货物转运的场所，它应有效衔接铁路和公路两种货运方式。

3.1　土地的高效复合利用

铁路站场通常由铁路配线、场库、装卸及检修设备、道路及排水设备、检斤设备和货场用具及房舍等设施组成，土地资源十分珍贵。传统货场由于运营模式和以往旧的经济发展模式，货物储运设施多为货棚或者单层仓库，布局相对粗放，造成园区用地的无谓浪费。

当前我国物流发展处于转型期，应有效发掘铁路货场在物流运输链条上的储运功能，提高其中仓库用地的开发强度和占比，有效落实其存储功能。结合公路运输对仓库周转高效的要求，应使其向"工业上楼"的模式发展，在竖向上提高开发强度，设置成多层甚至是高层仓库，提高土地利用率。通过把货场内传统的单层、零星布局的仓库打造升级成集约型物流综合体的手段，给货场内其他功能腾挪出有效的使用空间，使货场的功能整体上得到完善和提高。可喜的是，在我国目前已建成若干有积极探索意义的案例可供我们学习和借鉴，如图1所示。

图1　广州某货场内物流综合体设置案例

3.2　盖上及盖下的不同土地性质新型开发模式

盖下铁路站场用地原则上属于交通运输用地，属性为 S；盖上物流仓储设施用地性质应为物流仓储用地，属性为 W。铁路货场物流综合体的设置是对土地进行立体开发，所以需要在竖向上把土地的属性进行分开设置，满足规划设计和综合开发的目的。

除了解决项目土地使用属性上的问题外，项目的开发也需要铁路系统与地方国企成立合资公司，采取"铁路设施租赁 + 获取产业设施产权"的合作模式。

3.3 多功能复合化设计

有别于传统仓库的单一功能，现代物流设计应根据物流作业、订单处理和金融结算等功能所需要的人员办公、休憩、餐饮、停车等日常活动的功能空间，将其复合性地设置在物流综合体内，满足物流生产功能高效的同时落实人文关怀，使身处其中的人员切实感受到生活便利与工作环境的舒适。通过把货场内的传统仓库打造升级成物流综合体的手段，使货运站场的土地得到节约和集约的开发。

特别需要强调的是，物流仓储由于其存储性质决定着它设置有较高的层高，常规达到10m左右，在其运输通道、坡道等功能配套的部位应挖掘其复合利用的各种可能性：比如设置成夹层卫生间、休息室和设备房甚至是停车场等配套空间，达到真正意义上物流综合体的概念，如图2、图3所示。

图2　某物流仓库装卸位上方夹层设置集中办公室

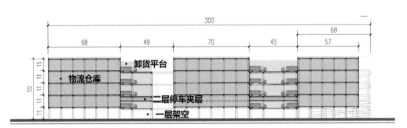

图3　某物流仓库运输通道夹层设置小汽车停车场（单位：m）

3.4 交通组织的高效设置及有效分离

铁路货场由于其运输转运的性质，决定了其公路交通车流量十分庞大，有效组织好物流综合体的车流就是项目成败的关键所在。

由于仓库设置为若干层，根据类似项目实施经验可知，仓库功能仅有一部分与铁路形成公铁联运的模式，供铁路货场使用，达到货物存储与转运的功能。而剩余的另一部分仓库面积则是标准的公路物流模式，供货物的分拨和存储使用。所以，后一种仓储功能所形成的交通流量，从原则上讲应和铁路货场的车流进行直接分离，而没有必要进行混合，形成无谓的混杂造成车流的相互干扰和拥堵。

综上，在园区的开口设置和车流组织上应在规划设计伊始就进行分离式设计，使两者各行其道互不干扰。但需要说明的是，要综合、兼顾地考虑相关问题并留有灵活调剂的可能性，根据货场实际运营情况保留调整的余地，如图4所示。

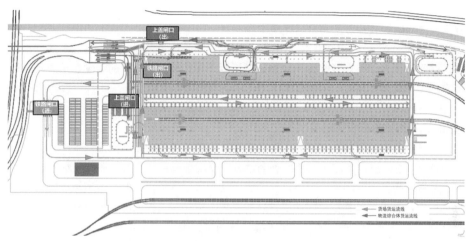

图4　某物流综合体首层货车流线组织方案

3.5　运营管理实现独立性设置

和上述车流组织相类似，由于铁路货场的运营管理及其特殊要求，其他与铁路站场无关的人员和作业应与其有效隔离。在规划设计时应考虑运营管理可以分开设置的技术措施，其中包括但不限于楼电梯、活动场地、停车场地等分开使用的可落实性。

但从消防设施的运作层面讲，则要保证整个建筑体量的消防无障碍联动，就要求建筑设计进行特殊处理，保证火灾时能正常启动完成相应的灭火动作。

3.6　公铁联运的有效落实

公铁联运涉及的货品类型有集装箱、散货、小汽车整车等，根据货品的不同则形成不同的转运联动模式。

另一个影响转运模式和效率的因素则是铁路货运线和物流仓库综合体的相对关系：若两者的关系为库外布置，则公铁联运的关联更多地体现为水平向的流线关系；若两者的关系为跨线设置，则公铁联运的关联除了体现为水平向的流线关系之外，还形成了竖向的公铁联运模式，显然传统的装卸和转运模式就不太适合物流的竖向联动。

3.6.1　分拨分拣、城市配送业务的货物运转方式

铁路货运线和物流综合体的水平方向的联动模式采用常规的叉车和水平传送器械即可。

而当物流综合体上跨铁路货运线时，则需要考虑落实垂直联动采用何种方式的问题。常规来说，盖下铁路货场作为作业区，对铁路货运物品进行装卸、分拣、拆分、包装等，之后通过货运垂直电梯和传送带送至盖上仓库进行存储，或者通过公路运输进行分拨，发送至各配送服务网点；反之，就是从配送服务网点收集货运物品，通过公路运输至盖上一层仓库，同样通过垂直传送设备

传送至地面架空层；在该作业区进行分拣、包装、汇总后装载至铁路货运车辆上，通过铁路发送至全国各地的分拨中心。

3.6.2　集装箱中转、拼箱业务的货物运转方式

对于集装箱中转、拼箱的业务需求，需满足和仓储功能的紧密衔接，若是水平方向的联动模式，可以采用常规短驳转运、空轨吊挂等模式。

当物流综合体上跨铁路货运线时，仓库设置于铁路集装箱货运线之上，通过高效的集装箱垂直提升设施，并配合全自动无人驾驶的IGV集装箱货运车辆完成水平方向的运输，把集装箱运送至盖上仓库的家门口，从而使公铁联运的模式达到无缝对接的便利化程度。

3.6.3　商品整车业务的货物运转方式

我国汽车市场目前呈现井喷式发展，涉及其物流运输的业务也日益兴盛，铁路作为合适的交通运输方式而首当其冲。商品车整车物流业务通过公铁联运予以实现完全是顺理成章的选择。

针对商品车水平方向联动模式而言，与前面所述的转运方式相类似，这里不再赘述。

在垂直方向，盖下商品整车运输通过铁路线实现。成品车通过公路运输模式抵达园区，常规可以有两种方式到达屋面停车场（屋顶是物流综合体的宝贵资源，通常设置为商品车停车场）：可以通过盘道自行行驶至屋面进行停靠；或者通过专用垂直提升设备运输至盖上物流建筑的屋顶进行存储。待到需要通过铁路运输至各专卖店时，再通过专用垂直提升设备运输至地面或者自行行驶至盖下货场的铁路运输线上，完成装车动作。从而达到公铁联运模式在商品小汽车整车物流上的落地。

4　结语

铁路货场物流综合体是我国物流产业发展至今根据市场需求所形成的适应市场的产物，它应根据需求设置于物流运输的各个节点。

我国物流蓬勃发展至今，铁路货场作为铁路运输最基本的交通节点单元在物流运输等方面起到了应有的重要作用。同时，随着国家对物流行业绿色化、高效化、网络化的品质提升要求，它应该在市场需求的基础上进一步优化功能设置，提升物流枢纽的存储、转运水平，为当前的物流发展转型贡献新力量。

2

铁路货场场站边库设计的流线分析

邬鹏华

摘 要：场站边库作为铁路货场的重要组成部分，其规划设计的合理性直接关系到铁路站场的运营效率，而其流线组织的优劣是其合理与否的关键所在。本文尝试对常见的铁路货场场站边库的流线组织方式进行归纳梳理，希望对铁路站场的运营管理和规划设计工作做出有益帮助。
关键词：铁路站场　场站边库　运营效率　管理　规划设计

1 综述

货场是铁路进行货运作业的基本场所，为了安全、迅速、便利地组织货物的承运、保管、装卸和交付作业，在铁路货场内必须配备足够的配线、场库、装卸及检修设备、道路及排水设备、检斤设备和货场用具及房舍等设施，规划设计需要保证各项货运设施的合理布置。

场站边库属于场库的范畴，是货物临时存储和不同运输方式之间实现货物转运的场所，它承担的是货运链条上的"转运纽带"功能。由于承接不同运输方式在此"交接"货物，所以货场边库合理设置的检验标准有两个：一是与两种运输方式的紧密衔接程度，应做到无缝衔接；二是要避免不同货运方式在此形成无谓交叉，造成相互干扰从而使运输效率下降。

综上，场站边库的流线组织在铁路站场运作中十分重要，需要做好相应的规划设计工作。

2 铁路货场规划布局

2.1 铁路货场功能布局和常规收发货流程

铁路货场的功能布局通常以发运区（铁路主线）为中心，依次向外布置装卸区（装卸线）、存储区、多式联运区以及其他功能区。基于此布局，作业流线追求最优化的衔接。

以到货为例，货运列车由铁路正线（发运区）经装卸线进入装卸区，运用叉车以及龙门吊等装卸设备将货物从装载工具（篷车、集装箱等）上卸下，放置在紧邻其他货运方式的货物存储区（或直接由公路车辆拉走），之后进行公铁转换，由公路车辆将货品装载驶离。

和到货流程相比，发货则是以上流程的反向操作，在此不做赘述。

2.2 铁路货场的布局方式

决定收发货效率的最重要因素是装卸货区的布局，按照装卸区（装卸线）布局形式的差异，铁路货场的布局方式分为尽头式、贯通式和混合式三种。

2.2.1 尽头式货场

尽头式货场是指由尽头式装卸线构成的铁路货场，即其货物装卸线仅一端连接车站站线，货运列车的取送都是在连接车站站线的一端进行。按照其与车站站线相对关系的不同又可以分为梳形和扇形，见图1、图2。

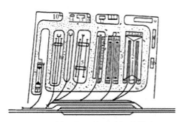
图1　梳形尽头式铁路货场

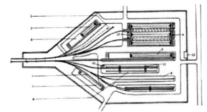
图2　扇形尽头式铁路货场

2.2.2 贯通式货场

贯通式货场是指由通过式装卸线构成的铁路货场，即其货物装卸线两端均连接车站站线，货运列车的取送分别设置在连接车站站线的两端，见图3。

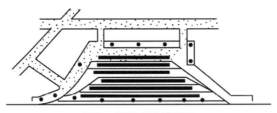
图3　贯通式铁路货场

2.2.3 混合式货场

所谓混合式货场即包含了以上两种模式，在综合考虑场地条件和货物运输模式差异的基础上，货物的装卸线一部分采用尽头式布局方式，另一部分采用贯通式布局方式，见图4。

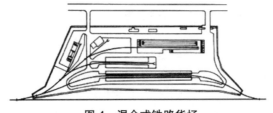
图4　混合式铁路货场

2.2.4　各类货场的优缺点

以上三种货场的优缺点及适用情形详见表1。

各类货场的优缺点　　　　　　　　　　　　　　　表1

	尽头式货场	贯通式货场	混合式货场
优点	1. 占地少、配线短，工程投资少； 2. 易于结合地形特点，易于适应城市规划的相关要求； 3. 货场内部通道与装卸线路交叉少，取送车与短驳搬运干扰少； 4. 零星车流取送方便； 5. 便于货场扩建	1. 取送车作业分布在货场的两端进行，互不干扰，作业能力大； 2. 两个方向的列车作业都比较方便	集合了尽头式货场和贯通式货场的优点
缺点	所有车辆的取送作业均在货场的一端进行，该端咽喉区负担较重，取送车与装卸作业有一定的干扰	1. 占地面积大，铺设线路长，工程投资高； 2. 货物装卸线与货场内道路交叉增加，取送作业与货场搬运作业相互干扰，存在安全隐患； 3. 扩建和改建比较困难	1. 占地面积大，工程投资高； 2. 两端咽喉区负担不够均衡，兼有尽头式货场和贯通式货场的缺点
适用情形	大型、中型综合型货场以及货运量比较大并配有调车机车的中间站场	一般中间站以及货运量大，且有条件组织整列装卸作业的专业性货场	货运量较少的中间站

2.2.5　铁路货场场站边库的配置形式

场站边库是公铁转运的关键衔接点，主要进行物资的仓储和配送。根据其与铁路线在水平方向上的位置关系，场站边库常规的布置形式可分为跨线布置和库外布置两种。其中，跨线布置又可细分为一线一库、两库夹一线、三库夹两线的布置形式。

场站边库的布置形式受货物品类、到发作业量及均衡程度等因素的影响。通常在客观条件允许的情况下，仓库采用一线一库的布置形式，有利于流线的组织；特别是在货运量不大的中、小型货场内，当货物到发量不很均衡，货源也不稳定时更宜采用。在多雨、雪地区且作业量较大的仓库可以采用跨线布置。

值得注意的是，目前随着土地开发成本的大幅度增加，铁路货场如何降低土地开发成本、提高开发强度从而进行复合化、立体式开发的问题就被提上日程。参照交通枢纽项目TOD开发模式来解决铁路货场的高效开发利用，就目前来说是一种有效的方案，这种模式也带来了一个有趣的"收益"：因功能分为盖下铁路货场和盖上物流仓储，则更好地解决了传统货场公路运输和铁路运输货运流线过多交叉的问题，从而使铁路货场的运输效率大大增加。

3　铁路场站边库的功能组成

3.1　仓库外部功能要素组成

仓库外部功能要素的作用是保证仓库实现与相邻外部运输区域的协调运作，重点实现装卸货及转运空间上的顺畅衔接。仓库的外部功能要素主要包括站台、装卸货门、雨篷以及外部作业场地。

3.1.1 站台

依据其衔接不同的交通运输方式，仓库站台可分为铁路侧站台和公路侧站台。铁路侧站台需要设置在仓库外侧，形成外站台的模式，以便满足货物从铁路线运转至仓库（反之亦然）的空间尺度需求。对于公路侧站台而言，大多数位于外侧，便于货物的临时堆放和灵活装卸；但截至目前有较大比例的仓库也将站台移至仓库内靠近装卸货门的位置，以期实现与公路货运车辆的无缝衔接。内站台的模式对于具有高附加值的货物而言，更容易提供防风、防雨等的有效保护，而且便于更有效的安全管理运营。

站台对仓库设计产生的影响主要包括宽度和高度两个方面。其中，站台宽度主要为满足装卸机械（叉车等）的顺畅运行和回转装卸货的使用需求，其尺寸与叉车作业通道和叉车转弯半径直接相关。站台高度主要由铁路和公路货运车辆的车底高度决定，以便实现叉车的上下车装卸作业。

3.1.2 装卸货门

仓库装卸货门直接对应站台开设，其个体尺寸大小和数量规模直接决定货物装卸货的效率。从使用角度上讲，装卸门个体尺寸大小必须与货物类型相匹配，数量设置上是多多益善。但也和投资成本以及货场所处区域气候特点直接相关，需要综合考虑全部因素进行设置。

3.1.3 雨篷

雨篷对仓库使用产生的影响包括挑出的宽度和高度两个方面。在满足货物装卸功能的前提下，其本质作用即是防止风、雨、雪等自然条件的侵袭。

3.1.4 外部作业场地

外部作业场地主要是指在仓库外侧、便于公路货运车辆停靠仓库站台所需的场地，是影响作业效率的重要因素，也是体现规划设计科学与否的关键因素。外部作业场地对仓库使用影响最大的因素主要是其平行于仓库的长度和垂直于仓库的宽度：一是在其长度方向上，需要满足货物运转所需要的装卸货车位数量；二是在其宽度方向上，既要满足公路货运车辆的进出车作业，又要预留其余货车的通行宽度，从而保证装卸作业与配送作业的效率双高。

3.2 仓库内部功能要素组成

铁路货运场站仓库的内部功能组织，主要是指进行其内部功能区的平面设计与布局，确定各功能区的相对位置关系。影响仓库内部功能设置的两个基础性要素是货物品类和区位条件。

3.2.1 货物品类

受资源分布与产业结构的影响，货物品类呈现出较为明显的区域特征，即不同地区的不同货运场站办理的货物品类不同。货物品类的差异，直接导致货物在仓储乃至整个物流过程中所经过的作业环节存在差异，因此需要进行差异化的功能设置。

不同属性的货物品类，决定仓库平面布置需满足其仓储方式、装卸模式以及其他特殊存储方式的要求，反映在对建筑空间的要求上，主要表现在装卸设备作业通道、仓储设备占用空间两个方面。不同品类与运量的货物，要求配备不同规格与型号的装卸设备，对作业通道的宽度、高度等条件都有明确要求。不同的仓储要求，需要使用不同种类的仓储设备，且在尺寸、承重、材质等方面具有较大差异，进一步影响仓储功能区的占地规模、层数（高度）等条件。

3.2.2 库内物流设备

场站仓库根据不同货物品类的特性进行定位，从而对设备配置要求有所不同：中转型仓库重在追求分拣设备的高效性，设置先进的自动分拣装置；仓储型仓库配备最适宜的仓储设备，旨在保证仓储功能的高效性和安全性。

3.2.3 项目区位条件

影响仓库内部设计的区位条件主要包括经济条件和交通条件。经济条件是指社会经济的发展对仓储与物流活动产生的带动作用；交通条件是指仓库所连接不同的交通方式及其等级。二者通过影响货物的供需特征，进一步影响仓库的货运总量和仓储量在货运量的占比，从数量维度上影响其内部功能区设计。同时，交通条件对仓库的整体作业效率产生一定的影响，改变某一品类货物的周转率，从时间和数量上影响仓库内部功能区的设计。

4 场站边库设计的流线分析

流线主要是指仓库与相邻区域车辆的通行路径。流线设计需满足闭环流原则，即车辆可以进入某区域，也可顺畅驶离此区域。因此，流线设计的主要影响要素是车辆通道顺畅度，也是流线设计的目标。

铁路线的设置依据相关要求模式固定，其直接与铁路站台衔接，铁路侧流线比较固定且短，故无需赘述。现就公路侧的流线做简要归纳整理。

4.1 尽头式铁路货场流线设置

尽头式铁路货场仅一端设置有铁路线，另一端为公路运输可通行区域，可形成没有公铁运输交叉干扰的情况。该类型场站边库常规沿铁路线设置，公路侧外部作业场地设置在仓库另一边，公路车辆完成装卸货作业后从非铁路线连接的一端驶离，见图5。

图 5 上海某尽头式铁路货场

4.2 贯通式铁路货场流线设置

贯通式铁路货场由于两端均连接铁路线，如若设置成一线一库，场站边库、外部作业场地以及货场出入口均在相同一侧，则可形成没有公铁运输交叉干扰的情况。场站边库常规沿铁路线设置，公路侧外部作业场地及公路车道均与铁路没有交叉，公路车辆完成装卸货作业后驶离。

在贯通式铁路货场内场站边库若设置成两库夹一线、三库夹两线的布置形式，则势必会使部分仓库处于铁路运输线的围合之中，则就避免不了铁路和公路运输线的交叉问题，通常会有平交和公路线下穿或上跨避让铁路线两种解决方案，这时需要根据场地客观条件和货场是否允许铁路和公路平交而做出不同的流线选择。无论如何，铁路线和公路的地面平交会带来货场运输及周转效率下降，以及园区运营管理存在风险等一系列问题，见图6。

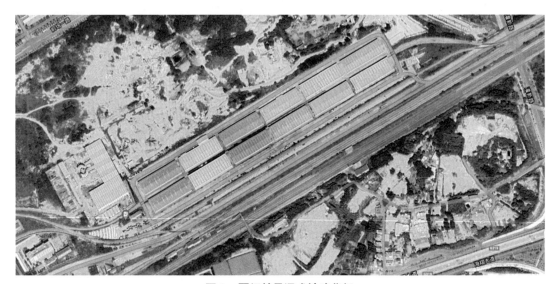

图6 厦门某贯通式铁路货场

4.3 盖下铁路货场、盖上场站仓库的流线设置

前文已经提及，铁路货场参考TOD模式的开发策略为：通过立体开发模式，盖下设置为铁路货场、盖上设置为场站仓库进行竖向的公铁联运转运模式，解决前述提高土地开发强度以及避免铁路和公路流线的平交问题，从而实现公路侧流线设置的灵活性、合理性。

4.3.1 铁路流线的组织

铁路流线在盖下空间内进行通行，盖下区域设置成铁路货场，完成铁路线装卸货的使用需求。根据需要盖下可设置成开敞站台或货场边库，供铁路进出货的转运和临时存储使用。

4.3.2 公路流线的组织

盖上物流综合体的运输，考虑到周转效率的需要设置为坡道式，公路侧货运流线均上跨铁路线进行运输，和盖下的铁路线运输形成垂直方向上的有效分离，盖上物流流线由集卡坡道、运输通道等专用通行设施予以解决，根据不同规模设置相应的配比。

4.3.3 公铁联运的组织

由于我国目前物流设备机械化程度和性能的不断提升，市场上常见的垂直升降机和传送带等物流设备可以满足货场对货物转运的效率要求，完成盖下铁路站场和盖上场站仓库的公铁联运模式的紧密衔接，见图7。

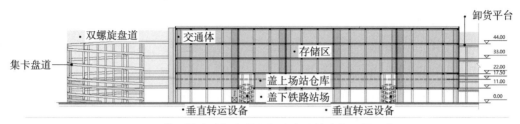

图7　盖下铁路站场和盖上场站仓库的流线设置示意

5　结语

我国物流产业经过了二十年左右的蓬勃发展期，目前正处于由量变转向质变的关键阶段，规划建筑设计作为产业的前导，必须由早期的粗犷式设计模式转入精细化的设计轨道。

我们应该借鉴成熟的设计理念，以超前的眼光推动铁路货运站场以及物流建筑的相应设计，满足社会对于铁路站场运转速度和转运效率的需求，推广落实合理的流线组织是其中的任务之一。

3

◇ 多式联运模式发展策略探讨

许洁

摘 要：多式联运是现代化物流转型升级的重要手段，也是构建新发展格局的主要抓手，对推动物流业降本增效和交通运输绿色低碳发展具有积极意义。在目前我国物流园区建设如火如荼之际，强调推进各种运输方式统筹融合、推进多式联运发展是非常必要的。

关键词：物流园区　多式联运　集约化　物流建筑　物流作业

1　综述

2022 年，国务院办公厅印发《推进多式联运发展优化调整运输结构工作方案（2021—2025年）》，明确要求要大力发展多式联运，推动各种交通运输方式深度融合，进一步优化调整运输结构，提升综合运输效率，以降低社会物流成本，促进节能减排降碳，更有效地落实国家"双循环"经济发展战略要求、助力"全国统一大市场"建设。

从发达国家物流行业发展规律可以看出，实现我国物流业效能提高的关键是运力的提升。我国物流业只有完成多式联运的网络搭建，才能推动降本增效和交通运输绿色低碳化，才有机会实现转型升级并构建出新的发展格局。

2　多式联运的定义与分类

2.1　多式联运的定义

《物流术语》GB/T 18354—2021 中对多式联运的定义是："货物由一种运载单元装载，通过两种或两种以上运输方式连续运输，并进行相关运输物流辅助作业的运输活动。"国外称之为复合运输，我国习惯上叫做多式联运，它包含三个层面的含义：

其一，从运输模式上讲，货物的运输全程是超过两种货运形式的运输，这些运输方式分段运行，相互之间有效衔接，以保证运输的连续性。

其二，从契约形式上讲，货主在全程运输合同方面与多式联运经营人之间建立关系，相互之间签订合同，而且会承担全程运输的费用。

其三，从法律责任上讲，全程运输中，多式联运经营人对于整个运输过程承担全部责任。

2.2 多式联运的分类

《综合货运枢纽分类与基本要求》JT/T 1111—2017 中按照主导运输方式不同，综合货运枢纽分为四种类型：

1）公路运输主导型综合货运枢纽：以公路运输服务功能为主，依托公路货运站形成的综合货运枢纽；

2）铁路运输主导型综合货运枢纽：以铁路运输服务功能为主，依托铁路货运站形成的综合货运枢纽；

3）水路运输主导型综合货运枢纽：以水路运输服务功能为主，依托港口货运作业区形成的综合货运枢纽；

4）航空运输主导型综合货运枢纽：以航空运输服务功能为主，依托机场货运作业区形成的综合货运枢纽。

由于公路运输是解决"门对门"物流配送服务所必需的一种模式，所以物流服务多式联运类型可以笼统地分为铁路主导、水运主导、航空主导三类模式。当然，在实践操作中同一类型的园区也可以出现两种及以上的模式。

2.2.1 公铁联运型

公铁联运型物流园区是以铁路货场、铁路集装箱中心站或铁路专用线为依托，有效衔接铁路、公路两种运输方式，从而形成以公铁联运为主要运输组织方式的物流园区，主要表现为三种模式。

1）以铁路站场资源为核心的统一规划型

规划布局方式是：依托铁路集装箱中心站、铁路战略装车点等铁路站场资源，配套建设公路站场、口岸等相关设施，实现多种方式的作业区规划统一、功能互补、业务协同。

开发及运维模式是：园区与铁路站场是包含关系，铁路站场在项目规划范围内，货物在项目内实现周转换装。这类项目大多规模庞大，通常由政府主导进行统一规划，以项目为核心形成物流集聚区，集聚区大多采用园区管委会模式进行管理运营。

2）以铁路专用线为基础的独立设置型

规划布局方式是：通过引入铁路专用线，连通全国铁路干线网，在园区内实现铁路和公路之间的设施有效衔接、作业协调同步。

开发及运维模式是：园区为独立建设和运营的项目，铁路专用线产权归园区主体所有，园区依托铁路专用线进行建设和后期运营，并依据实际货运量需求可面向社会提供公共的多式联运服务。

3）以铁路站场资源为依托的协同作业型

规划布局方式是：毗邻铁路货场等铁路站场资源，以紧密的业务合作为基础，开展公铁联运的多式联运型物流园区。

开发及运维模式是：园区为独立项目，与铁路货场为并列关系，铁路货场位于项目红线范围外，紧邻项目。项目主体与铁路货场经营主体之间存在合作关系，具有铁路资源使用权。园区内设有与铁路配套的基础设施，通常共用仓储设施或设置内部通道，通过跨库作业等形式，以装卸搬运方式来实现货物的换装，作业过程中不产生短驳运输。

2.2.2　公水、铁水联运型

1）以码头为核心的资源统一规划型

规划布局方式是：以码头资源为核心，统一规划的物流园区。园区内同时包含港口作业区及与其配套建设的公路、铁路、口岸等相关设施，实现"港园一体化"的规划设计。

开发及运维模式是：园区与码头资源为包含关系，港口作业区处于园区规划范围内，为园区的一个功能板块，常见的布局方式为"前港后园"，能实现入园即到港。通常由政府统一规划，在内河港口中较为常见，在实践操作中往往以项目为核心，集运输、仓储、保税、口岸、金融、保险、总部经济等多种功能于一体，形成物流集聚，集聚区也多采用园区管委会模式进行管理。

2）以相邻港区为依托的联动发展型

规划布局方式是：园区依托相邻港区，具有一定的港口服务功能，与港区之间实现通道连接、业务衔接的多式联运型物流园区。

开发及运维模式是：园区内能完成报关、检验、租船订舱、收货还箱、签发以当地为起运港或终点港的多式联运提单等业务，大多具备保税设施，多见于沿海港口。园区通常位于港区外，通过直达港区的物流通道完成多式联运组织，通常以铁路支线、内河支线、皮带输送机等方式实现，例如连云港市金港湾国际物流园区。

2.2.3　陆空联运型

规划布局方式是：以航空枢纽为依托，统一规划的物流园区。毗邻航空枢纽，在周边配套建设公路站场设施，形成功能互补、业务相连的多式联运型物流园区。

开发及运维模式是：园区通常位于政府统一规划的空港经济区内，通常以国际物流、快递物流、保税物流、区域分拨等为重点，货类包括普货、航空快件等。园区通常在紧邻航空枢纽的位置布设陆空联运功能区域，实现多式联运。

3　国外多式联运型物流园区发展经验

多式联运型物流园区具有物流基础设施和物流一体化组织的软硬件相结合的双重属性，在国外发达国家实践中极大地提升了物流运作效率。

3.1　美国多式联运中心模式

3.1.1　发展现状

20世纪50年代，美国铁路为应对公路运输的激烈竞争，发展出了"TOFC"和"COFC"的驮背运输和箱驮运输模式，即把集装箱半挂车或集装箱装到铁路平车上进行运输。通过铁路与公路联合运输，实现以集装箱为媒介的"门到门"运输，使得运费低、速度快的铁路运输与"门到门"的公路运输由竞争向协作转变。

另外，也同时大力发展滚装运输。滚装运输是指载运工具不通过吊装而是靠轮式驱动或拖带上/下船（火车）的运输方式，包括小汽车、卡车（整车）、挂车、火车等水陆联运，商品车公铁联运。除了传统集装箱船舶运输，美国内河和近海还发展起以厢式半挂车为标准运载单元的公水滚装运输。

再则，美国的双式联运模式也得到了相应发展。双式联运原意是指限于两种运输方式之间的联运，后来逐渐特指通过"公铁两用挂车"（Roadrailer）实现的联运，即将装有可收缩的路轴和端部挂车点的标准公铁两用车倒转到特别的铁路转向架上。

综上，虽然美国幅员辽阔，但因其发达的交通网络和适合的多式联运模式，使得其物流效率位居全世界的前列。

3.1.2 主要特征

1）多式联运运量保持高速增长

美国当前的主要运输形式包括箱驮运输和海铁联运两类，其中前者主要适用于美国内陆地长距离贸易运输，而后者则主要承担美国中部或美国东海岸与亚太地区（尤其是远东地区）之间的外贸进口货物运输。

2）公铁联运成为主流模式

由于美国的客户签订运输服务合同时，要求"门到门"运输的比例比较高，因此多式联运承运人往往需要在铁路运输或海铁联运之后，组织和协调终段的公路运输，从而为客户提供"门到门"的服务。图1所示即为典型的公铁联运中心模式。

美国公铁、公水、铁水联运运量占全部多式联运的53%、34%和13%，周转量占57%、29%和14%。

图1 芝加哥物流港多式联运中心鸟瞰图

3）多式联运技术标准的完善

美国将甩挂运输作为多式联运基础环节，以此发展驮背运输和滚装运输，同时不断完善多式联运技术标准体系，对涉及COFC/TOFC、滚装运输以及标准化运载单元、快速转运设施设备等，均规定了详细的技术标准，奠定了多式联运的标准化基础。

4）美国的多式联运具有长距离、高附加值的特点

美国500英里以下的货物运输中多式联运的占比仅为1%，而2000英里以上的占比则达到了18%。

5）多式联运站场设施的完善

美国注重加强多式联运连接通道建设，提高港口、铁路、机场与公路间衔接水平，尤其是枢纽港站与国家公路网连接起来的最初或最后一英里公路。

3.2 欧洲物流园区模式

在欧洲，物流园区得到普遍认同和广泛发展，很多国家都成立了物流园区协会，并在此基础上组建了"欧洲物流园区联合会"。

3.2.1 发展现状

与美国多式联运标准运载单元仅限于集装箱和厢式半挂车不同，欧洲多式联运使用三种基本的标准化运载单元，包括集装箱、厢式半挂车和可脱卸箱体（Swap-body）。此外，欧洲的集装箱仅限于国际标准箱，半挂车主要以40英尺为主。

与美国一样，欧洲的多式联运主要也是箱驮运输、驮背运输和滚装运输。不过与美国不同的是，欧洲没有发展公铁两用挂车，但发展了独特的公铁滚装运输（卡车整车直接开上铁路并通过铁路长途运输）。

3.2.2　主要特征

1）多式联运量保持高速增长

2007 年全欧多式联运总量为 960 亿吨公里，到 2015 年增长至 1630 亿吨公里（增幅达 70%，其中铁路完成份额由 21% 增长至 34%），预计到 2030 年将进一步增长至 3060 亿吨公里。

2）水陆滚装运输发展迅速

过去十年中欧洲联运运量占水运运量的比例从 10% 提高到 13% 左右。

3.3　日本物流团地模式

日本是最早提出和发展物流园区的国家之一，因其地少人多，所以对高强度利用土地非常重视。1969 年日本将全国划分为八大物流区域，区域内形成以物流园区为据点的区域物流网络，区域间通过高速铁路、高速公路和近海运物形成跨地区的物流系统。日本物流团地具有如下典型特征：

首先，园区定位清晰，设施上实现共享，运输上减少重复，从而实行现代化物流作业，建立标准一体化的中心节点。

其次，以围绕合理化的城市物流为主要特色，按人口、经济总量、运输总量、区域交通条件确定分布物流团地数量，全国共计 86 个，并对选址地点、建筑用地等作出明确限制。

最后，通过发达的干线运输网络，形成以物流团地为核心，各种物流中心、配送中心为节点，城市循环配送物流体系为辅助，配以信息化网络和发达的电子商务的全国立体物流体系。图 2 所示为日本典型物流园区建设案例。

图 2　日本典型物流园区建设案例

4　我国物流园区建设存在的突出问题

目前，我国物流发展进入快车道，物流地产持续火热。但不可否认的是，部分物流园区存在空置率走高、业态与功能趋于复杂但未能形成多式联运节点、发展迅速但顶层规划各自为政等诸多问题。究其原因，既有发展理念和意识落后、缺乏大局观等主观因素，也有交通基础设施缺乏配套和衔接、招商引资盲目和不规范、信息化网络联动性差等客观诱因，还有过于关注短期经济效益而圈地炒地或恶性竞争等短视行为。

4.1　规划建设缺乏调控协同

4.1.1　规划建设缺乏宏观调控

目前，我国大多物流园区的规划建设都能积极地对接上位规划，但具体建设和招商引资缺乏指导和规范，在业态设定与功能选择上容易贪大求全，在招商引资政策上注重短期效益而缺乏长期考虑。

极少数园区并未纳入上层规划，而是出于地方经济发展的需要进行建设，这类园区普遍存在与周边区县同质竞争、重复投资等问题。

4.1.2　园区未形成规模和集聚效应

园区的建设和运营存在规模和集聚效应不足，无法满足多式联运设定的底线货运量及周转要求，造成收不回成本而使多式联运的想法破产，从而造成投资失败和相关土地、交通等资源的浪费。

4.1.3　园区之间缺乏协调合作

主管部门的协同管理机制缺位，当园区之间存在同质竞争、重复投资等问题时，往往难以协调；园区之间的互动合作机制缺位，园区之间更多体现为竞争关系，彼此之间互动交流、资源整合较少。

4.1.4　园区内部企业缺乏协同发展意识

园区在招商引资时普遍存在"重招商、轻运营"，缺乏考虑企业之间的互补性和协同性，容易造成同质化竞争的局面；园区内部多数物流企业扎堆进行运输和仓储配送等传统物流业务，而对多式联运、智慧物流等增值业务和新业态缺乏投入，造成竞争激烈而合作不足。

4.2　未能形成多式联运模式下的运力整合

4.2.1　园区未成为多式联运节点

我国大部分园区以一种运输方式为主，不能实现多式联运节点转化需求，不能做到多种运输方式无缝衔接，各园区间难以实现多式联运产品的协同开发，使得各园区独立经营，无法实现协调合作；园区网络节点的选取建设缺乏连贯性，不同类型物流园区独立建设、自成体系，在交通基础设施上缺乏衔接和连通，造成园区和物流企业间的业务协同难度大，大大增加了多式联运网络运营成本。

4.2.2　园区未具备多式联运基础条件

目前我国交通运输结构不尽合理，体现在过于依赖公路运输，而铁路货运占比远低于发达国家，并且水运优势未能得到充分发挥。

我国尚有不少地区未通铁路，不同地区园区之间的物流衔接方式仍以公路运输为主，难以形成快速集疏运系统。

在我国的内河和海运港口建设中，不少港口采用了"前港后园"发展模式，但缺乏铁路集疏运体系建设。不少园区缺乏支线铁路、专用线铁路进行连接，使得园区之间难以实现集聚发展，物流成本较高。

4.3　信息网络建设缺乏兼容共享

4.3.1　园区间信息平台缺乏兼容性

园区内外的信息化平台建设缺乏统一标准与规范，造成各园区间信息不共享，信息化网络联动性差。支撑各园区信息化的基础设施建设差异大，信息化水平低的园区基础设施建设不成体系，孤岛运行情况严重。

4.3.2 园区信息化建设思维亟待提高

目前大多物流园区重硬件轻软件，缺乏自己的信息化专业建设团队，使得信息平台的组建、维护及升级存在难度。重建设轻运营，这极大地限制了园区信息化发展，造成信息化团队缺乏和后期维护升级困难。重管理智能化、轻大数据智能化，园区管理者大多注重园区管理的智能化，而忽略大数据智能化在园区信息平台建设中的重要作用。

4.3.3 园区智慧化建设明显滞后

园区对入园物流企业的整合利用有待提高，小微入园企业尤其显著，同时物流运营不在园区管理的范围内，智慧物流服务只能通过引入园外物流企业来实现，无法通过园区自上而下的变动调整推动园区智慧化发展。很多企业在进行物流自动化和信息化建设时会面临技术和成本问题，仅依靠政府资金补贴或中小型物流企业自行筹措都难以支撑。

5 多式联运模式下的物流建筑规划设计

5.1 大力打造多式联运型物流园区新模式

我国已经在全国布局、积极推进国家级物流枢纽建设，及时公布国家物流枢纽建设名单，其中包含陆港型、港口型、空港型等不同的物流枢纽，强调和落实物流枢纽在发展推动国家经济建设中的重要地位。

5.1.1 打造多式联运集疏运立体物流体系

借鉴国外先进经验，围绕港口型物流园区和空港型物流园区的规划建设，同步建设园区型、疏港型铁路支线和企业专用线，畅通铁路运输"最后一公里"，实现公铁水立体物流体系。加强多式联运连接通道建设，提高港口、铁路、机场与公路间衔接水平，尤其是枢纽港站与国家公路网连接起来的最初或最后一公里公路，通过发达的干线运输网络，形成以物流园区为核心，各种配送中心、物流中心为节点，并配合信息化网络和先进的电子商务的多式联运集疏运立体物流体系。

当然，国内也有先行者。深圳市 2022 年出台的《深圳市现代物流基础设施体系建设策略（2021—2035）及近期行动方案》就提出：深圳市将打造立体城市物流体系。打造"低空 – 路面 –地下管廊"现代立体城市物流体系，探索利用地下综合管廊基础设施、地铁等轨道交通设施开展城市配送。这是新时代对多式联运物流运输模式的有益延伸。

5.1.2 打造多式联运型物流园区集聚带

加强铁路枢纽、环线以及支线的规划建设，实现区域内的港口物流园、机场航空物流园、公路物流园等物流基地及联运枢纽的互联互通，这样有利于打造多式联运型物流园区集聚带，同时也可以连通科技园区、工业园区以及农业园区等，有利于将城市发展新区纳入多式联运型物流集聚区核心经济腹地协同发展。

5.1.3 打造多式联运园区布局新模式

如前所述，不论是什么类型的多式联运物流园或物流综合枢纽，规划布局大多是在平面上展开，这种开发及运营模式是由于铁路、机场或港口多属于国家公共交通资源，在所有权和管理运营上通常不能和企业的物业混为一谈，所以需要和企业开发的物流园分开设置和运营。这种模式无形之中就造成了上述的种种弊端，使土地的节约、集约开发以及多式联运的高效性很难实现。

目前，我国要求在基础设施建设上要落实土地集约化、基础设施共享化的要求，所以有必要开启新的物流枢纽建筑布局的新模式。借鉴传统交通设施开发的 TOD 模式，物流枢纽多式联运的复合化布局模式也就呼之欲出，这种模式使多式联运的衔接更为简洁和直接，从而更能有效地发挥多式联运的效率，更好地服务于国家的发展。图 3 所示为某新型盖下为铁路货场、盖上为物流综合体的复合、立体开发模式。

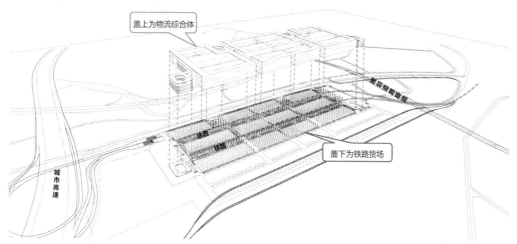

图 3 多式联运综合物流园区开发新模式示意图

5.2 全面建立物流综合协调推进机制

5.2.1 全面建立物流综合协调推进机制

借鉴德国、日本等先进物流管理经验，全面建立市政府物流办—物流中间组织（协会、学会）—物流园区或物流联盟三级物流综合协调推进机制并落到实处。其中，市政府物流办主要是集中各地物流资源，协调各部门力量，进行物流宏观布局和综合发展规划，并辅以一定的政策扶持与引导；物流中间组织主要是积极宣传现代物流理念，推动物流理论研究和经验交流，推动物流规划的落实；物流园区或物流联盟主要是推动物流功能集中布局或物流企业抱团发展，从而实现规模效应和资源共享。

5.2.2 重点加强物流中间组织的扶持与发展

国外实践证明，物流中间组织是政府与市场之间的有效桥梁，对上可以对接政府部门，通过资政建议等形式反映市场实际需求，使政策和规划更加切合实际需求；对下可以解读政策规划，起到宣传与指导的效果。如德国建有物流园区协会，国内所有物流园区都是其成员，并在其协调下统一标准、协同运作，旨在使各园区之间形成紧密整体。

5.2.3 大力推动园区物流企业组建联盟抱团发展

园区企业之间的互动协同是园区良性发展的关键。应该支持鼓励大中型物流企业在物流园区进行投资，依托物流园区形成自身的网络。支持实力较弱的物流企业以组建联盟的形式入驻园区并实行网络化运作和高度协同化，实现跨园区之间的业务协同。积极推动园区内外企业协同合作，提供发达的多式联运服务，实现集货运输和转运系统高效便捷。

5.3 加速发展多式联运物流大数据生态链

5.3.1 打造多式联运物流大数据产业

互联网时代，产业集群向信息型、资本型快速转变，相应的生产导向、交通形态、物流节点形式都在发生变化，物流节点的广度、密度也在不断延伸，多式联运物流园 + 大数据已成为传统物流园转型发展的目标和方向。

随着我国国家大数据战略的不断深入，打造多式联运物流大数据产业正当其时，可以充分围绕车、货、资金、人等要素，集聚各类物流业态的数据资源，加快互联互通技术标准化建设，打造大数据物流产业生态体系，实现多式联运物流产业的互联互通。

5.3.2 推动建立多式联运物流园区信息联盟

以《关于推动物流高质量发展促进形成强大国内市场的意见》等国家政策为契机，创新应用线上平台与线下园区相互融合的发展模式，推动国内线上线下多式联运物流园区之间的互联互通。打破"信息孤岛"，鼓励物流园区公共信息平台互联互通，将各类物流园区信息平台相互融合起来，努力打造成我国物流行业的一个基础性信息平台。

6 结语

多式联运是国家物流发展的新方向，是提升、整合现有已建物流基础设施的一个战略支点，通过它的落实、落地能有效地提升社会物流效率并降低物流成本，促进节能减排降碳，助力"全国统一大市场"建设，完成国家"双循环"经济发展战略要求。

参考文献

[1] 杨勇，姜彩良，刘凌，王娟. 多式联运型物流园区内涵及类型分析 [J]. 中国物流与采购，2015，（20）：70-71.

[2] 梁喜，刘怀英. 国外多式联运型物流园区发展对我国的经验借鉴与启示 [J]. 物流科技，2021，（3）：86-88.

4 ◇ 多式联运——公铁联运案例分享

顾佶

摘　要：多式联运是现代物流园建设的重要方式，其中公铁联运是其主要的组成部分。公铁联运是以铁路货场或铁路专用线为依托，通过物流园内仓储设施的有效衔接，实现铁路与公路两种运输方式相互转换的模式。本文通过我司设计的公铁联运实际案例的分享来说明其主要特点。

关键词：公铁联运　高效　集约化

1　综述

根据《推进运输结构调整三年行动计划（2018—2020年）》（国办发〔2018〕91号）文件要求，以京津冀及周边地区为主战场，以推进大宗货物运输"公转铁、公转水"为主攻方向，增加铁路运输量；推进城市生产生活物资公铁联运，构建"外集内配、绿色联运"的公铁联运城市配送新体系。在此背景下，本项目利用原有铁路站场的区位优势，在物流园区中引入铁路货场，通过共用园区内仓储、冷库及相关配套设施，以园区内装卸搬运方式来实现货物的换装，实现公铁联运。本项目规划占地面积约1400亩，其中物流园区用地面积约1000亩、铁路站场面积约400亩，总建筑面积约98万 m²，其中物流仓储、冷库面积约76万 m²，配套办公等附属设施面积约22万 m²（图1）。

2　规划布局及运营模式

本项目规划布局方式是：毗邻铁路货场等铁路站场资源，以紧密的业务联系为基础，开展公铁联运的多式联运型物流园区。

运营模式是：园区为独立项目，物流仓储与铁路货场为并列关系，铁路货场与物流仓库为同一项目的2个紧邻地块。项目主体与铁路货场经营主体之间为同一主体，具有铁路资源使用权。园区内设有与铁路配套的基础设施，通常共用仓储设施或设置内部通道，通过跨库作业等形式，以装卸搬运方式来实现货物的换装，作业过程中减少了大量的二次搬运。

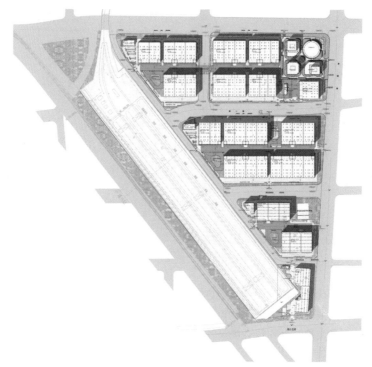

图 1　总平面示意图

3　项目核心优势

3.1　区位节点优势

项目位于某自由贸易试验区的辐射区内，其周边产业密度高，货运需求量较大，便于企业开展高端仓储、城市配送、物流企业商务办公等物流业务。尤其是其铁路货场依托自由贸易试验区，可享受自由贸易试验区相关优惠政策，整合海关、检验检疫等机构，提供保税仓储、国际货运、国际货代、报关报检等服务。

项目北侧为已经建成的铁路货运站，其直连京沪等三大国内铁路货运干线及欧亚货运班列平台，针对大宗货物的国内国际长距离运输，将形成明显的经济性、安全性、时效性优势，成为通达全国、连通海外的铁路货运物流大通道节点。

3.2　公铁联运优势

项目铁路货场（图 2）引入 4 条铁路专用线，通过园区物流仓库及冷库形成完整的运输配送系统，成为通达全国、连接全球的公铁联运网络。项目区位交通优势明显，除铁路货场通过北侧铁路货运站连接到全国铁路网络外，周边高速出入口多达 5 个，方圆 20km 内更设有 9 个高速出入口，公路运输网络四通八达，进一步地保证了公铁联运的可实施性，并依托园区公铁联运优势，为物流企业、贸易商等提供公铁联运、智慧仓储、集散分拨等服务，满足客户不同成本需求的采购物流、生产物流、销售物流各环节的服务要求。

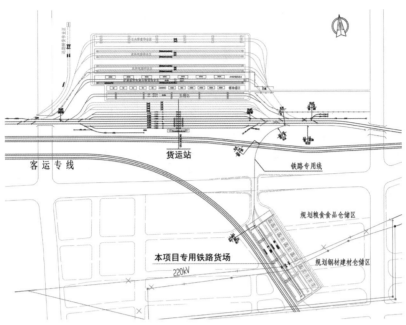

图 2 铁路货场位置示意图

4 项目案例分享

本项目规划占地面积约 1400 亩，其中物流园区用地面积约 1000 亩、铁路货场面积约 400 亩，总建筑面积约 98 万 m²。主要功能为三区一核心，包含云仓物流区、智慧冷链区、公铁联运服务区及商务核心（图 3）。

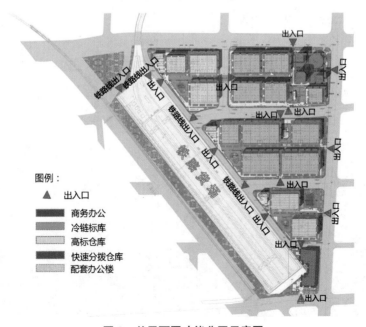

图 3 总平面图功能分区示意图

云仓物流区：主要分为 2 个区域，在地块的北侧和西南侧设置 2 个组团，包含 5 栋 3 层智能化高标坡道库及 1 栋 2 层快速分拨仓库。

智慧冷链区：主要分为 2 个区域，在地块的南侧及中部，包含 10 栋三层智慧冷链坡道库。

公铁联运服务区：铁路货场设置在地块的西侧，包含 4 条铁路专用线（两束四线）及附属用房。

商务核心：包含 1 栋 18 层共享办公楼、1 栋 21 层集团总部办公楼、1 栋 17 层商务精品酒店及 1 栋 5 层产品体验中心并设置地下 2 层的汽车库。

项目通过引入铁路专用线，连通全国铁路干线网，在园区内实现了铁路和公路之间设施有效衔接、作业协调同步。铁路专用线归园区主体所有，园区依托铁路专用线，面向社会提供公共的公铁联运服务。铁路货场与物流园区又相对独立，既可以通过仓储区域中转和暂存货品，在统一时间利用铁路专线进行收发货，也可以独立使用铁路货场，作为整个区域公铁联运的中转点（项目效果图见图 4~ 图 8）。

5   结语

公铁联运是解决公路运输运力低、集约化程度低、成本高和铁路运输成本低但运输范围受限问题的有效手段；是实现优势互补，削弱单一运输方式影响的可靠方式；更是提高运输效率、降低成本、促进节能减排降碳的发展要求。本文通过对我司设计的公铁联运项目的案例分享，简要阐述了此种模式的特点及优势，对相关要点予以总结，希望能起到抛砖引玉的作用，有助于公铁联运模式的推广和发展。

图 4   总体鸟瞰图

图 5 铁路货场透视图一

图 6 铁路货场透视图二

图7　云仓物流区透视图

图8　商务核心区透视图

5

◇ 深圳平湖南综合物流枢纽规划设计理念

许洁　田家辉　刘坤

摘　要：深圳平湖南综合物流枢纽项目是全国首例在铁路货场上盖进行物流产业空间开发利用的项目，在全部保留原规划铁路货场功能的前提下，融合城市物流、应急物流保障、商贸服务、国际国内铁路货运班列等，实现由单一功能的铁路货场升级为"铁路货场+城市综合物流枢纽"的新模式，为铁路站场的立体式复合开发利用探索新方向。

关键词：铁路站场　物流园区　土地利用　物流枢纽　坡道　交通组织

1　综述

《深圳市现代物流基础设施体系建设策略（2021—2035）及近期行动方案》提出了"1+3+5"的总建设框架：围绕建设多层次、多模式、多功能、多业态的全球物流枢纽城市的1个总定位，着力打造全球供应链管理服务中心、国际物流转运中心、全国物流创新应用中心3个中心，明确5大重点建设领域的各项任务，并制定近期行动方案。5大重点建设领域具体包括建设全球性综合物流枢纽、创新物流基础设施体系建设模式、推动物流基础设施体系高效运行、打造专业化高效物流服务网络、完善物流基础设施体系保障措施。

在建设全球性综合物流枢纽方面，深圳将打造连通国际国内双循环的对外物流枢纽，建成7大门户型物流枢纽，包括西部海港物流枢纽、西部公路物流枢纽、中部公路物流枢纽、东部公路物流枢纽、东部海港物流枢纽、铁路物流枢纽、空港物流枢纽；建设30个保障高效分拨配送的城市物流转运中心。配建满足高品质生活的社区物流配送站；构筑内通外联、湾区协同的物流通道体系，形成"三轴一廊八向"的对外综合物流通道体系。

至2035年，深圳要构建起"全球123快货物流圈"，实现市域配送90min送达、粤港澳大湾区内主要城市4h送达，实现全社会物流总费用与GDP比率降至8%。

平湖南国家物流枢纽是深圳远期规划建设的7大门户型物流枢纽中唯一的铁路物流枢纽、铁路编组站，广深、平南、平盐铁路等多条铁路干线均汇集于此，可通过铁路与盐田港区、南山港区、东莞常平等地连接。该园区定位为陆路转运枢纽型综合物流园区，不仅是依托铁路作为发展公铁联运、海铁联运的中转物流基地，同时也是作为珠江三角洲及京九铁路沿线货物的产品配送、货物集散、集装箱转运中心。

依据深圳市交通运输局申报国家物流枢纽的建设方案《深圳市平湖南商贸服务型国家物流枢纽建设方案》，平湖南国家物流枢纽共分为 8 个功能分区，包括多式联运中心、区域分拨和城市公共配送中心、国际物流、生活商贸物流（2 个）、供应链管理、综合功能和物资储备。总占地面积约为 363 公顷，见图 1。

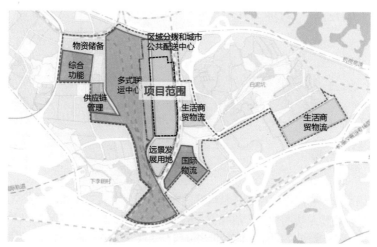

图 1　深圳市平湖南商贸服务型国家物流枢纽建设方案

平湖南国家物流枢纽也是深圳市目前功能定位最综合、设施规模最大的物流枢纽。对内承担全市重要产业物流和生活物流功能，对外面向大湾区及内地承担中远距离货运集疏运，同时是深圳衔接"一带一路"物流通道的战略支点。

目前，深圳"湾区号"中欧班列在深圳市政府统筹部署下，由深国际集团携手中外运成立合资公司已经运营。

2　项目建设条件及运营管理要求

2.1　项目区位及周边交通条件

平湖南综合物流枢纽项目用地面积为 1350 亩，其中一期 A、一期 B 及二期用地面积分别为 280 亩、166 亩和 692 亩。项目用地和其西侧铁路编组站在上位规划中确定为多式联运中心（二期用地盖上为区域分拨和城市公共配送中心）。

用地周围公铁路网围绕，南北分别紧邻机荷高速、水官高速，平盐铁路、平南铁路在项目地块交汇，直通深圳港东西两大港区，并与京九铁路、港深铁路无缝衔接，具备发展公、铁、海多式联运综合物流枢纽的条件。

2.2　项目用地及铁路规划设计

平湖南铁路货场是全国一级铁路物流基地，已建成一期工程（建成作业区 185 亩）集装箱作业区，设有尽头式集装箱装卸线 1 束 2 线，有效长为 850m，预留贯通条件，配备龙门吊 3 台，年作业能力约 30 万 t。现状主要负责发送中欧、中亚班列（1~3 列/周）以及赣州国际港班列，与盐田港之间循环"站搬班列"（1 列/日），年运量约 8 万 t。

平湖南铁路货场近期工程从既有平湖南编组站下行到货场深圳端咽喉引出，新增牵出线 1 条（有效长 850m），咽喉区相应改造。

货场自西向东依次布置集装箱作业区、电商快运及特货物作业区。

平湖南铁路物流基地已于 2017 年 1 月开工建设，其功能定位为深圳东部港区（盐田港）的内陆港，承担盐田港的集装箱疏运业务，与内陆港规划协调一致，但平湖南同时为枢纽综合型铁路物流基础，作为深圳枢纽的货运主枢纽，服务城市零担货物、商品车、集装箱货源等，在能力与功能上难以充分满足内陆港发展需要，需要进一步优化提升。

2.3 项目开发模式及运营管理要求

2.3.1 项目开发模式

项目用地性质为 S（铁路用地）+W0（物流用地），即地面层用地性质为铁路用地，产权属于广铁集团，由深国铁路负责运营管理；铁路上盖空间用地性质为物流仓储用地，产权属于深国铁路。规划建设按照盖下铁路站场、盖上物流高标仓库（冷库）的开发模式推进。项目总用地面积约 33.4 万 m^2，盖上总建筑面积约 85 万 m^2，容积率 2.55，见图 2。

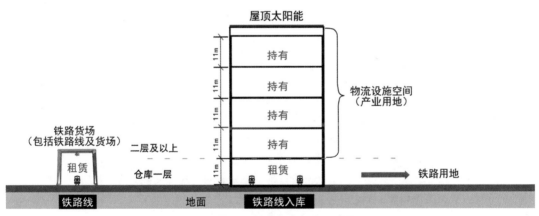

图 2 盖上、盖下复合开发示意图

为达到快速周转的使用效率要求，盖上设置为坡道式物流建筑，使货运车辆能够通过专用坡道到达每层的装卸货区域，完成每栋仓库的货物周转要求。盖上物流建筑按照仓储结合库内附属办公考虑，并在地面铁路层配合设置闸口、设备用房等附属设施。

2.3.2 项目运营管理要求

首层铁路及西侧堆场等后续将由国铁集团运营，盖上层后续将由深国际集团运营，两者权属不同，且管理模式存在较大差异。根据铁路站场的特殊管理要求，盖下铁路货场和盖上物流仓储需要严格分离，保证互不干扰、各自独立运营；在交通组织层面上需要将两类交通组织分离开，方便后续管理。从市政道路进入园区伊始车流及人流就必须分开设置各自的进出卡口，实现各自管理运营、保证货流的安全管控。

3 项目规划设计面临的困难

3.1 内外交通的有效衔接

本项目四周被铁路、编组站和城市快速路所围合，形成了城市孤岛，造成对外交通联系的不便。而本项目的建筑性质恰恰要求便利的交通条件，可以说交通组织的成功是本项目立足的根本。

本项目建设规模达 85 万 m^2，功能复杂、车流量巨大，需要解决好内外交通的衔接。在货车进入园区时需要简化入园手续，预留车辆排队及缓冲空间，减少车辆的拥堵；完成装卸货作业后需要快速驶离园区，以便为后续车辆腾挪出作业车位和空间。所以，在针对周边市政道路完成交通评估的基础上，应特别解决内外交通的衔接问题，研究论证并提出高效的解决方案，就能避免"卡脖子"的交通瓶颈问题，从而使该物流枢纽能畅其流。

园区内部货流、客流、人流量大且错综交汇，研究梳理各种流线的规律和特点，使其既能相互联络又能各行其道，打造出井井有条的清晰流线关系，是园区交通组织的终极目标，也是本综合物流枢纽项目课题研究的难点所在。

盖上物流建筑的交通，以交通线路的直接、简短及各种车流的提前分流为最佳原则。盖上物流建筑的交通流线设置，既在盖下和站场流线有重叠又在盖上各自独立，所以需要针对不同的状况进行分别研究，提出不同情况下的解决方案。

3.2 消防合理化设计

由于本项目为立体复合开发模式，盖下为铁路站场、盖上为物流仓储，建筑功能相对复杂，暂时没有可以直接套用的消防规范作为设计依据。截至目前上盖开发的物流建筑国内相关经验缺乏，建议采用性能化防火设计。因盖下空间多为开敞大空间，火灾容易发展，充足的氧气可能迅速增大火势，使得火灾早期十分不容易被发现和扑灭。而盖上物流建筑因存储大量可燃物而火灾载荷巨大，一旦发生火灾、地震等灾害，人员疏散安置是十分重要的问题，灾害的后续救援与人员安置需要特别重视。根据盖下和盖上综合开发的特点，依据设计方案研究消防减灾应对措施和解决方案，是本项目另一个难点所在。

3.3 盖上盖下独立运营的落实

盖上、盖下实质上是一个建筑群体，但需要满足盖上盖下平时各自独立运营的实际需求，就要求采用有效的手段把两者的车辆、人员进行有效切割，分开管理。又要在消防紧急情况下，能满足相应的人员安全疏散和消防救援的要求。

3.4 盖上盖下公铁联运的衔接

根据不同的货运特点，像特货铁路线的货运物品在需要整个集装箱运输、传导的情况下，盖上、盖下物流的联动体现在垂直运输上，就需要大型运输设备的设置（如龙门吊），满足整体、快速装卸的使用需求。而对于快运铁路线则更多的是服务于城市常规消耗品的运输，更多体现在包装成品、小件等，体现的是快速周转的特点，在盖上、盖下物流的联动上需要强调快速完成装卸货，需要流水线式的作业形式，满足快速周转的使用需求。物流联动的模式决定采用不同流线工艺设备给予实现，这就要求建筑设计的总图布局、平面布置要和相应的物流工艺要求相匹配。实体建筑与物流联动模式如何有效衔接和匹配，需要通过分析论证和研究得到解决。

4　规划设计介绍

4.1　功能布局

4.1.1　盖下铁路站场

盖下铁路站场的功能及布局由中铁第四勘察设计院集团有限公司设计。根据前期市场调研，确定为集装箱货物、电商快递货物、农副产品货物、外贸进出口货物以及拆拼转运业务、仓储服务业务、快运分拨业务、城市配送业务等。

结合用地条件、与城市规划的关系、功能需求、仓库设计相关要求、装卸场内功能区的布置形式和相互关系，对快运电商货物装卸区、特货冷链货物装卸区、高铁快运布置形式进行比较，采用普铁、高铁快运融合布置的方案。

在快运作业区站台与股道布置方案比选的基础上，盖下铁路站场采用两组两台夹两线的方案，此方案具有适应性强、用地省、线路排水方便、装卸效率高的优点，集约化利用有限的土地面积，见图3。

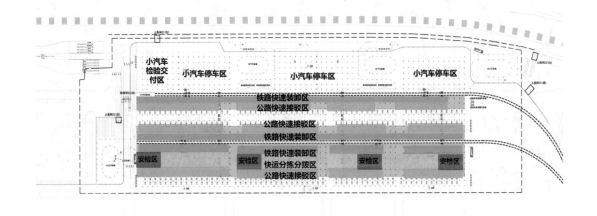

图3　盖下铁路站场功能布局图

4.1.2　盖上物流枢纽

盖上物流仓储层的功能由高标仓库、冷库和加工中心组成：高标仓库内处理的物品对操作及保管环境、包装、运输条件、保安无特殊要求，且火灾危险性类别属于《建筑设计防火规范》GB 50016—2014（2018年版）规定的丙类，为普通物流建筑；冷库和加工中心内处理的物品对操作及保管环境、包装、运输条件、保安等有一定的要求，且处理的物品不属于危险品，为特殊物流建筑。

本项目平面布局大体呈东西走向，东西向间隔排布三排物流仓库，仓库与货物运输通道平行贴邻布置，满足运输通道与仓库的紧密联动布置，满足装卸货使用要求。南北方向和外部交通衔接处各设置地面层至盖上的货车上行坡道，东侧与仓库贴临设置两条下行坡道，通过园区地面层道路和南北两侧对外交通道路衔接，满足货运车辆直接、快速驶离园区的需求，见图4、图5。

盖上物流仓库屋顶设置有商品车整车停车场，小汽车的上下通过盘道上专用行车道和专用提升设施完成。

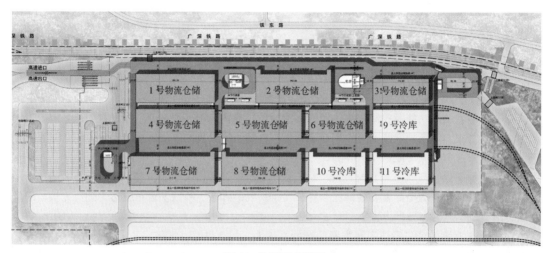

图4　总平面布置图

图5　项目鸟瞰图

4.2　交通组织

4.2.1　交通组织整体思路及对接衔接方案 [1]

由于机荷高速节点主要解决远距离进出需求，联李东路节点主要解决中近距离进出需求，节点服务功能存在明显侧重，因此，原则上按照"北进北出、南进南出"进行整体性交通组织。

---

① 园区交通组织方案参考深圳市城市交通规划设计研究中心股份有限公司完成的交通评价报告。

内部交通组织方案的制定一方面需要与机荷高速节点以及联李东路节点做好衔接，另外一方面是协调场地内限制因素，如高压铁塔和既有及规划铁路线束。

1）机荷高速衔接方案

机荷高速在项目北侧预留一处出入口，出入口匝道仅与立体层进行衔接。机荷高速立体层前后衔接的高速分别为梅观高速和武深高速，这是考虑到立体层与地面层在清平高速与平吉大道间存在一对上下转换匝道。

因此，通过机荷高速节点，可实现项目与粤港澳大湾区的中山、广州、东莞、惠州、汕头和厦门等地，以及深圳市域范围的宝安、光明、罗湖、盐田和坪山等地的连接。

从机荷高速进入项目内分成两条通道，一条以6%的坡度往上抬升直接11m高的二层平台，另外一条通道沿地面平接项目场地内道路；从项目出去到机荷高速也分为两条通道，一条以6%的坡度往下降至地面与另外一条地面通道汇合后接高速收费站，见图6。

图6 北侧机荷高速与基地衔接处透视图

2）联李东路衔接方案

联李东路现状止于项目外围，规划将向东贯穿项目接横东岭路。目前联李东路已完成施工图设计。根据设计资料，联李东路下穿隧道起点位于铁运路（项目西侧的次干道）以西，终点位于铁东路（项目东侧的主干道）以东。下穿项目范围内的京九铁路处标高为55~57m，下穿广深铁路处标高为43.3m。

联李东路与布澜路为平交路口，布澜路与水官高速为全互通立交形式。项目借由联李东路向西可实现与水官高速的直接转换。横东岭路与丹平快速为菱形立交，项目借由联李东路向东可实现与丹平快速的便捷转换。

考虑从联李东路进出是以中近距离需求为主，因此借由联李东路主要实现项目与深圳市域范围内的龙岗、龙华、南山、福田、罗湖等地联系。

降低南侧地块标高，在满足设计规范的情况下，联李东路南北分别接两对匝道衔接地块东侧地面道路。从联李东路下匝道后需右转从南侧环路绕行后接入项目盘道，进而进入盖上层；同时可通过园区内地面道路行驶至铁路首层。首层车辆均绕行至项目东侧道路上后经过匝道出联李东路，见图7。

4.2.2 盖下及盖上车流组织

铁路进出场组织管理分析：车辆出高速收费站闸机/联李东路立交节点后，会随机抽查进行安检，抽查比例为3%~5%，抽查内容为易燃易爆物。如果含有易燃易爆物，需要前往防爆区处理，并进行劝返。如果安检通过或未抽查到，则前往闸机处进场。车辆作业完成后出闸机，然后离场。

图 7 南侧联李东路与项目衔接处透视图

上盖层进出场组织管理分析：车辆出高速收费站闸机/联李东路立交节点后，前往闸机处进场。车辆作业完成后出闸机，然后离场。

1）盖下车流组织

为保障枢纽首层运行顺畅，提出以下整体交通组织方案。

在地面首层有围网隔离的情况下，需要保障围网内外的交通流都能安全、高效、通畅地运行。因此，构建围网内外双环路系统。

在围网内侧，围绕南北向铁路线，形成地面环形道路。其中，环路南侧段存在与铁路线路平面交叉问题。经与铁路方案设计方沟通，仅在铁路进场过程中相交道路禁止通行，绝大部分时间段均可正常通行。

在围网外侧，需要保障铁路首层与上盖层进出组织顺畅，形成环路，保障系统韧性。项目南侧因受地面铁路线路限制，同时考虑上盖层和首层铁路进出分离，在铁路线路两侧分别布置交通路由。

2）盖上车流组织

规划总建筑面积约 85 万 m²（盖上部分），可提供仓库面积约 56 万 m²，其中：普通仓库约43 万 m²；冷库约 13 万 m²。盖上 1~4 层平面布局类似，由普通物流仓库和冷库组成，盖上屋顶布置为商品车停车场。

上盖层交通组织方案需要以物流分区单元作业流程为依据，各层之间交通联系通过上下行盘道进行。

4.2.3 集卡盘道设置

本项目所设置的 4 处盘道上下贯穿联系盖下层与盖上 1~4 层，是本项目重要的纵向货物转运通道，每处坡道净宽均为 10.5m，为单向单车道行驶，坡道最不利处内侧转弯半径为 18.0m，坡道曲线段坡度为 3%、直线段坡度为 4.2%~5.1%，均满足规范和使用要求。集卡盘道外侧设置垂直绿化，丰富建筑立面景观效果，拓展了建筑外观形式，见图 8。

图 8 项目东侧透视图

4.2.4 人员流线设置

内部人员流线分析，主要包含两部分内容：员工如何到达园区以及到达园区后如何进入建筑内部。

员工到达园区的出行方式分为：小汽车、接驳巴士和慢行。到达路径已在前述章节中详细阐述。简单而言，小汽车和接驳巴士通过首层外围环路进出，慢行交通通过项目外围三处涵洞进出。

本部分内容重点关注小汽车停车位、接驳巴士停车位和非机动车停车位布局。停车位设置需在项目红线范围内解决，考虑到用地集约等因素，建议利用上行盘道处及周围空间布置停车位。

其中，项目北侧上行盘道处，利用盘道中空区域及上盖闸机周边位置布置小汽车及非机动车停车位，员工在完成停车后，通过盘道侧的竖向交通核上升至二层，通过南北向的人行天桥到达建筑侧的竖向交通核，进而到达项目其余层。

项目南侧上行盘道处，利用盘道中空区域及上盖闸机周边位置布置小汽车及非机动车停车位，员工在完成停车后，通过盘道侧的竖向交通核上行至各层的运输平台，进而到达各层的工作区域。

4.3 消防设计

4.3.1 建筑定性

根据《物流建筑设计规范》GB 51157—2016 中 15.3.7 条规定，消防环道、消防登高场地在盖上和盖下不同高程分开设置的前提下，盖上、盖下按照不同高程地坪分别计算建筑层数：盖下架空层建筑功能定性为铁路场站，按照单层丙 2 类作业型物流建筑进行消防设计，耐火等级一级；盖上建筑功能为高层丙 2 类存储型物流建筑、丙类冷库，耐火等级一级。依据《地铁设计防火标准》GB 51298—2018 中 4.1.7 条规定，盖下架空层与盖上建筑之间采用 200 厚混凝土楼板进行分隔，耐火极限不低于 3h。

4.3.2 消防车道和消防车登高操作场地的设置

本项目整体为高层物流建筑群。建筑功能地面架空层为铁路货场，二层及以上为高层物流建筑，通过位于 11m 标高的楼层货物运输通道分隔为盖下、盖上两部分。其中盖下以分拣作业为主，按照作业型物流建筑定性，根据《物流建筑设计规范》GB 51157—2016 中 3.0.3 条的规定应按照厂房的要求进行消防设计；盖上为高层存储型物流建筑，根据《物流建筑设计规范》GB 51157—2016 中 3.0.3 的规定应按照库房的要求进行消防设计。

本方案依据《建筑防火通用规范》GB 55037—2022 中 3.3.2 条规定，将整个项目按照盖下一整体、盖上若干独立建筑进行消防设计，盖上各单体之间满足防火间距的要求。盖上、盖下按照不同高程地坪分别计算建筑层数，并满足《物流建筑设计规范》GB 51157—2016 中 15.3.7 条规定，不同高程地坪上应沿建筑长边设置消防车道，当为高层建筑时，应沿长边设灭火救援场地和有直通不同高程地坪的安全出口。

综上所述，本项目的消防车道和消防车登高操作场地的设置策略为：盖下为单层丙类 2 项作业型物流建筑，耐火等级一级，沿建筑周边设置环形消防车道。盖上为高层丙类 2 项存储型物流建筑和高层冷库，耐火等级一级，在 11m 标高楼层货物运输通道上沿每栋建筑周边设置环形消防车道，并沿建筑长边设置消防车登高操作场地。

4.3.3 人员的安全疏散

盖上和盖下两种功能空间的人员分开解决人员疏散问题。

4.4 公铁联运衔接的模式

4.4.1 铁路上盖场所与铁路穿行层的货物运转方式分析

根据前期调研结果，盖下地面架空层铁路运输和盖上物流建筑不存在全部的物流业态联动，仅是和盖上一层形成物流业态的联动即可满足目前两束四线的铁路运输能力。根据前述公铁联运适合业态分析，各业态在盖下、盖上联动的货物运转方式如下所示。

1）分拨分拣、城市配送业务的货物运转方式

地面架空层作为作业区，对铁路货运物品进行装卸、分拣、拆分、包装等，之后通过货运垂直电梯和传送带运送至盖上仓库进行存储，或者通过公路运输进行分拨，发送至各配送服务网点；反之，就是从配送服务网点收集货运物品，通过公路运输至盖上一层仓库，同样通过垂直传送设备传送至地面架空层；在该作业区进行分拣、包装、汇总后装载至铁路货运车辆上，通过铁路发送至全国各地的分拨中心。

2）集装箱中转、拼箱业务的货物运转方式

对于集装箱中转、拼箱的业务需求，需满足和仓储功能的紧密衔接，把仓库设置于铁路集装箱货运线之上，通过高效的集装箱垂直提升设施，并配合全自动无人驾驶的 AGV 集装箱货运车辆完成水平方向的运输，把集装箱运送至盖上仓库的家门口，从而使公铁联运的模式达到无缝对接的便利化程度。

3）商品整车业务的货物运转方式

园区商品整车物流业务通过公铁联运实现，地面架空层铁路运输通过东侧铁路线实现。成品车通过公路运输模式抵达园区，通过盘道自行上行至屋面或者借助仓库西南角的专用垂直提升设备运输至盖上物流建筑的屋顶层停车场进行暂时存储。待到需要通过铁路运输至各地中转枢纽时，再通过专用垂直提升设备运输至地面或者自行行驶至地面架空层铁路运输线上，完成装车动作。从而达到公铁联运模式在商品小汽车整车物流上的落地。

4.4.2 铁路上盖场所与铁路集装箱堆场的货物运转方式

由于盖下铁路东侧铁路线的集装箱中转、拼箱业务已经和盖上一层产生有效的物流联动，且满足铁路线的运载能力，故盖上剩余物流建筑的存储与已建西侧铁路集装箱堆场的物流联动，在目前客观运营条件下没有必要。

在远期发展过程中，如有联动需要可通过货车盘道解决相应的联系和衔接，满足盖上仓库对集装箱堆场的需求问题。

4.4.3 物流枢纽货物运输的自动化实现模式

本项目货物运输（作业）的自动化实现模式大致按仓库内外分为：在库外主要是通过机械垂直提升系统和水平传输系统以及 AGV 无人驾驶运输车完成；而库内则主要是通过自动化托盘运输和托举装卸系统实现。

4.5 结构体系选型

4.5.1 地基、基础选型及桩基持力层的合理选择

各单体为高层，荷载大，柱底内力大，根据相邻地块地勘，天然地基不能满足要求，应采用桩基。桩基的持力层选用全、强及微风化粉砂岩⑩，绝对沉降和相对沉降差均能有效控制，造价最经济合理。作为持力层的全、强及微风化粉砂岩⑩起伏大，且本场地还有厚度不均的人工填土和

残积土，预制桩不合理，桩型优先采用灌注桩（普通灌注桩或后注浆灌注桩）。

桩径 1100mm，桩端持力层为微风化粉砂岩⑩ −4，桩端进入持力层最小深度为 D。单桩承载力特征值 Ra 预估为 9000kN。采用此种桩型，嵌岩桩持力层强度更高，单桩承载力更高，桩数更少，工后绝对沉降也更小。

4.5.2 沉降限值控制

与铁路地基不相邻的主体结构柱下基础的沉降建议沉降控制标准不大于 100mm，其造价最合理。

4.5.3 结构柱网的研究及荷载取值

铁路上盖仓库为高层，柱截面直径大于 800mm，综合分析后采用 12.0m×12.0m 是经济合理的。仓库采用 12.0m 柱网，对应的次梁间距 3.0m，与消防喷淋的间距模数也最匹配，土建安装综合造价低。

通过常用货架仓库对应不同货架层数、不同托盘重量的等效均布活荷载研究，建议干仓楼面活荷载取值盖上一层为 25kN/m²，盖上 2~4 层为 20kN/m²。

考虑到使用期间会存在单个托盘自重超过 1000kg、局部采用阁楼式货架、货架排布方向多样化等不确定性因素引起的荷载增加，建议将通用冷库的活荷载建议值按不同货架方向进行包络取值再适当放大，作为通用冷库楼面荷载的预留余量，进一步提高通用冷库的使用灵活度。

结合通用冷库行业的取值现状，建议活荷载取值盖上一层为 30kN/m²，2~4 层为 25kN/m²。

4.5.4 结构选型

根据装配式设计、绿建节能等需求，综合权衡后优先采用钢管混凝土柱 – 钢梁组合结构。

4.6 绿色低碳技术措施

4.6.1 绿色建筑及 LEED 应用

本项目采用了光伏发电，根据过往案例实施经验，此项为 LEED 金奖实施过程中的最大增量成本组成部分。根据以上的增量成本测算，并结合业主打造标杆项目的定位，本项目以绿色建筑二星级和 LEED 金级双认证为实施目标。

在整体获得 LEED BD+C 认证的基础上，部分建筑选择申请"LEED ZERO"（LEED 净零）认证中的 LEED Zero Energy（零能耗）认证。

4.6.2 海绵城市的技术应用

本项目为工业仓储类用地，径流控制率选择 70%，对应降雨量为 31.3mm。本项目盖下为铁路联运输体系，绿化率约为 5%。场地绿化分散设置，除坡道处绿地为块状集中设置外，其余均在建筑物周围呈带状分布。屋顶为混凝土结构，兼停车功能，不便设置屋顶绿化。综合现状分析，本项目适合采取下凹绿地、透水铺装和调蓄池作为海绵调蓄设施。在汇水分区内，将绿化改造为下凹绿地设施，收纳道路、绿化自身的雨水径流，进行蓄水，并通过生物净化作用去除径流中的污染物，下渗或超标溢流直接排入雨水管网；停车场、人行道等区域采用透水铺装，通过下渗内部蓄水，之后通过盲管排入雨水管网；屋面雨水污染较小直接通过管网收集后排放。由此减小综合径流系数，控制径流总量，降低内涝风险。

4.6.3 智慧园区设置

智慧管理手段除了常规设置出入园管理、消防管理和安防管理、园区服务系统外，着重关注场站调度和数字月台、能耗管理两个系统。

1. 场站调度和数字月台

1）智慧物流园区通过对运输车辆进行合理调度，使其分散到不同月台进行作业，并提供挪车提醒、排队叫号等服务，疏导高峰期车流，提高场站的使用效率，减少车辆等待时间。另外，智慧物流园区实现了货物信息与车辆绑定，并且对干支线车辆全程跟踪，不仅提高了管理的针对性，也实现了货物全程可视化。

2）智慧物流园区通过信息化手段可以将月台可视化，包括月台占用识别、月台车牌识别、通道占用识别等，及时发现月台的占用情况，优化调度，不但节约了人力成本，也能够准确获知车、货情况，提升月台作业效率。此外，通过可视化数据对月台实施动态管理和优化调整，提高月台利用率，降低仓库的租赁成本，月台管理与出入口管理联动，优化排队放行，避免了拥堵现象的发生。

3）通过打造全新的智慧物流园区，实现车辆预约入园，车辆入园时智能道闸自动识别车牌，LED屏告知停车月台。基于人工智能引擎，对月台状态进行识别，结合算法将车辆引导到分货路径最短的空月台。对月台车位占用状态/车牌进行识别，实时报知调度。实现箱体识别、暴力装卸识别、消防通道占用识别、车辆超速识别，对园内车辆实施精细化管理。

2. 能耗管理

1）物流园区能源表具的数量庞大，一方面人工抄表费时费力，另一方面用能的安全情况和设备的运行状况无法实时获取，客户能耗无法实时分析，统计数据占用较多工作量。

2）智慧物流园区能够远程采集能源表具的读数，提高抄表效率，节省工作量。同时，能够通过能源管理系统对能耗进行数字化计量，实时感知客户用能安全情况、实时统计分析客户用能状况、发现能耗黑洞，提高用能安全的同时也能提高节能水平，打造绿色节能园区。

3）生产服务型物流园区的电能消耗大，通过建设智慧物流园区，实时准确获取能源使用数据，动态分析电能的消耗情况，为进一步制定节能措施提供依据。

4）冷链型物流园区，对冷链仓储能耗进行实时可视化监测，可对冷库的温度实时监测，获知冷链设施设备的运行状态。采用设备OCR识别技术，通过视频识别获取相关仪表数据，节省人力。

4.6.4 绿色建筑关键技术措施

1. 天然采光

物流建筑顶层一般设置有大面积的采光天窗或采光带用于自然采光，另外可以利用卸货平台的高差，局部设置侧窗为下层库内提供自然采光条件。

对于本项目，顶层用于设置停车场和光伏板，无大面积设置采光带的条件。另外，存在较大面积的铁路下盖区域，此区域内天然采光条件较差，人工照明能耗较高。因此，建议尽量在不影响上盖装卸货作业的区域设置采光井用于自然采光。仓库屋面和运输通道周边区域可局部设置导光筒，利用高反射的光导管，将阳光从室外引进到仓库内和盖下采光条件差的区域。

采用自然采光的库内和局部办公区，设置光照传感器。室内照明根据照度传感器的检测值，控制灯具回路的开关，实现节约人工照明能耗的目的。

2. 自然通风

场地内建筑合理布局，竖向空间设置对流通道，充分利用自然通风，改善空气品质和室内环境。

3. 电动车充电桩

按照《深圳市新能源汽车充换电设施管理办法》要求各类建筑物停车场（库）及社会公共停车

场小汽车停车位的充电桩配置比例不应低于 30%，100% 预留充电桩建设安装条件。并且为电动车设置优先停车位标识。充电桩预留有可联网功能、国际通用充电插头。

4. 节水灌溉系统

本项目绿化浇灌均采用自动节水灌溉系统，使用最少的水量保证植物正常生长。节水灌溉形式有喷灌、微灌等方式。水源采用回用雨水。当采用再生水灌溉时，因水中微生物在空气中极易传播，应避免采用喷灌形式，建议选用微喷灌或滴灌形式，同时设置土壤湿度传感器或雨天自动关闭等节水控制方式。需要注意的是，绿化管道应采用防止误接、误用、误饮的措施，阀门及给水栓取水口应有明显的"非饮用水"标志，取水口应设带锁装置，工程验收时应逐段进行检查，防止误接。

5. 新风系统

物流建筑附属办公区通常采用分体空调，设计预留，空调由租户根据需求自行安装，且新风采用可开启外窗自然进风方式。设计满足规范要求，但实际使用中由于自然进风没有经过冷、热、过滤等处理，送风品质不能得到保证，而且二次装修产生内区后，内区房间新风量不能满足要求。本项目办公区全部设置机械式新风系统，新风设备采用全热交换器，新风设置有初效、中效两级过滤装置。新风经过与室内排风热交换，经过冷、热处理后送入室内，并结合天花布置在各区域设置送风口。

6. 雨水回收利用

本项目根据海绵需求设置了调蓄池收集雨水。雨水就近接入雨水收集检查井，雨水收集检查井通过雨水收集管道串联连接，并按照场地实际地形设置雨水收集管路和埋深，在雨水管网取水点接入模块蓄水池中，在水池前端设置雨水预处理系统，经弃流后雨水进入雨水蓄水池，后经地埋一体机雨水深度净化系统净化杀菌后储存于清水池中，作为绿化浇灌、道路冲洗、中水冲厕的主要水源，弃流雨水排入污水管道或下游雨水管道。

7. 能耗监控系统

园区采用综合能效管理系统，集园区的电力监控、电能质量分析与治理、电气安全预警、能耗分析、照明控制、新能源使用以及能源收费等功能于一体，通过一套系统对园区的能源进行统一监控、统一运维和调度，系统可以通过 WEB 和手机 APP 访问，并可以把数据分享给智慧园区平台，实现整个园区的智慧运行。

8. 分布式光伏 – 储能系统

2022 年 4 月 13 日，广东省人民政府办公厅印发《广东省能源发展"十四五"规划的通知》，规划指出，到 2025 年，建设发电侧、变电侧、用户侧及独立调频储能项目 200 万 kW 以上，力争到 2025 年电力需求侧响应能力达到最高负荷的 5% 左右。

项目采用"自发自用，余电上网"的模式，采用"多个发电单元结合，分散、集中并网相结合"的并网发电方案，为本项目提供工业用电。园区内光伏单元以 10kV 电压等级接入新建 10kV 预制舱开关站，以一回 10kV 线路接入园区新建高压配电室内，按需新增并网柜。设备布置于 10kV 预制舱开关站内。项目选用 540Wp 单晶硅光伏组件，逆变器选用 50kW 组串式逆变器。组件采用随坡平铺固定安装方式。

本工程设置光伏的屋面面积约为 137500m^2，光伏板有效安装面积约 11000m^2，拟装机容量（估算）11000kW（图 9）。光伏年发电量估计 1265 万 kWh/a，本项目供电系统设计年用电量估计 4608 万 kWh/a，光伏年发电量可贡献出建筑设计年用电量的 28%。

为积极响应国家号召，贯彻新发展理念、构建新发展格局，稳步实现碳达峰、碳中和目标，本项目力争构建清洁低碳、安全高效、智能创新物流园区，在地块南侧设置 22 个集装箱式液态储能电池，满足能源存储及有效利用的需求。

图 9　屋顶光伏示意图

5　结语

通过以上对平湖南综合物流枢纽项目的功能布局、交通组织、业态联动、消防疏散、结构体系、绿色技术等内容的介绍，展现出对铁路站场用地复合利用、立体开发模式的设计思考。作为首例在铁路货场上盖进行物流产业空间开发利用的项目，初次对土地综合利用及立体开发模式进行探索，期望将物流仓储和铁路运输进行高度融合化的设计理念得到推广和应用。

可以预见，在当下物流市场由量的积累到质的提升的关键节点，铁路站场和物流仓储的立体化、综合化的开发模式必将得到快速复制。然而，我们应该理性地认识到，在实际项目开发中必须因地制宜地结合项目客观条件进行规划设计：既要考虑具体的造价控制，也应前瞻性地预留适应同业态灵活需求的条件；不仅要从宏观布局方面作多方案对比，也应在具体技术措施的选用上审慎对待。只有如此，才能在土地资源日益紧缺的今天，打造出综合性强、复合程度高、公铁联运模式新的物流综合枢纽项目。

6

铁路上盖物流项目结构设计一体化可行性研究

王灵　杨进

摘　要：铁路上盖物流项目是 TOD 模式的一种创新，目前尚无相应的设计规范。本文以某铁路货场立体开发项目的课题研究为契机，探讨铁路上盖物流项目设计一体化的可行性，为后续实际项目落地提供相应的技术支撑，也为后续同类项目起到示范和引领作用。

关键词：TOD 模式　铁路上盖　设计一体化

1　铁路上盖开发项目的背景调研

1.1　TOD 模式的国内应用现状

TOD（Transit-Oriented-Development）模式是"以公共交通为导向"的开发模式，其中公共交通主要是指火车站、机场、地铁、轻轨等轨道交通及巴士干线。TOD 模式的主要方式是通过土地使用和交通政策来协调城市发展过程中产生的交通拥堵和用地不足的矛盾，TOD 模式是国际上具有代表性的城市社区开发模式。TOD 模式在国内的应用现状，现阶段主要以 TOD 模式结合城市轨道交通上盖开发为主，TOD 模式结合铁路上盖开发的项目很少。

在城市轨道交通上盖开发方面，现阶段已经有很多成功的案例。2020 年 2 月，自然资源部办公厅发布了《轨道交通地上地下空间综合开发利用节地模式推荐目录》，其中收录了北京市五路车辆段上盖综合利用、上海市莲花路地铁站复合利用、广州万胜广场地上地下空间综合开发、深圳市前海综合交通枢纽站城一体化开发、杭州市七堡车辆段上盖综合体、成都市崔家店停车场综合开发等 6 个城市轨道交通节地模式，是 TOD 模式结合轨道交通开发的成功案例，也给后续城市轨道交通开发起到了非常好的引领作用。

在铁路上盖开发方面，现阶段只有为数不多的少量案例。从开发物业类型看，铁路上盖开发项目大多以大型高铁站为契机，上盖开发的物业以办公、商业、住宅、配套文化教育为主，比较成功的项目案例有集合高铁地铁一体的上海虹桥站综合枢纽项目、杭州市艮山门动车运用所上盖项目综合立体开发项目、重庆市沙坪坝高铁车站 TOD 商业项目之龙湖光年项目、广州市白云区大朗客整所上盖综合开发等，也给后续铁路上盖开发起到了一定的引领作用。

但是，课题拟研究的深圳市某铁路货场立体开发暨铁路上盖物流项目，与常规的 TOD 模式结合铁路上盖的物业类型相比，有较大的差别。主要差异体现在该铁路上盖物流项目不但体量大（总建筑面积超过 80 万 m^2），而且场地覆盖率高（建筑密度超 75%），目前在国内乃至国际上均无先例可循。因此，拟通过课题研究来解决该铁路上盖物流项目开发的必要性、盖上结构与盖下结构设计一体化的可行性等问题，作为指导后续实际项目落地的技术支撑，具有很重要的现实意义。

1.2　铁路上盖开发项目的政策引导

从国家政策看，根据《国务院关于改革铁路投融资体制加快推进铁路建设的意见》（国发〔2013〕33 号）、《国务院办公厅关于支持铁路建设实施土地综合开发的意见》（国办发〔2014〕37 号）、《国务院关于印发打赢蓝天保卫战三年行动计划的通知》（国发〔2018〕22 号）等文件要求，坚持"多式衔接、立体开发、功能融合、节约集约"的原则，鼓励对铁路站场实施综合开发利用，优化调整运输结构，提升铁路货运比例，大力发展多式联运，依托铁路物流基地、公路港等，推进多式联运型货运枢纽（物流园区）建设。

从地方政策看，根据广东省人民政府办公厅印发的《关于支持铁路建设推进土地综合开发的若干政策措施》（粤府办〔2018〕36 号）及《深圳市国民经济和社会发展第十四个五年规划和二〇三五年远景目标的建议》等文件要求，站场土地开发规划应按照"一体设计、统一联建、立体开发、功能融合"的原则编制，促进场站及相关设施用地布局协调、地上地下空间充分利用、交通运输能力和城市综合服务能力大幅提高，形成铁路建设和城镇及相关产业发展的良性互动机制。要重点加强与沿线国家和地区在物流交通等领域的合作，深度参与"一带一路"建设，参与建设深圳中欧班列铁路货运大通道，打造粤港澳大湾区—中亚—东欧—西欧国际陆上物流新通道。

课题拟研究的深圳市某铁路货场立体开发暨铁路上盖物流项目，是企业积极响应国家及地方在铁路上盖开发方面的政策，充分解决深圳市物流用地紧张与物流发展需求矛盾的新时代产物。该铁路上盖物流项目建成后，将打造成全球首例"传统铁路货站上盖智慧物流园"，成为全国乃至亚洲单体规模最大的"公铁"多式联运中心，还可有效缓解深圳城市运行对高端物流基础设施的迫切需求，健全深圳多式联运体系，从而提升深圳市在"一带一路"中的重要城市地位和强化深圳转口贸易中心城市地位。

1.3　铁路上盖开发项目的规范背景

鉴于课题研究项目位于深圳市，相应的规范调研范围主要以国标、深圳地标为主。通过调研国内类似的铁路上盖项目、城市轨道交通上盖项目案例及规范体系背景，对现有这种项目的设计现状及规范体系有了初步的了解。针对城市轨道交通上盖项目的结构设计，现阶段已经有了比较成熟的规范体系——团标《城市轨道交通上盖结构设计标准》T/CECS 1035—2022 和深圳市地标《轨道交通车辆基地上盖建筑结构设计标准》SJG 121—2022。

但是，针对铁路上盖项目的设计，现阶段还没有成熟的规范体系来指导后续新建铁路上盖项目的结构设计。为了使后续该铁路上盖项目的结构设计做到有据可依，急需进行对应的课题研究，以便于将相应的课题研究成果直接用于指导该项目的方案设计、初步设计、施工图设计，这便是课题研究的主要目标。

2　盖上结构与盖下结构设计边界研究

2.1　盖上结构与盖下结构设计边界选取的必要性

　　课题拟研究的铁路上盖物流项目，整体上属于铁路上盖开发项目，但是由于用地属性及规划审批主管的部门不同，产权归属不同的产权单位，其中一层以下属铁路公司，二层以上属合资物流公司。从直观上来讲，就是以一层顶盖为界，可将该铁路上盖物流项目划分为盖下结构（一层顶盖及以下）和盖上结构（二层以上），对应的铁路上盖物流项目开发合作模式示意图见图1。

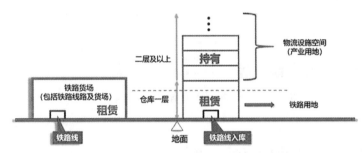

图 1　铁路上盖物流项目开发合作模式示意图

　　鉴于盖上结构和盖下结构的产权业主单位不同、使用功能不同、应遵循的设计规范不同、对设计单位的资质要求不同，所以对应该铁路上盖结构的盖上结构和盖下结构的设计单位的选择上，自然也是资质要求不同的两家单位。

　　但是，从结构设计技术层面分析，作为同一个结构单体，盖上结构和盖下结构必然是上下一体的，其中盖上结构的竖向构件的作用力势必会直接传至盖下结构最后再传到基础，所以盖上结构和盖下结构没办法进行简单的物理分割。为了使整个铁路上盖开发项目顺利落地，就势必会涉及盖上结构和盖下结构两家设计单位在设计分界面上如何合理划分、如何统筹协调一致报规报建报审的问题，因此合理选取铁路上盖结构的盖上结构与盖下结构的结构设计边界，是课题研究的第一步，也是非常重要和必要的一步。

2.2　盖上结构与盖下结构设计边界选取的可行性

　　结合建筑概念方案分析，针对该铁路上盖物流项目的主体仓库区域，地上五层，一层为架空区，二层及以上全部为仓库，总高度超过 50m，拟采用钢框架结构或钢支撑 – 框架结构；针对卸货平台区域，地上四层，一层为货运铁路线区域，二层及以上全部为运输通道，总高度小于 50m，拟采用钢筋混凝土框架结构（局部货运铁路线区域为大跨度）。

　　从结构设计技术层面来分析，作为同一个铁路上盖项目的结构单体，盖上结构和盖下结构的结构体系一致（均为框架或钢支撑 – 框架）、结构柱网一致（不存在结构转换等问题）、作为盖上结构和盖下结构功能分界面的一层顶盖即二层楼面，对应的结构柱、梁、板也是可以独立成一个完整的平面体系。所以，从结构设计的可行性出发，将一层顶盖即二层楼面处，作为两家设计单位的设计分界面，人为地将盖上结构与盖下结构分开，分别进行设计、审图、报规报建等工程程序，也是技术可行的。

2.3 盖上结构与盖下结构设计边界的选取位置建议

按照现有的建筑概念方案，对应的铁路上盖物流项目的盖上结构与盖下结构典型剖面示意图详见图 2。综上分析并参照《城市轨道交通上盖结构设计标准》T/CECS 1035—2022 中 2.1 条及条文说明，以一层铁路架空区的顶盖即二层楼面作为结构设计分界面，直接将该铁路上盖结构分成盖下结构和盖上结构，整体上是技术可行的。

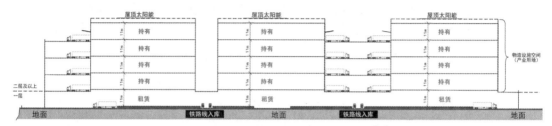

图 2　盖上结构与盖下结构典型剖面示意图

3 盖上结构与盖下结构的设计一体化

按课题研究任务书要求，本铁路上盖项目的盖上结构与盖下结构同期开发。因此，针对上下结构竖向构件相连的同一铁路上盖项目的结构单体，盖上结构与盖下结构宜一体化设计，核心就是对上下结构应进行整体建模分析，并宜进行施工模拟分析。在具体进行盖下结构与盖上结构的设计一体化过程中，主要考虑以下几个方面。

3.1 铁路上盖项目的主要设计参数的选用研究

由于现阶段还没有与铁路上盖建筑结构设计相对应的设计规范作为直接依据，后期在进行该铁路上盖物流项目的单体设计时，需同时遵循铁路房屋设计相关规范、物流建筑设计规范等分属不同体系的设计规范，结构审查也应同时满足不同主管部门的要求。

针对这种铁路上盖物流项目的结构设计工作年限，现阶段可以分别按各自对应的规范体系选取。鉴于二层及以上的仓库为普通房屋建筑，结构设计工作年限常规取 50 年，结构安全等级二级，抗震设防为标准设防类。但是，一层顶盖及以下属于铁路房屋建筑，需根据下部不同房屋的实际功能及重要性程度，按需选用 50 年或 100 年的结构设计工作年限，对应的抗震设防类别、结构安全等级等需按对应的结构设计工作年限分别选用。

3.2 铁路上盖项目的结构设计统一技术措施的研究

本课题研究在结构设计统一技术措施方面，主要就是针对盖上结构和盖下结构选用的不同的规范体系进行梳理、比较、归纳，找到差异点及共同点，总结出一套适用于后续该铁路上盖项目的统一技术措施，将结构设计涉及的主要设计参数，给出明确的选取建议；在不同规范体系对同一个设计问题存在不一致的解释的情况时，应优先进行包络设计。

3.3 铁路上盖项目的不同设计单位的协调配合

要保证该铁路上盖物流项目的设计一体化得以有序实施，盖上结构和盖下结构的不同设计单位在条件互提与信息共享、设计图纸的界面划分上要尽早介入，互相协作。其中针对竖向构件在盖上结构与盖下结构分界面的主要节点详图，要协调一致，包络设计，一次到位。

结合本课题研究中的铁路上盖物流项目的实际情况，一层架空区对主体结构影响有限，从结构设计和结构计算而言，盖上结构与盖下结构设计一体化以盖上结构设计单位为主、盖下结构设计单位为辅比较合理，也是切实可行的。具体到如何操作上，可参照人防设计的配合经验，盖上结构设计单位的结构专业将盖上结构与盖下结构进行一体化建模和设计，重点注意荷载取值及设计参数等务必包络设计；同时盖下结构设计单位的结构专业参与盖下部分的结构审核工作；最终结构施工图纸是同一套图，这样才能将盖上结构与盖下结构设计一体化真正落地。

4 结语

通过该铁路上盖物流项目的课题研究及研究成果整理，主要结论如下：

首先，虽然该铁路上盖物流项目的盖上结构和盖下结构具有用地属性、审批主管部门、产权属性、使用功能等均不同的客观条件，选取盖下一层顶盖作为盖上结构与盖下结构设计的分界面，是非常重要和必要的一步；但是，由于该铁路上盖物流项目的盖上结构和盖下结构也具有结构体系、结构柱网等均相同的客观条件，且一层顶盖即二层楼面的平面梁板体系完整，所以客观上要将该铁路上盖物流项目的盖上结构和盖下结构进行分开设计、报规、报建、报审，在技术上是可行的。

其次，针对该铁路上盖物流项目的盖上结构和盖下结构具有同期开发、同期建设的客观有利条件，该铁路上盖物流项目按盖上结构与盖下结构设计一体化考虑，在技术上是完全可行的。具体到盖上结构与盖下结构设计一体化的实施上，则主要从结构设计参数选用按盖上结构与盖下结构包络选取、结构计算按盖上结构与盖下结构整体建模分析、结构设计及盖上结构与盖下结构分界面的节点处理按包络设计、盖上结构与盖下结构的不同设计单位之间信息共享等几方面去逐步落实到位。

再有，针对铁路上盖物流项目的落地及施工，也应优先按盖上结构与盖下结构施工一体化推进，最终形成铁路上盖物流项目的盖上结构与盖下结构的一体化设计建造新模式。

综上所述，铁路上盖物流项目是 TOD 模式的一种创新，目前尚无相应的设计规范。通过课题研究来探讨铁路上盖物流项目开发的必要性、可行性，相关研究成果直接作为实际项目落地的技术支撑，具有非常重要的现实意义，也可以给后续同类项目的开发起到一定的示范和引领作用。

参考文献

[1] 中国工程建设标准化协会. 城市轨道交通上盖结构设计标准：T/CECS 1035—2022[S]. 北京：中国建筑工业出版社，2022.

[2] 深圳市住房和建设局. 轨道交通车辆基地上盖建筑结构设计标准：SJG 121—2022[J/OL].（2022-07-08）[2023-07-25].http://zjj.sz.gov.cn/ztfw/jzjn/gfgl/content/post_9944629.html.

7

◇ **铁路上盖物流项目水消防灭火系统简介**

郑代俊

摘　要：笔者参与设计的深圳某地区铁路上盖物流项目，为目前国内第一个铁路上盖物流项目，水消防灭火系统是一个新的课题，无资料供参考。通过调研、研讨会、论证会等多种课题研究的方式，依据现行的设计规范，分析得出了铁路上盖物流项目水消防灭火系统的设计要点和设计方法，解决了铁路上盖物流项目水消防灭火系统的设计问题，并提出设计优化方案。

关键词：铁路上盖物流项目　水消防灭火系统　课题研究　设计优化

1　综述

城市建设用地越来越少，利用存量建设用地进行开发建设，对铁路站场及毗邻地区特定范围内的土地实施综合开发利用，在建设用地的地上、地表和地下分别设立使用权，对铁路站场用地进行立体开发，实现"铁路用地 + 产业用地"的有机融合，这也为国家现行的政策所鼓励。笔者参与的深圳某地区铁路上盖物流项目，是目前国内第一个铁路上盖物流项目，和常规项目相比，本项目的第一个差异点为：一层铁路部分及场地产权属于铁路部门，以下简称盖下；二层及以上部分为开发企业所有，以下简称盖上，一层顶设有的混凝土大平台作为 2 个不同产权部门的分隔面。

2　项目概况

该上盖物流项目由 8 栋高层存储型物流仓库和 3 栋高层冷库组成，共 11 栋高层物流建筑；盖下是铁路线及铁路站场。盖上为 4 层，层高均为 11m，盖上高度 47m（盖上一层平台至屋顶女儿墙高度），剖面示意图详见图 1。

和常规项目相比第二个差异点为：铁路给水排水管道为独立于市政管网以外的系统，自成一体，有自己的特殊要求和规定。鉴于本项目盖上、盖下产权、接管、运营使用单位不同，为便于明确后期的责任，借鉴类似铁路开发项目的成果，盖上、盖下给水排水和水消防灭火系统分别独立设

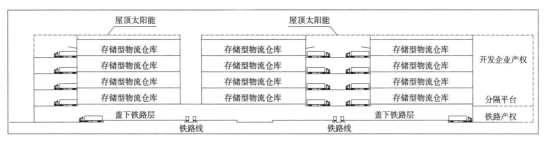

图 1 铁路上盖物流项目剖面示意图

置。不同系统之间设有信息互联，系统主要设备的运行状态显示和重要消防设备的控制均可在同一值班室实现，这也是本项目设计的一个要点。

3 水消防灭火系统

一层建筑的功能定性为铁路场站，按照单层作业型物流建筑设计，根据《物流建筑设计规范》GB 51157—2016 中 15.1.1.1 条的规定，作业型物流建筑应执行有关厂房的规定；二层及以上部分建筑按照物流设计，一层顶的混凝土大平台也是防火分隔面，这也是本项目设计的一个要点。

消防设计是本项目的重点，在设计前，我们进行了很长时间的设计课题研究，包括组织多个类似项目调研（含文献调研、市场调研），参与相关管理部门座谈会、研讨会，召开工程建设领域专家论证会，以及计算机仿真模拟等。最终得出如下结论：本项目的水消防灭火系统，通过采用下文所述的消防设施，可以满足现有的防火设计规范要求。

3.1 消防水源和消防水池（箱）

本项目红线范围周边暂无市政供水管道，根据和当地管理部门沟通，市政管道可在项目建设期内配套进入园区，按照 1 路市政供水考虑，消防系统采用消防水池供水。

消防水池有效容积为 1746m³，采用 2 座，可独立使用；最高建筑物屋顶露天设置 18m³ 消防水箱。

建议：消防水池采用成品、现场焊制，有安装快速、造价节省、漏水容易检修，同时因为消防水池是成品，可不计入建筑面积等优点。消防水池可设于汽车坡道、绿化带等处，详见图 2。

图 2 消防水池参考图

3.2 消防用水量和同一时间火灾次数

消防用水量，详见表 1。

消防用水量表　　　　　　　　　　　　　　　　　　　表1

用水类别及火灾延续时间	物流建筑	水源
室外消火栓	2×45L/s（3h）	消防水池
室内消火栓	40L/s（3h）	消防水池
自动喷水灭火系统	95L/s（1h）	消防水池
消防储水合计	1746m³	1746m³

根据《消防给水及消火栓系统技术规范》GB 50974—2014（以下简称《消规》）中3.2.2条的规定，上盖物流项目水消防灭火系统统一设计，同一时间火灾次数为1次。

本项目体量大，根据《消规》中3.3.2.4条的规定，室外消火栓设计流量，按照最大单体建筑的设计流量增加一倍，和常规项目相比，这也是个差异点。

3.3　加压系统

室内消火栓系统、室外消火栓系统、自动喷水灭火系统均采用湿式，为临时高压给水系统，消防泵从消防水池自灌式吸水。盖上消防泵房设有喷淋主泵3台，2用1备；室内消火栓主泵、室外消火栓主泵各2台，1用1备；室内消火栓、室外消火栓、自动喷水灭火稳压设备各1套。

在平时：消防各系统由稳压设备，通过压力开关自动控制，维持管网压力。发生事故时：消防主泵由屋顶消防水箱出水管上的流量开关、泵房出水管上（或报警阀处）的压力开关启动，为自动控制系统。另外在泵房、消防控制中心内设手动开启和停泵控制装置，消防给水备用泵在工作泵发生故障时自动投入工作。

室外消火栓加压及管网系统设置有些争议，根据《消规》中6.1.6条的规定，室内、外消火栓加压供水系统合用，具有经济、维护简单等优点。但根据以往经验，一些审图专家担心合用系统水压高，消防车使用时，由于吸水管压力过大而出问题。

本项目的特点为高层建筑群，体量大，为安全计，建议室内、外消火栓加压供水系统各自独立，也便于维护、管理。

3.4　室外管网及室外消火栓

3.4.1　室外管网

本项目消防水池和泵房设于汽车坡道一层下方，泵房出来的消防加压环网均设置立管至二层顶，沿楼层货物运输通道平台吊挂，呈环状布置，并就近接至各单体，均明敷，也便于平时维护、检修、防漏水，详见图3。

3.4.2　楼层货物运输通道、卸货平台室外消火栓

盖上建筑的消防车道、消防登高操作场地等设于盖上一层，同时，消防车通过楼层货物运输通道到达各楼层，楼层货物运输通道兼有消防

图3　楼层货物运输通道平台吊挂管道参考图

救援作用。靠叉车坡道或柱边（不影响汽车装卸货和汽车通行）设置室外消火栓，并设置防撞柱保护，详见图4。和常规项目相比，这也是个差异点。

室外消火栓沿消防车道设置，最大间距120m，距离水泵接合器15~40m范围内设有室外消火栓。室外消火栓采用地上式，距路边大于0.5m，小于2.0m，距建筑外墙或外墙边缘大于5.0m；每个消火栓处设永久性明显指示标志。

图4 卸货平台室外消火栓参考图

3.5 室内消火栓

建筑室内、屋顶停车区域均设置室内消火栓保护，消火栓箱均匀设置，设计间距不大于30m，且保证每个防火分区的同层任何部位满足两股水柱同时到达的要求。消火栓箱均沿墙、靠柱，不影响货架的布置。室内消火栓箱采用组合式箱体，箱内配置喷嘴口径为19mm的水枪和长度为25m、直径为65mm的衬胶水带、消防报警按钮一个及消防软管卷盘一套，箱体下部设置磷酸铵盐手提式灭火器。

3.6 自动喷水灭火系统

3.6.1 设计参数

自动喷水灭火系统设计参数详见表2。

自动喷水灭火系统设计参数表　　　　　　　　表2

设置场所	火灾危险等级	喷水强度	作用面积	系统流量	喷头形式
物流仓储区	仓库危险级Ⅱ级	喷头最低工作压力0.5MPa	12个喷头开放区域内	95L/s	ESFR早期抑制快速响应喷头，K202
楼层货物运输通道	厂房高大空间场所	15L/（min·m²）	160m²	45L/s	ZSTZ，K115
物流分拣区	中危险级Ⅱ级	8L/（min·m²）	160m²	30L/s	ZSTX，K80

3.6.2 物流仓储区

物流建筑室内最大净高不超过12.0m，仓储区储货形式为单、双排货架及少量临时堆垛，货架应采用钢制货架，并应采用通透层板，层板中通透部分的面积均不小于层板总面积的50%；物流建筑最大设计储物高度为9.0m，储存货品主要为木材、纸、皮革、谷物及制品、棉毛麻丝化纤及制品、家用电器、电缆、B组塑料与橡胶及其制品、钢塑混合材料制品、各种塑料盒包装的不燃物品及各类物品的混杂储存。

自动喷水灭火系统按仓库危险级Ⅱ级设计，为湿式系统，顶板下设计K=202的ESFR下垂型早期抑制快速响应喷头（68℃），喷头工作压力0.5MPa，火灾时设计开放喷头数为12个，持续喷水时间为1h，系统设计流量为95L/s。

3.6.3 物流分拣区

物流建筑内分拣区域，最大层高为4.5m，室内堆垛最高为3.0m，喷淋按中危险级Ⅱ级设计，为湿式系统，采用K=80的下垂型洒水喷头（68℃），喷头工作压力为0.1MPa，设计喷水强度为8L/（min·m²），设计作用面积为160m²，系统设计流量为30L/s，持续喷水时间为1h。

3.6.4 楼层货物运输通道

楼层货物运输通道内，喷淋按照厂房高大空间场所设计，为湿式系统，根据场所的实际使用性质，选用合适的设计等级，节省造价，这也是本项目设计的一个要点。采用K=115直立型洒水喷头（68℃），喷头工作压力为0.1MPa，设计喷水强度为15L/（min·m²），设计作用面积为160m²，系统设计流量为45L/s，持续喷水时间为1h。

3.6.5 供水管网

报警阀前供水管网为环状管网，报警阀采用双向供水，每个报警阀后的喷头数量均不大于800个。

为避免管网压力过大，分拣区等场所各层喷淋配水管起点压力超过0.4MPa时设置减压孔板减压。报警阀前设置减压阀减压。

建筑的每层、每个防火分区均设置信号阀门、水流指示器、试水阀门、压力表、末端试水装置等，系统最高点设置自动排气阀。

3.7 冷库水消防

3.7.1 冷库室内消火栓

根据《冷库设计标准》GB 50072—2021（以下简称《冷标》）中8.4.3条的规定，室内消火栓仅设置在穿堂或楼梯间内。

3.7.2 冷藏间自动喷水灭火系统

根据《冷标》中8.4.6.1条的规定，冷藏间内温度低于0℃时，不设置消火栓、自动喷水灭火系统。

3.7.3 穿堂自动喷水灭火系统

喷淋按中危险级Ⅱ级设计，为预作用系统，采用K=80的干式下垂型洒水喷头（68℃），喷头工作压力为0.1MPa，设计喷水强度为8L/（min·m²），设计作用面积为160m²，系统设计流量为30L/s，持续喷水时间为1h，详见图5。

图5 穿堂水消防参考图

4 设计优化

本项目建筑面积大，设计优化能够显现可观的经济价值，为此我们做了以下几个方面的设计优化。

4.1 喷淋配水支管穿梁

喷淋配水支管穿梁优化对比详见表3。

<table>
<tr><td colspan="3">喷淋配水支管穿梁优化对比表</td><td>表 3</td></tr>
<tr><td>安装方式</td><td colspan="2">喷淋配水支管穿梁安装</td><td>喷淋配水支管梁下安装</td></tr>
<tr><td>优点</td><td colspan="2">设置穿梁套管，喷淋配水支管穿套管设置，套管处可作为1个支架，节省管道和配件，不需设抗震支吊架</td><td>前期安装期间，钢结构和喷淋安装配合少，后期如果检修也方便</td></tr>
<tr><td>缺点</td><td colspan="2">前期安装需要预留套管</td><td>费工、费材料，每根配水支管还需设置抗震支吊架，造价高</td></tr>
<tr><td>节省材料对比</td><td colspan="2">对于穿梁安装，物流建筑（除顶层）每个喷头处可节省 DN50 的热镀锌钢管，约 1.0m+2 个配件</td><td></td></tr>
<tr><td>造价对比</td><td colspan="2">对于穿梁安装，每个喷头节省管道和配件价格，约为 56 元，而每个喷头最大保护面积为 9m²，经估算：对于物流项目来说，仅此一项，对于喷淋系统，相当于每平方米被保护区域的建筑面积约节省 6.2 元 /m²</td><td></td></tr>
</table>

注：根据《建筑机电工程抗震设计规范》GB 50981—2014 中 3.1.6 条的规定，穿梁喷淋配水支管不设抗震支吊架。

4.2 报警阀间位置

喷淋供水系统在二层顶板下吊挂，呈环网布置。供水总管在二层环网前设置减压阀减压，保证报警阀处工作压力不大于1.20MPa，降低配水管工作压力，减少物流建筑内管道漏水概率。报警阀间位置结合总体系统布局，采用相对集中的方法设置，即：物流建筑每相邻2个防火分区共用1个报警阀间，管道就近接，这样管道总长最短，系统最为简洁，造价最省，管道系统的水力性能也最好。

4.3 水泵接合器

针对本项目二层设有消防登高面的特点，盖下和盖上一层均设有水泵接合器，水泵接合器均匀设置，相邻楼栋考虑共用，保证了消防安全，也节省了造价。

4.4 场地排水永临结合

本项目施工有场地临时排水、水质保障的要求。设计时把排水管道系统、海绵城市设施、场地临时排水管道、水质保障设施等相结合，做到了场地排水永临结合，即：施工临时排水管道、蓄水池、水质处理水池等能为后期项目建成所使用，避免了重复投资，节省了造价。

5 结语

铁路上盖物流项目是新型的建筑方式，消防设计是个重点，目前尚无资料供参考。本文介绍了水消防灭火系统的设计要点、方法、优化方案，解决了水消防灭火系统的设计问题。文中多有不足，敬请指正。

参考文献

[1] 中华人民共和国住房和城乡建设部.建筑设计防火规范：GB 50016—2014（2018 年版）[S]. 北京：中国计划出版社，2014.

[2] 中华人民共和国住房和城乡建设部.自动喷水灭火系统设计规范：GB 50084—2017[S]. 北京：中国计划出版社，2017.

[3] 中华人民共和国住房和城乡建设部.消防给水及消火栓系统技术规范：GB 50974—2014[S]. 北京：中国计划出版社，2014.

[4] 中华人民共和国住房和城乡建设部.物流建筑设计规范：GB 51157—2016[S]. 北京：中国建筑工业出版社，2016.

[5] 中华人民共和国住房和城乡建设部.冷库设计标准：GB 50072—2021[S]. 北京：中国计划出版社，2021.

四

绿色低碳设计

- 物流建筑绿色评价标准的"碳"思考
- ESG 指引下的物流建筑业思考
- 物流建筑低碳绿色发展概况
- 物流建筑光伏设计分析
- 物流建筑光伏发电设计浅谈
- 物流园区海绵城市设计核心技术及路线分析
- 储能系统在物流建筑中的应用和展望
- 智慧物流园区设计

1

◇ **物流建筑绿色评价标准的"碳"思考**

廖琳　张改景　韩继红

摘　要： 本文根据物流建筑特点提出了该类建筑碳减排技术路径，总结分析了相关绿色评价标准中与"碳"相关的主要内容，为物流建筑的绿色低碳发展提供方向和借鉴。

关键词： 物流建筑　绿色评价标准　碳

1　引言

自 1998 年国内首个物流园区动工以来，各发达地区和省份陆续开始建设物流建筑以支撑物流产业的发展。近年来随着人民生活需求的上升和电商的发展，作为物流生产的主要场所，物流建筑及物流园区建设迎来了高速发展期，冷库等新型物流建筑不断出现，综合服务型等各功能类型物流园区也层出不穷。《"十四五"现代流通体系建设规划》《"十四五"冷链物流发展规划》等政策提出到 2025 年布局建设 100 个左右国家骨干冷链物流地，打造"三级节点，两大系统，一体化网络"的冷链物流运行体系。

与此同时，我国高度重视生态文明建设，先后出台了一系列重要决策部署推动绿色发展。2021 年 12 月，国务院印发的《"十四五"节能减排综合工作方案》中要求"加快绿色仓储建设，鼓励建设绿色物流园区。"党的二十大报告提出"完善支持绿色发展的财税、金融、投资、价格政策和标准体系，发展绿色低碳产业，健全资源环境要素市场化配置体系，加快节能降碳先进技术研发和推广应用，倡导绿色消费，推动形成绿色低碳的生产方式和生活方式"。作为连接建筑产业和现代物流产业的重要载体，物流建筑正在面临绿色低碳发展的机遇和挑战。

2　物流建筑碳减排技术方向

2.1　建筑碳减排技术路径

建筑领域的能源消耗是造成温室气体排放的重要因素之一。建筑能耗形成机理复杂，影响因素众多，国内外学者研究总结的建筑碳减排技术路径主要归结为"三提升"和"一替代"：

1）提升围护结构性能，采用被动式设计方法降低建筑的供暖空调能量需求，包括优秀的建筑设计、自然通风、非透明围护结构（外墙、屋面）的热工性能、透光围护结构（外窗、幕墙）的热工性能及光学性能、遮阳装置等。

2）提升建筑能源系统的能效，包括提高新风热回收效率、提升输配系统设备（水泵、风机等）的效率、提升建筑冷热源（锅炉、冷水机组等）系统的能效来降低建筑物的能源消耗。

3）提升建筑运行智能化水平，通过智慧化手段及时跟踪建筑物的运行状态，提高内部运转效率，降低能源资源消耗，强化管理效能。

4）使用太阳能光电、光热利用、风力发电及生物质能等可再生能源系统替代建筑能源消耗。增加建筑中可再生能源利用，不仅可以满足日益增长的建筑能源需求，还可以减少常规能源消耗带来的燃料成本和环境污染。

虽然各建筑类型的碳减排技术路径具有一定的共性，但是不同建筑类型的技术实施策略却存在差异，因此，结合物流建筑的特点制定具有针对性和可行性的碳减排技术策略，对于引导物流建筑绿色低碳发展意义重大。

2.2 物流建筑碳减排技术策略

作为一种特殊的工业建筑，物流建筑与其他类型公共建筑以及常见民用建筑有着明显的区别，其主要特点对比分析如表 1 所示。

物流建筑对比分析特点 表 1

分析类别	物流建筑	其他工业建筑	常见民用建筑
使用对象	货品为主，少量设备和人员	生产设备为主，一定量的货物和人员	人员为主，少量设备及物品
规划布局	通常紧邻交通枢纽，占地面积通常小于 1km²，仓储空间占比多，通常配有少量办公空间和生活区，绿化较少	不同工厂的交通配套和用地规模差异性较大，多为大面积生产车间 + 多个独立配套楼栋，绿化较少	公共建筑和住宅建筑等不同类型布局差异较大，通常配有一定量的绿化
建筑本体	形体较规整，钢结构较多，屋顶面积较大，建筑本体的节能要求相对不高	形体较规整，生产空间屋顶面积较大，建筑本体的节能要求相对不高	类型多样，造型各异，建筑本体的节能要求相对较高
室内环境	标准库、定制库、冷库、恒温恒湿库等不同类型的物流建筑要求不同	通常与生产工艺相结合，不同功能空间的室内环境要求不同	从人的需求和感知出发，声、光、热、空气质量有不同的标准要求
资源利用	建筑本体带来能耗、水耗和材料资源消耗较少，除了内外部交通运输，生产工艺带来的资源消耗较少	建筑本体带来的资源消耗较少，生产工艺及配套运输带来的资源消耗较多	主要为建筑本体及使用者带来的资源消耗，无生产工艺资源消耗

从碳减排的视角分析，物流建筑规划布局将直接影响其交通碳排放和碳汇，建筑本体设计和室内环境要求与建筑碳排放间接相关，而能耗、水耗、材料等资源消耗与建筑碳排放直接相关，但物流建筑的智能化需求相对较弱。因此物流建筑的碳减排技术策略应在满足室外高效和室内健康的前提下，重点围绕"优化建筑本体设计、提升资源利用效率、增加可再生能源利用"展开。

3 现有绿色评价标准中与碳相关内容

　　绿色物流建筑是节约资源、保护环境和减少污染，提供适用、便捷、高效和健康的使用空间，与自然和谐共生的高质量物流建筑，国内外针对绿色物流建筑的相关评价标准汇总如表 2 所示。

与物流建筑相关的绿色评价标准		表 2
类别	规范名称	
相关国际标准	・美国 LEED BD+C（适用于制造、仓储、物流中心等） ・英国 BREEAM New Construction ・日本 CASBEE（适用于物流建筑等）	
相关国内标准	・《绿色工业建筑评价标准》GB/T 50878—2013 ・上海市《绿色建筑评价标准》DG/TJ 08-2090—2020 ・《绿色仓库要求与评价》SB/T 11164—2016 ・《绿色通用厂房（库）评价标准》DG/TJ 08-2337—2020	

　　笔者团队 2014 年即开始进行物流建筑绿色评价指标体系研究，2020 年主编发布了国内首部针对物流建筑的地方工程建设规范"上海市《绿色通用厂房（库）评价标准》DG/TJ 08-2337—2020"（图 1），该标准在充分总结调研情况、借鉴前期评价细则研究成果的基础上，遵循"体现特色内容、兼顾发展方向"的编制原则，评价指标的选取体现物流建筑区别于普通民用建筑和工业建筑的特色，同时兼顾多样化、智能化等物流建筑发展的新方向和新要求，注重评价指标的科学性和适用性，标准针对不同建设阶段提出了针对性的评价要求，注重可操作性。

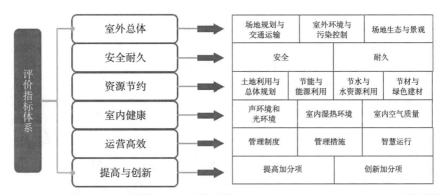

图 1　上海市《绿色通用厂房（库）评价标准》DG/TJ 08-2337—2020 绿色评价指标体系

　　下面以该标准为例，围绕"优化建筑本体设计、提升资源利用效率、增加可再生能源利用"三大物流建筑碳减排技术策略，剖析物流建筑绿色评价相关标准中与碳减排密切相关的主要内容。

　　1）优化建筑本体设计

　　（1）突显上海需求及地域气候特征，遵循被动设计优先和主动优化原则，要求总平面布局有利于自然通风，且避免布局不当而引起的污染；强化了天然采光及自然通风需求，明确了物流建筑常见的采光方式及布置要求（图 2）。

图2　设置采光天窗、侧窗及导光管降低照明能耗及碳排放

（2）兼顾环境定量目标与技术措施，在采光系数、遮阳比例等方面提出定量化且有梯度的评价指标。

（3）提出物流建筑提前考虑货架设置、车行流线，结合实际使用功能进行一体化设计及优化要求。

（4）在室内安全防护方面，增加保障建筑墙柱安全的防撞措施，考虑设备和管道的严密防腐，提升建筑耐久性和部件的使用寿命。

2）提升资源利用效率

（1）考虑物流建筑与工业建筑和民用建筑的差异性，针对性地提出采用单位容积能耗指标作为能源消耗控制指标。

（2）考虑设置供暖、空调的物流建筑和不设置供暖、空调的物流建筑的不同情况和评价需求，分别提出具体节能评价要求，引导电扇、喷雾等局部降温措施的使用，降低能耗及碳排放（图3）。

图3　使用电扇、喷雾等局部降温措施减少能耗及碳排放

（3）以"年径流总量控制率""年径流污染控制率"为指标，并基于上位总体规划和海绵城市规划指标要求，引导选择适宜的雨水措施优化场地生态，并针对物流建筑配套办公空间提出了节水器具要求，降低水耗。

（4）提出建筑与工艺设备一体化设计要求，要求标准厂房在设计阶段对工艺、建筑、结构、设备进行统筹考虑。

（5）鼓励建筑进行结构体系节材优化，大量使用装配式结构和部品部件，节省材料用量，提升材料使用效率，降低建材隐含碳。

3）增加可再生能源利用

（1）考虑到物流建筑大屋面的建筑特点以及用能特征，在可再生能源方面重点引导在屋面大量设置太阳能光伏发电（图4）。

（2）除了评分项的引导，在创新项中提出采用出租屋面、合同能源管理的模式或发电上网，要求太阳能光伏板面积占屋顶可使用面积的比例大于90%，加大了对光伏发电的引导力度。

图4　物流建筑屋面大量光伏系统应用减少碳排放

除了上述与碳减排直接相关的内容，该标准在"室外总体"章节重点对项目选址、物流运输、场地交通组织进行评价，将货运运输与员工交通并重考虑；强化了场地生态与景观，在绿地率相比普通民用建筑略低的情况下，引导设置沿口绿化增加碳汇；提出物流建筑区别于常规民用建筑和工业建筑的能耗管理和水耗管理系统要求；强化了智慧运行要求，提出设备自动监控系统、通信网络系统、安防系统、物业信息化管理的适用性要求，并在创新项中提出了对自动立体货架、储能设施的引导（图5）。

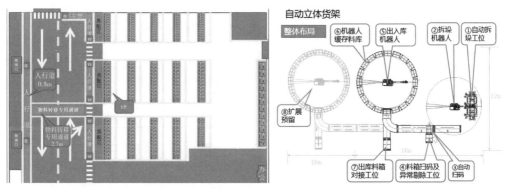

图5　库内人与叉车分流提升货运效率、设置自动立体货架减少物流作业期间碳排放

4　结语与思考

工程建设标准对我国工程项目建设具有较强的约束和引导作用，通过工程建设标准引领建筑行业高质量碳达峰和提前碳中和，是落实"双碳"目标的重要举措之一。随着评价标准的实施和不断完善，未来将更加强化碳减排指标，正在修订的国家标准《绿色工业建筑评价标准》GB/T 50878将进一步明确定量指标。

根据《第六次全国物流园区（基地）调查报告（2022）》统计分析，"十四五"期间，八成以上物流园区建设规模将保持近几年的平稳增长态势，65.6%的园区将新建仓储配送设施，物流建筑将在发展综合性能、提高服务效能、融合各类产业等方面进行拓展，物流建筑的绿色低碳发展必将迎来不小的机遇和挑战。

住房和城乡建设部和国家发展改革委于 2022 年 6 月 30 日发布的《城乡建设领域碳达峰实施方案》（建标〔2022〕53 号）要求"推进建筑太阳能光伏一体化建设，到 2025 年新建公共机构建筑、新建厂房屋顶光伏覆盖率力争达到 50%。"在未来几年，推广光伏发电与建筑一体化是城乡建设领域的重点工作。物流建筑为光伏发电提供了很好的实践舞台，势必会涌现不少结合储能以及新型供配电方式的典型项目，但物流建筑的碳减排工作不仅仅局限于太阳能光伏利用，相信在相关标准规范的完善及引导下，在从业人员的不断努力下，绿色物流建筑将为我国碳达峰碳中和目标的实现发挥自身的积极作用。

参考文献

[1] 徐伟，倪江波，孙德宇，等. 我国建筑碳达峰与碳中和目标分解与路径辨析 [J]. 建筑科学，2021，10：1-8.

[2] 徐伟. 建筑领域落实"双碳"目标技术路径比对研究 [J]. 建筑，2022，14：57-58.

[3] 颜骅，孙峰，余露，张倩蓉. 当物流遇到建筑学 [J]. 建筑技艺，2015，12：123-125.

[4] 林波荣."双碳"目标下的我国建筑工程标准发展建议 [J]. 工程建设标准化，2022，2：28-29.

[5] 中国物流与采购联合会，中国物流学会. 第六次全国物流园区（基地）调查报告（2022）[EB/OL].（2023-03-11）[2023-07-09]. https：//finance.sina.com.cn/tech/roll/2023-03-11/doc-imykpeap2499418.shtml.

2

◇ **ESG 指引下的物流建筑业思考**

摘 要：ESG（Environmental，Social，and Governance）是一套关于公司运作方式的标准，它从环境、社会和公司治理三个维度评估企业经营的可持续性和对社会价值观念的影响。本文在国家碳中和的背景下，分析了 ESG 对于项目开发、建设、运营各阶段所产生的影响，得出了 ESG 在物流建筑低碳绿色发展过程中起到了重要的助推作用的结论。

关键词：ESG 物流建筑

1 前言

随着全球社会对可持续发展的关注日益增加，ESG（Environmental，Social，and Governance）成为一个备受关注的话题。ESG 从环境、社会和公司治理三个维度评估企业经营的可持续性和对社会价值观念的影响。在建筑行业中，ESG 的重要性日益凸显。由于企业自身的 ESG 需求，在项目投资、开发、运营的各个阶段，ESG 都作为一个重要的指挥棒，促使建筑在低碳绿色和可持续发展方面都需要有卓有成效的成果。

在 ESG 的加持下，我们看到，越来越多的物流建筑项目都朝着低碳化的路径在前行。建筑业作为世界上最大的碳排放领域之一，产生全球 39% 的碳排放，并占用 32% 的自然资源消耗。在国家"3060 碳达峰碳中和"的背景下，建筑行业在低碳方面仍有很大的提升空间。对于物流建筑来说，也具有其自身独有的特点，通常占地面积大、绿地率比较低。当然，物流建筑实施低碳乃至零碳方面也有独特的优势，那就是屋面面积较大，有较大的光伏板布置场所。由于用电负荷本身较低，借助于光伏发电甚至可以做到"零碳"建筑。可以说，未来物流建筑一定是建筑碳中和的桥头兵。

物流建筑（大型物流库）设计新视角

2 ESG 与建筑行业的关系

2.1 什么是 ESG

ESG（Environmental, Social, and Governance）是一套关于公司运作方式的标准。它从环境、社会和公司治理三个维度评估企业经营的可持续性与对社会价值观念的影响。

环境（Environmental）：关注企业的环境影响和可持续资源管理。这包括企业的碳排放、能源使用效率、水资源管理、废物管理、生态保护等方面。

社会（Social）：关注企业与员工、客户、供应商、社区和其他利益相关方的关系。这包括劳工权益、人权、员工福利、社区参与、消费者保护、多样性和包容性等方面。

公司治理（Governance）：关注企业的决策制定、公司治理结构和运作方式。这包括董事会结构、股东权益保护、透明度和道德规范、风险管理等方面。

2.2 ESG 的益处

提升 ESG 管理水平对企业而言具有许多益处，可分为以下几个方面：

危机应对能力：通过提升 ESG 管理水平，企业能够更好地应对危机和挑战。良好的 ESG 表现意味着企业更早地发现并解决潜在的环境、社会和治理问题，从而减少了可能导致声誉受损、法律诉讼或监管处罚的风险。

风险管理：ESG 管理有助于企业更全面地识别和管理风险。通过对供应链的监督、产品质量控制和合规管理，企业能够减少产品质量安全问题、环境违规和劳工纠纷等方面的风险。

资本市场认可：ESG 投资与发展理念在国内外金融机构和企业中得到越来越多的认可和追捧。许多投资者越来越重视 ESG 因素，并将其纳入投资决策的考量范围。通过提升 ESG 管理水平，企业能够吸引更多 ESG 投资，提高企业的市场竞争力和可持续发展能力。

品牌价值与声誉：良好的 ESG 表现能够提升企业的品牌价值和声誉。在消费者越来越关注企业的社会责任和可持续性的背景下，通过遵循环境友好的做法、推动社会公正和关注利益相关方的权益，企业能够赢得消费者的青睐和忠诚度。

创新与效率提升：ESG 管理推动企业实施可持续发展的创新和效率提升措施。通过采用更环保的技术和工艺、优化资源利用、降低能源消耗和碳足迹，企业能够降低成本并提升运营效率。

总的来说，提升 ESG 管理水平对企业而言不仅是履行社会责任的要求，更是一种商业智慧。良好的 ESG 表现可以降低风险、提高品牌价值、吸引投资和创造长期价值，为企业的可持续发展和竞争力提供支持。

2.3 ESG 对项目投资开发的影响

从投资的角度，ESG 合规项目在市场上具有更高的竞争力。越来越多的投资者和资金机构倾向于选择符合 ESG 标准的投资项目，将 ESG 因素纳入投资决策的考量范围。因此，ESG 加持的项目更有可能吸引到资金和投资者的青睐，增加融资渠道和市场机会。

从开发建设的角度，由于企业有 ESG 评价的需求，其也会尽量遵循低碳绿色的实施目标。各开发企业可以结合自身的需求和特点，简单地将 ESG 分解为可操作性更强的技术路径，例如：100% 光伏覆盖、雨水回收利用、全场 LED 照明、增加乔木种植以增加碳汇等方面。

从运营的角度，ESG 背景下的项目，可以在运营阶段持续降低能源消耗和减少对环境的影响。这体现在：通过采用高效节能设备和系统，优化能源使用管理，园区可以减少能源消耗并降低温室气体排放。通过可再生能源设施，园区可以自主地产生清洁能源，减少对传统能源的依赖，降低对环境的负面影响等。

此外，相信在碳中和的背景下，未来借助于物流园区大规模实施光伏发电的项目，企业在与地方就关于减碳方面的磋商会更加具有话语权。

2.4　ESG 在建筑低碳路径中的作用

ESG 包括了信息披露、评估评级和投资指引三个方面，是社会责任投资的基础，是绿色金融体系的重要组成部分。其中，E（环境）指标中包含了碳排放量等节能减排指标，是衡量企业在"碳中和"方面成效的重要方式。ESG 可以有效综合衡量企业在应对气候变化和实现碳中和目标上的可持续发展能力，为企业自身碳中和目标的实现提供基础条件。

将 ESG 的发展理念融入企业规划并构建 ESG 组织管理体系，可以帮助企业在立足自身高质量发展的同时，满足各方利益相关者的期望与要求，共建共享可持续发展理念，以更明确的实施路径，更专业化和规范化的管理流程，深入践行 ESG 行动目标及气候变化相关的管理实践，实现企业碳中和的长远愿景。

3　ESG 实践案例

上述 ESG 在监管方、资金方及资本市场多方共同驱动下，日益获得物流建筑项目开发商的重视，使得 ESG 所倡导的可持续发展的理念充分融入了项目的开发和运营全过程中。在可持续发展举措的制定上，与绿色建筑评价标准、LEED 评估体系中的内容其实是非常一致的。因此，越来越多的项目开发和运营会将获得绿色建筑评价和 LEED 认证作为目标。对于外资背景的企业，由于LEED 是全球广泛应用的绿色建筑认证体系，LEED 认证的项目可以说取得了较大幅度的增加。以下从公开报道的内容中，选取了部分投资和开发商的 ESG 实践案例。

3.1　普洛斯"ESG 作为商业模式的核心"

"对于普洛斯来说，ESG 不仅是遵循和贯彻的管理和运营原则，更是最为重视的商业准则，是普洛斯商业模式的核心。普洛斯致力于在供应链、大数据、新能源三大领域建立起具有全球竞争力的产业集群，打造产业发展大生态，持续创造价值，不止于产业和经济价值，更重要的是环境和社会价值。"

科技赋能的智慧化资产运营管理与新能源产业的加速发展密切结合，形成了普洛斯独特的碳中和路径：一方面通过各种科技创新应用，不断提高资产管理运营效率，降低碳排放；另一方面大力发展太阳能、风能、储能、充换电基础设施等新能源资产以及服务。

2022 年，由普洛斯资产运营服务（普洛斯 ASP）负责运营管理的上海普洛斯宝山物流园（图 1）获得美国绿色建筑评估标准体系 LEED v4.1 O+M:EB（既有建筑运营与维护）铂金级认证，

图 1 普洛斯宝山物流园

成为全球为数不多获此项最高级别绿色运营认证的物流基础设施之一，也是国内获此认证中体量最大的综合物流园。普洛斯宝山物流园总建筑面积 243000m²，汇集了普洛斯 ASP 的多项智慧化管理手段，包括出入智控、智慧安防、智慧消防、智慧能耗、资产管理、AI 创新服务等，是普洛斯新一代智慧、高效、低碳标杆园区的代表。

1. 双碳平台：通过自主开发的海纳碳管理平台，实时跟踪分析园区运营碳排放，实现全面碳管理。

2. 能源替代：配置屋顶分布式光伏、储能和充电设施。园区屋顶光伏每年产生约 2750MWh 绿电，可减少 2176t 碳排放。

3. 建筑节能：安装智慧路灯系统，实现最优的照明状态和节能效果，利用屋顶天窗自然采光照明，并采用 LED 照明设施，相较传统白炽灯能耗水平降低 50%~60%。

4. 交通脱碳：新能源充电桩全年可减少 36.9t 碳排放，满足 26 万 km 绿色交通里程；智慧预约入园、自动导引到月台，减少车辆及仓库运营环节的碳排放；向租户推行新能源商用车使用，配备新能源车辆充电站，减少园区车辆运输环节碳排放。

5. 降碳机制：营造"花园式物流园区"环境，绿植覆盖面积达 3.1 万 m²，全年吸收约 45t 碳排放。

6. 人文体验：倡导员工采用绿色通勤方式，并配备电动车充电装置、非机动车专用停放区域等，已获得超 85% 员工响应。

3.2 丰树"将 ESG 融入所有核心业务决策"

一直以来，丰树的基本经营理念始终是：立足可持续发展，并通过在房地产开发、投资、资本和物业管理方面的核心能力，为投资者创造持续的高回报和长期价值。

基于这一理念，丰树在环境、社会和公司治理（ESG）领域进行了一系列可持续实践，包括严格的公司监管、对环境保护和企业社会责任的承诺，以及提供持续稳定的回报。现在，"到 2050 年实现净零排放"已经是丰树的可持续发展目标。

在制定集团整体 ESG 战略时丰树给出了 11 项可持续发展举措，包括在物流仓储建筑屋顶铺设分布式光伏、种植更多的乔木用于固碳、使用更加高效的节能设备和节水器具、增设新能源车位、雨水回收利用等等，目前这 11 项可持续发展举措已经变成了丰树中国物流园的设计和建造标准。这些举措和 LEED 评估体系的九大方面非常一致。LEED 是全球广泛应用的绿色建筑认证体系，通过进行 LEED 认证，可以全方位检视旗下物业的可持续性，从项目开发到运营都最大限度地减少对环境的负面影响。这些成果可以支持集团"到 2050 年实现净零排放"的目标，并助力实现对投资者创造长期可持续回报的承诺。

物流园区平坦且广阔的屋顶面积，周边环境相对空旷无遮挡，条件均有利于分布式光伏的安装，可以最大限度地利用闲置屋顶资源。同时分布式光伏产生的电力不仅可以抵消园区日常运营的电费，降低能源成本，还可以提升可再生能源的使用比例，以满足园区内客户对绿色电力不断增长的需求，助力实现可持续目标及碳中和愿景。

截至 2023 年 3 月 31 日，丰树位于中国 8 个物流项目的屋顶分布式光伏总装机容量超过 20MWp，实现了并网发电。这 8 个项目分别位于上海、湖南株洲、宁夏银川、辽宁盘锦、安徽巢湖、福建漳州、浙江余姚和慈溪，屋顶光伏总覆盖面积约 15 万 m^2，预计年发电量将达 2000 万 kWh，相当于减少碳排放 12000t。图 2 为丰树奉贤综合产业园。

图 2   丰树奉贤综合产业园（建设中，光伏装机容量 2.75MW，LEED 铂金级认证）

3.3   万纬"以 ESG 为着力点"

响应国家"碳中和"目标，万纬物流积极承担社会责任，推动自身及行业的碳中和进程。2022 年 12 月，万纬物流发布《近零碳智慧物流园区白皮书》，提出"科技赋能，引领园区智慧碳中和"的理念，并制定了自身的"3+4+N"碳中和路径。

3 个着力点即 ESG，环境（E）方面，万纬致力打造行业领先的"低碳"仓储及冷链服务，社会（S）方面，以科技赋能安全管理，持续赋能员工成长，公司治理（G）方面，提升企业管治透明度，获取更多相关方关注。

4 个重要抓手即管理理念转换、绿色建筑推广、冷链智慧管理和万纬"零碳圈"。万纬认为，管理理念转换是碳中和行动顺利开展的长期保障，是动态的思想改造过程，只有实现了全面、深入的运营理念转换，才能高效地实现减碳目标，冷链智慧管理是从日常运营减排的角度，对万纬旗下物流园区进行迭代性的、不断深化的智慧改造，最终在供应链层面实现减碳，绿色建筑推广主要是从开发减排的角度，通过新建、改造的方式，逐步扩大万纬物流园内绿色建筑的覆盖度；万纬"零碳圈"是万纬以分布式光伏技术为核心，基于自身业务特征打造的全尺度减碳策略，具有"地区先行、全国统筹"的特点。

N 个减碳行动包括万纬"零碳圈"、碳管理数字化、分布式光伏覆盖、建筑低碳化等，万纬将探索契合自身特色的零碳转型路径，科学落实近"零碳"目标。

万纬物流正在推动更多绿色园区项目，截至 2022 年 11 月，万纬物流累计已有 490 万 m² 绿色认证面积，其中 59 个为绿色三星认证项目，6 个为 LEED 铂金级认证，2 个为 LEED 金级认证。未来万纬还将继续推动绿色全覆盖，确保所有新建冷库 100% 通过绿色仓库认证，新建冷库分布式光伏 100% 覆盖，推动项目实现近"零碳"目标。

4 结语

ESG 对整个建筑行业都具有重要影响。提升 ESG 管理水平对企业而言可带来许多益处，包括危机应对能力的增强、风险管理的加强、资本市场认可的提高、品牌价值与声誉的提升以及创新与效率的提升。在项目投资开发方面，符合 ESG 标准的项目在市场上具有更高的竞争力，可吸引更多资金和投资者。ESG 的发展理念在物流建筑低碳路径中发挥着重要作用，可以帮助企业实现碳中和目标，降低能源消耗和减少环境影响。因此，ESG 的应用对于实现可持续发展目标至关重要。

3

◇ 物流建筑低碳绿色发展概况

高海军 李鹤

摘 要: 在国家政策、产业红利、资本加持等方面的背景下,物流建筑领域的低碳绿色发展越来越受到本行业的关注和重视。借助在本行业深耕多年的经验,本文阐述了目前在物流建筑领域受关注度比较高的一些低碳技术措施及趋势。

关键词: 物流园区 物流建筑 绿色 低碳

1 前言

物流建筑作为一种细分的建筑形式,设计功能上主要承载了其物流使用的需求,遵循"交通组织最合理化、可租售容积最大化、装卸货效率最大化、造价成本合理化"的准则。项目实践中,其表现出占地面积较大、容积率较高、绿地率较低的特点。在土地愈发稀缺的当今,项目也朝着高层化、功能综合化等方面发展。另外,由于主要使用功能为货物存储,能耗和水耗水平较一般工业项目相比并不高,若单纯从单位面积能耗的角度评判,可以属于比较"绿色"的建筑类型。

当然,在国内"双碳"和各行业节能减排的背景下,物流建筑领域也在不断寻求进一步的优化和突破。笔者所在的团队在物流建筑领域深耕多年,除了参与项目的设计和建造,还参与了很多项目的策划和投资回报的测算,以及既有项目的尽职调查和评估。另外,还利用工程实践的经验,参与了部分物流建筑绿色、低碳的标准制定,如上海市《绿色通用厂房(库)评价标准》DG/TJ 08–2337—2020、上海市《零碳物流园区创建与评价技术规范》T/SEESA014—2022 等。通过多个视角的观察和梳理,对于物流建筑实施低碳绿色,也有了更加深入的理解。通过本文,将所关注到的政策背景和关注度比较高的低碳绿色技术进行剖析和介绍。

2 物流建筑低碳绿色背景

2.1 "ESG" 的需求

目前，越来越多的物流开发商和投资基金关注"ESG"的需求。ESG，即环境、社会和公司治理（Environmental，Social，and Governance），关注企业环境、社会、公司治理绩效而非传统财务绩效的投资理念和企业评价标准。投资者可以通过观测企业 ESG 评级来评估投资对象在绿色环保、履行社会责任等方面的贡献，对企业是否符合长期投资作出判断。目前国际上 ESG 理念及评级体系主要包括三方面：各国际组织和交易所关于 ESG 披露和报告的规定、评级机构对企业 ESG 的评级以及投资机构发布的 ESG 投资指引。

ESG 作为投资决策依据，也可以培养投资者长期投资、价值投资的理念。ESG 逐渐成为各个国家主权投资基金、养老基金等大体量且关系重大的基金重点参考的指标。高 ESG 评分的公司通常风险控制能力更强，合规制度更加完善，发生违法违规、法律诉讼等负面事件的概率更低，投资者遭股价暴跌的风险也就更低。

在 ESG 的导引下，越来越多的物流开发项目就以实现"绿色建筑"和"LEED 认证"为目标需求。

2.2 光伏产业的发展

光伏发电，与水电、风电、核电等几大绿色电力一样，是电力行业在能源生产侧实现对化石能源的"清洁替代"的重要手段。在政策层面，"十四五"期间要求加快发展非化石能源，坚持集中式和分布式并举，大力提升风电、光伏发电规模，加快发展东中部分布式能源。2021 年，全国风电、光伏发电量占全社会用电量的比重达到 11% 左右，后续逐年提高，到 2025 年达到 16.5% 左右。

对于物流建筑来说，由于存在较大的屋面面积，对于实施分布式光伏有着无可比拟的天然优势。

2.3 高标仓库的建造要求

我国仓储物流设施总体供给充足，但其中高标仓库占比仅为 7%，远低于美国 22% 的水平，无法承载当前电商、医药、生鲜冷链等日益增长的需求[1]。物流地产商行业龙头为轻资产模式的普洛斯，其市占率达到 27.8%。第二梯队是重资产模式的万纬、宝湾、宇培、丰树四家公司，市占率均在 5% 以上。物流地产商头部企业在高标仓库的建造标准上，均在土地利用集约化、室内净高利于布置多层货架、全场 LED 灯照明、节水用水器具等方面有着自身的标准，这些标准体系本身也对标于低碳的技术措施。

由此可见，对于物流建筑来说，无论是政策背景、资产的投资需求、地产商的建造标准层面，对于项目低碳建造均有推动作用。

---

① 资料来源：来源于中信建投证券的房地产开发行业市场前景及投资研究报告：仓储物流行业，REITs 风口加持。

3　物流园区主要低碳绿色策略

物流园区开发遵循"因地制宜、被动优先、主动优化"的低碳绿色理念。在技术措施的选取上，首先在满足所在地区的强制性绿色建筑、装配式、海绵城市、BIM 等要求的基础上，在建筑方案中优先融入自然通风、自然采光等被动式技术措施。其次，从节能、节水等常规低碳绿色措施着手，例如全场 LED 照明、高等级节水器具、高能效设备、光伏发电、雨水回收利用等方面进一步提升低碳绿色水平。此外，从人员健康舒适的角度，办公区增加带 PM2.5 过滤的机械新风系统、库内采用机械排风系统等。最后，寻求运营过程中的节能减排，采用电动叉车、新能源车充电桩、自动化存储设施、智慧园区系统、托盘循环利用等措施。以下几项是在目前低碳绿色物流园区中应用潜力较大和关注比较多的技术措施。

3.1　分布式光伏发电＋储能系统

对于大规模的物流园区而言，由于其工艺需求，建筑单体多、建筑体量大、屋顶面积广，这成为光伏发电的有利优势。以园区为单位、集中连片开发运营，采用整个园区统一开发管理模式、减少成本（图 1）。

光伏并网发电系统由光伏电池组件、汇流箱、逆变器以及综合监控系统组成。布置于厂区屋顶上的光伏电池组件，经逆变汇流后接入园区现有高压配电室内。电站计算机监控系统，各电气设备的保护、测量及控制信号通过通信总线方式接入监控系统，实现

图 1　光伏发电屋面

对光伏电站的实时监测，对光伏电站的发电量进行计量。项目通常按照"自发自用，余电上网"的消纳方式。

光伏－储能系统通过借助电池的存放电能力，有效调节光伏用电峰谷，缓解光伏系统对电网的冲击，提高光伏"消纳"能力。

3.2　海绵城市＋雨水回收利用

物流项目适宜的海绵技术措施包括：采取下凹式绿地、透水铺装和调蓄池作为海绵调蓄设施。在汇水分区内，将绿化改造为下凹式绿地设施，收纳道路、绿化自身的雨水径流，进行蓄水，并通过生物净化作用去除径流中的污染物，下渗或超标溢流直接排入雨水管网；停车场、人行道等区域采用透水铺装，通过下渗内部蓄水，之后通过盲管排入雨水管网；屋面雨水污染较小直接通过管网收集后排放。由此减小综合径流系数，控制径流总量，降低内涝风险。

1）下凹式绿地

下凹式绿地属于生物滞留设施的一种。生物滞留设施是指在地势较低的区域，通过植物、土壤和微生物系统蓄渗、净化径流雨水的设施。生物滞留设施分为简易型生物滞留设施和复杂型生物滞

留设施，按应用位置不同又称作下凹式绿地、生物滞留带、高位花坛、生态树池等。生物滞留设施典型构造如图2、图3所示。

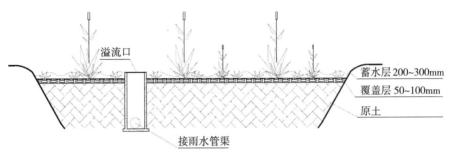

图2 简易型生物滞留设施典型构造示意图

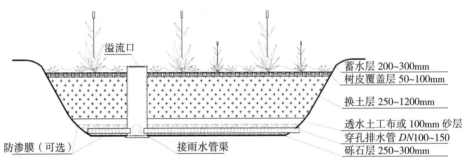

图3 复杂型生物滞留设施典型构造示意图

2）透水铺装

透水铺装是可渗透、滞留和排放雨水并满足荷载要求和结构强度的铺装结构。透水铺装按照面层材料不同和结构下层是否设置排水盲管，可分为透水砖铺装、透水水泥混凝土铺装和透水沥青混凝土铺装。物流园区应用较多的为非机动车道路、人行道、小车停车场等采用透水铺装地面。透水铺装典型构造如图4所示。

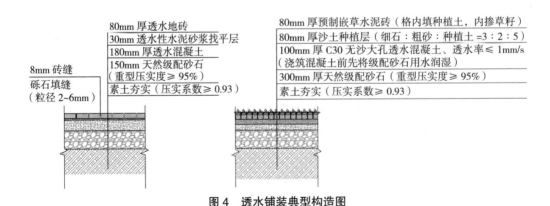

图4 透水铺装典型构造图

3）调蓄池

调蓄池指具有雨水储存功能的集蓄利用设施，同时也具有消减峰值流量的作用，主要包括钢筋混凝土调蓄池，砖、石砌筑调蓄池及塑料蓄水模块拼装式调蓄池，其构造如图5所示。

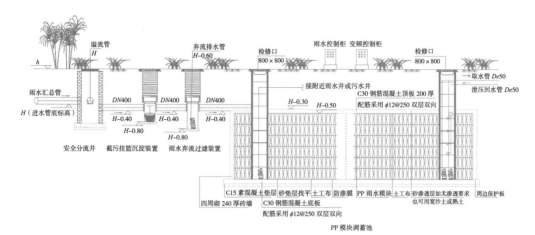

图 5　雨水调蓄池构造图

　　根据园区硬化道路、场地以及绿化面积大，清洗、灌溉用水量多等特点，考虑到经济性并兼顾可持续性发展，故可设置雨水回收处理池，采用回用雨水进行绿化浇灌、道路冲洗。进一步可利用回用雨水作为中水冲厕使用，最大限度地节约用水。

3.3　综合能效管理系统

　　园区综合能效管理系统（图6），集园区的电力监控、电能质量分析与治理、电气安全预警、能耗分析、照明控制、新能源使用以及能源收费等功能于一体，通过一套系统对园区的能源进行统一监控、统一运维和调度，系统可以通过 WEB 和手机 APP 访问，并可以把数据分享给智慧园区平台，实现整个园区的智慧运行。

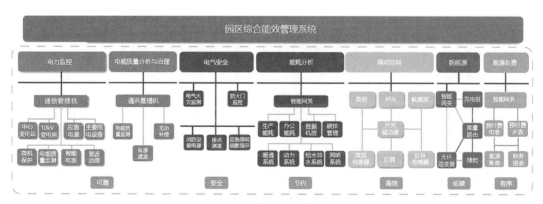

图 6　园区综合能效管理系统

3.4　园区的微电网系统

　　微电网系统是由分布式光伏发电、生产用能、直流充电桩、充电车辆等构建的分布式电源、负载、储能系统和控制装置的系统单元，能够实现自我控制、保护和管理的自制系统，既可以与外部电网并网运行，也可以孤立运行。

随着国内政策大力支持新能源汽车，新能源汽车尤其是电动车的保有量突飞猛进。各地均有对于建筑物配建停车场（库）及社会公共停车场小汽车停车位的充电桩配置比例的要求，通常按照不低于10%预留充电桩建设安装条件。由于对物流效率的要求，用户对于新能源货车有着长续航、充电快、强动力、高可靠和低能耗等综合性能更高的要求，同时也要性价比高。因此判断新能源重卡从场景上区分，长途运输的重卡将在中短期以多种新能源技

图7　电动货车

术路线并存的方式发展，如纯电、换电和氢燃料技术路线等，但从长期趋势来看氢燃料将是新能源重卡的终极形态。而港口运输和城市物流车，由于对续航能力并未有这么强烈的需求，因此纯电动仍然是其主要的技术路线。图7为电动货车。

3.5　智慧园区

围绕国家关于"数字经济""新型智慧城市""新基建""数字化转型"等政策的引导，伴随5G、物联网、大数据、人工智能等新一代信息技术的发展演进，智慧物流园区建设已经成为物流园区的重要基因组成，成为物流园区实施数字化转型、发展数字经济、实现降本提质增效的重要抓手。

随着新一代技术革命和产业变革的浪潮席卷而来，新技术、新模式、新业态深刻影响着物流园区的发展方向，助力物流园区向智慧化转型，智慧物流园区概念应运而生。智慧物流园区指以物流园区为载体，以新一代信息技术为手段，以智能化应用系统平台为支撑，将人、车、货、物等全面感知、数字连接并深度融合，聚焦科技化运营、品质化服务、数字化物流，重配整合园区资源并达到各方利益最大化，实现绿色高效、业务增值、链式效益、协同生态，最终达成可持续发展。

目前应用较多的智慧物流园区应用场景有：

1）出入园管理场景

智慧物流园区针对车辆出入园的痛点，一方面以技术手段提高车辆识别准确性，提高出入园的效率；另一方面设置进出车辆黑白名单，开放客户对出入园车辆的自助审批权限，打造高效便捷的车辆出入园体验。

智慧物流园区针对人员出入园的痛点，通过人员出入管理系统，对园区人员（包括园区工作人员、客户工作人员以及外部人员）的出入服务进行再造，将访客的登记和进出人员的人工认证升级为智能认证，有效提高园区的运营效率，打造顺畅、便捷、安全的通行体验。同时，园区通过技术手段实现对人员动线轨迹的管理，有效加强园区内部人员防控。疫情期间，配套健康登记系统、体温检测系统，满足疫情出入管控要求。

2）安防管理场景

智慧物流园区通过建立智慧安防管理系统，不仅实现全园无盲区视频监控覆盖及智能布防，而且联动视频监控系统、访客系统、出入口控制系统、门禁系统、周界报警系统、天地巡逻机器人及其他安防子系统，采用主动实时报警模式，辅助管理人员在后台远程对现场情况进行精准研判，提高安保人员的事件响应速度，极大地提高了园区安防的效率。

3）消防管理场景

智慧物流园区的消防报警结合园区一张图进行显示，一旦遇到突发情况，方便相关工作人员快速定位报警的具体位置，并且解决了报警和现场视频不能联动的问题，提高了响应处置的效率。同时，消防设施设备也能在后台统一监管。

4）能耗管理场景

智慧物流园区能够远程采集能源表具的读数，提高抄表效率，节省工作量。同时，能够通过能源管理系统对能耗进行数字化计量，实时感知客户用能安全情况、实时统计分析客户用能状况、发现能耗黑洞，提高用能安全的同时也能提高节能水平，打造绿色节能园区。

5）资产管理场景

智慧物流园区通过集中统一管理设备资产台账信息，实现资产数字化。通过后台对设施设备运维一键智能派单，维修人员能够通过移动端查看资产设备基本情况，配合知识库和操作手册指导，便于巡检的高效进行和指导设备的使用保养。

6）场站调度场景

智慧物流园区通过对运输车辆进行合理调度，使其分散到不同月台进行作业，并提供挪车提醒、排队叫号等服务，疏导高峰期车流，提高场站的使用效率，减少车辆等待时间。另外，智慧物流园区实现了货物信息与车辆绑定，并且对干支线车辆全程跟踪，不仅提高了管理的针对性，也实现了货物全程可视化。

7）数字月台场景

智慧物流园区通过信息化手段可以将月台可视化，包括月台占用识别、月台车牌识别、通道占用识别等，及时发现月台的占用情况，优化调度，不但节约了人力成本，也能够准确获知车、货情况，提升月台作业效率。此外，通过可视化数据对月台实施动态管理和优化调整，提高月台利用率，降低仓库的租赁成本，月台管理与出入口管理联动，优化排队放行，避免了拥堵现象的发生。

4 结语

从政策层面，各地均会对项目提出绿色建筑的等级要求。从产业基金投资关注的趋向层面，投资者可以通过观测企业 ESG 评级来评估投资对象在绿色环保、履行社会责任等方面的贡献，对企业是否符合长期投资作出判断。而 ESG 的考核往往会借助 LEED 或绿色建筑的评价。从国家的产业政策层面，寻求清洁能源替代是长期的一项产业扶持政策，其中对于物流项目应用较多的分布式光伏技术也就更加突显其应用前景。以上背景无疑也形成了物流建筑实施低碳绿色的外在驱动力。

物流园区在低碳绿色技术措施的选取上，遵循"因地制宜、被动优先、主动优化"的原则。首选被动式措施如自然通风、自然采光等，其次采用节能照明、节水器具、高能效设备等常规绿色技术措施。在此基础上，分布式光伏发电＋储能系统、海绵城市＋雨水回收利用、综合能效管理系统、园区的微电网系统、智慧园区等技术措施在当前受到比较多的关注和重视，也是代表了物流建筑领域低碳策略的发展趋势和方向。

◇ 物流建筑光伏设计分析

顾倍　许洁　丁一鸣　崔虹

摘　要：物流园区设置太阳能光伏装置，从而生产清洁能源（电能）并进行并网，是目前常见的绿色设计方式。物流建筑如何在满足物流工艺的前提下有效落实光伏设施，是值得研究的一个方向。本文拟通过几个案例，尝试从不同角度对物流建筑光伏设计进行论述，分析物流建筑屋面设置光伏的合理性。

关键词：光伏设施　清洁能源　绿色低碳

1　综述

　　当前我国物流行业发展迅速，物流园区建设日新月异。物流建筑除了货物存储、周转使用之外，其巨大的建筑体量也是新能源设施的设置基础。实现碳达峰、碳中和，以绿色低碳的设计理念进行物流建筑的设计已在设计行业中达成共识。"十四五"规划中要求加快发展方式的绿色转型，大力发展绿色经济，壮大节能环保、清洁生产、清洁能源、生态环境、基础设施绿色升级。《建筑节能与可再生能源利用通用规范》GB 55015—2021 中要求，新建建筑应安装太阳能系统。相关的规范政策，为发展太阳能光伏设计提供了有力支持。

　　利用物流建筑屋面面积大的特点安装光伏设施，有助于实现"双碳"目标，实现绿色园区，在屋面安装分布式光伏发电装置，可有效减少外部用电需求，优化系统电源结构，减轻环保压力，实现了社会效益与经济效益双赢。随着碳中和要求的细化，建设绿色、环保园区理念的推动，已经有越来越多的物流建筑屋面实施太阳能光伏设计及安装。

2　太阳能光伏系统简述

2.1　太阳能光伏系统种类

　　现阶段在物流建筑屋面上可以应用的光伏系统一般有两种，一是将光伏板附着在物流建筑屋面上的模式，属于附加安装型光伏系统，屋面围护结构要作为光伏的载体，在设计阶段预留光伏板的荷载及选择后期可以安装太阳能的屋面板型，实施阶段根据需求采用夹具固定在屋面板的方式将太阳能板固定在屋面上，即 Building Attached Photovoltaic，简称 BAPV，现在多数的物流建筑屋面安装的光伏项目都是采用此模式。二是光伏建筑一体化设计，这是一种将太阳能光伏产品集成到建筑屋面上的技术，光伏组件作为建筑构件，将太阳能光伏产品集成到建筑上，与建筑物同时设计、同时施工、同时安装，使其既是发电装置也是建筑屋面围护结构的外表面，即 Building Integrated Photovoltaic，简称 BIPV，目前在物流建筑屋面应用此技术相对较少。

2.2　BAPV 太阳能光伏系统

BAPV 属于建筑构件型光伏系统（图 1），屋面板与太阳能光伏板在构造上相对独立，可以根据需求分开安装，与建筑物功能不发生冲突，不破坏或削弱原有建筑物的功能，对工程进度影响较小，不影响主体结构竣工验收。

光伏太阳能板通过支架（夹具）固定在物流建筑屋面上，这种目前技术最为成熟、成本相对较低、应用最广泛的方式为固定式安装。物流建筑单体屋面考虑防水效果，故多采用 360° 卷边的镀铝锌板屋面，利用其卷边厚度及高度，夹具可以进行固定安装。太阳能板采用沿屋面倾斜方向平铺的铺设方式进行布置，其倾角可同原屋面也可以进行适当调节。设计阶段主要考虑太阳能光伏板的荷载预留及板型的选择以满足后期安装需求，一般太阳能光伏板的预留荷载为 15~20kg/m^2。

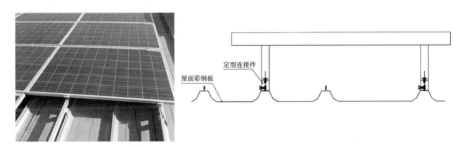

图 1　BAPV 光伏板示意图

2.3　BIPV 太阳能光伏系统

BIPV 属于建筑一体化光伏技术（图 2），是将光伏发电系统融入建筑的外墙、屋顶、窗户等部位，使其不仅可以发电，还能够兼具建筑装饰和隔热保温的功能。即光伏组件以一种建筑材料的形式出现，可以认为是光伏器件的建筑产品化。屋面光伏组件主要由建筑光伏组件、排水槽构件、屋面构造层、屋面构件等部分组成。其作为屋面一体板，相关防火防水均可以满足规范要求，如通过构造层的选配与组合，可实现二级防水与一级防水要求。由于其和屋面一体化设计及安装，相对于传统太阳能光伏产品而言其抗风能力更为出众，能够与屋面檩条直接连接，避免了由于屋面板变形的影响造成的连接失效现象。由于太阳能板与屋面板结合为一体，其耐火等级要求更为严格，核心构件需要满足 A 级耐火，构件和系统设计均符合建筑防火规范的要求。在运维阶段，BIPV 太阳能光伏一体板由于采用了较新的工艺，其承载力大于一般的太阳能板，其表面可以直接承受较大的荷载。这样就可以减少安装维修时的检修马道，在同等屋面面积情况下可以有效地增加太阳能板的

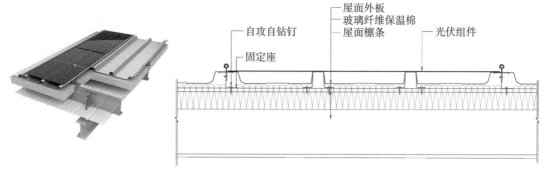

图 2　BIPV 光伏一体板示意图

铺设面积，相对于传统光伏产品具有易安装、方便运维、减少运维通道的优势，整体可提高屋顶利用率。

2.4　太阳能光伏系统装置

除屋面太阳能板外，太阳能光伏装置还需要有光伏逆变器。光伏逆变器是太阳能光伏发电系统的主要部件，目前常用的逆变器有组串式并网逆变器、集中式逆变器。组串式并网逆变器是基于模块化的概念，把光伏方阵中每个光伏组串输入到一台小功率的逆变器中，多个光伏组串和逆变器模块化地组合在一起，所有逆变器在交流输出端并联，然后通过交流并联电缆送入升压变压器中就地升压。在预留太阳能光伏板荷载的同时预先设计和预留光伏逆变器及配套设备的位置也是在设计阶段需要考虑的。

在太阳能板收集太阳能由光伏逆变器转换成电能后，电能的存储问题也是十分关键。现阶段多数项目较多采用的是与市政电网进行并网，通过并网的方式与相关部门签订协议，在园区用电价格上取得优惠。有些项目也在探索如何存储电能，满足自发自用的要求，但是现阶段采用的太阳能发电的储电受技术、场地和成本等因素的限制，该技术也在研发探索阶段，相信不久的将来必将出现发储一体的项目。

3　太阳能光伏系统设计注意事项

无论是 BAPV 还是 BIPV 的太阳能光伏板，在布置屋面太阳能光伏板方阵时，应该将太阳能电池板与建筑屋面结合设计，避让屋面相关设备及采光排烟天窗，在满足屋面基本功能的前提下布置太阳能板。在设计时需要规划好相应的排水设计，确保光伏太阳能板不对屋面排水造成阻碍，需要采用合理的安装方式，避免安装时损坏屋面板的防水节点从而造成屋面漏水。因为太阳能光伏板工作情况下可能会散发热量，在外界气温较高时热量可能会因为长久无法散去，致使电路功率发生变化，所以应该做好散热设计、预留散热通道，使太阳能光伏板可以及时散热，保证太阳能光伏板的使用性能。

考虑运维阶段的相关需求，根据不同的太阳能光伏系统设置必需的检修马道或清扫通道，上屋面的爬梯或人孔应尽量设置在建筑中心位置，以便减少维修人员的往返路程。在屋面檐口接屋脊等必要位置设置检修生命线，确保后期检修人员的人身安全。

4　太阳能光伏系统案例分享

　　随着太阳能光伏系统技术的发展及国家"双碳"战略的推进，越来越多的项目将太阳能光伏设置在屋面，下文分享几个屋面设置太阳能光伏的项目。

　　项目一（图3）的屋面全部设置太阳能光伏系统，避让屋面排烟窗及采光带后沿屋面坡度方向布置光伏板。考虑到光伏板布置的灵活性，本项目在设计阶段预留光伏板荷载并采用BAPV系统。施工阶段首先完成屋面板铺设后根据运营情况确定光伏板的布置区域及范围，通过支架（夹具）将光伏板固定在建筑屋面上。

图3　太阳能光伏屋面项目一示意图

　　项目二（图4）的屋面太阳能光伏板在设计阶段考虑第五立面效果，采用菱形布置光伏板，在屋面效果上进行了一定的创新。

　　项目三（图5）的屋面设计为停车场，考虑停车功能和太阳能光伏系统的结合，故在屋面上方采用钢结构搭建光伏板支架，在支架上方设置太阳能光伏板，这样设计既能满足光伏板的设置要求，同时也能为屋面停车场提供遮阳措施，降低屋面的环境温度。太阳能光伏板的独立设置，可以结合建筑造型设计屋面形态，使得建筑的第五立面更加丰富，也可以在一定程度上解决光伏屋面易渗漏的问题。

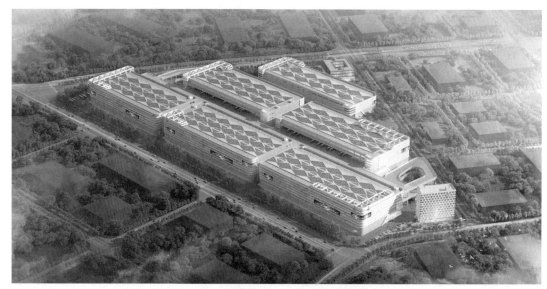

图 4　太阳能光伏屋面项目二示意图

图 5　太阳能光伏屋面项目三示意图

5　结语

新能源的开发与利用是我国节能减排、保护环境的一项重要任务。太阳能光伏发电作为重要的组成越来越受到重视，其具有显著的优势及特点，具有良好的发展前景。BIPV 和 BAPV 技术作为光伏发电技术的重要应用领域，都具有各自的优势和特点。在未来，随着技术的不断发展和市场需求的变化，BIPV 和 BAPV 技术都将会有更加广阔的应用前景。我们期待着，在不久的将来，BIPV 和 BAPV 技术能够更好地融入人们的生活和工作中，为建筑业和可持续发展作出更大的贡献。

5

◇ 物流建筑光伏发电设计浅谈

姜垚

摘　要： 随着全球气候变暖对人类社会构成重大威胁，越来越多的国家将"碳中和"上升为国家战略，提出了无碳社会的未来愿景。2020 年，中国基于推动实现可持续发展的内在要求和构建人类命运共同体的责任担当，宣布了碳达峰和碳中和的目标愿景。"双碳"目标的提出有着深刻的国内外发展背景，必将对国内及国际经济社会产生深刻的影响；"双碳"目标的实现也应放在推动高质量发展和全面现代化的战略大局和全局中综合考虑和应对。太阳能作为可再生能源，光伏发电是当前新能源利用的一个主要研究方向。

关键词： 绿色能源　光伏　建筑节能

1　综述

太阳能作为可再生能源、清洁能源、绿色能源，应充分发挥太阳能发电适宜分散供电的优势，在城市的建筑物和公共设施配套安装太阳能发电装置，扩大城市可再生能源的利用量，并为太阳能光伏发电提供必要的市场规模，这将成为我国新能源利用的一个新方向。

合理开发利用太阳能资源，符合国家能源政策及发展新兴战略要求，是保障我国经济社会可持续发展的需要；合理开发利用太阳能资源，充分利用屋顶安装光伏发电系统，无需新增土地，属于土地综合利用，符合国家及地方分布式能源发展的鼓励方向；合理开发利用太阳能资源，可以减少化石能源的使用，减少二氧化碳、二氧化硫的排放，是优化能源结构，保护环境的必然需要；合理开发利用太阳能资源，对地区电网供电能力形成有益的补充，符合地区经济发展的需要。

2 太阳能资源

2.1 概况

中国的太阳能资源丰富。其中，年总辐射量在 860~2080kWh/m² 之间，年总直接辐射量在 230~1500kWh/m² 之间，年平均直射比在 0.24~0.73 之间，年总日照时数在 870~3570h 之间。

中国太阳能资源空间分布特点为自西北到东南呈先增加再减少然后又增加的趋势。

年总直接辐射量的空间分布特征与总辐射比较一致，在青藏高原以南以及内蒙古东部的部分地区，直射比甚至达到 0.7 以上。

年总日照时数的空间分布与年总辐射量基本一致，"最丰富带"的年日照时数在 3000h 左右，"很丰富带"的年日照时数在 2400~3000h 之间，"较丰富带"的年日照时数在 1200~2400h 左右，"一般带"的年日照时数在 1200h 以下。

2.2 等级划分

根据《太阳能资源评估方法》GB/T 37526—2019，以太阳能总辐射量为指标，对太阳能的丰富程度划分为 4 个等级，如表 1 所示。

中国太阳能辐射资源区划标准　　　　　　　　　　　　　　　　　　表 1

等级	资源代号	年总辐射量		日总辐射量 (kWh/m²·d)
		（MJ/m²·a）	（kWh/m²·a）	
最丰富带	I	≥ 6300	≥ 1750	≥ 4.8
很丰富带	II	5040~6300	1400~1750	3.8~4.8
较丰富带	III	3780~5040	1050~1400	2.9~3.8
一般带	IV	<3780	<1050	<2.9

2.3 合理应用

新疆东南边缘、西藏大部分地区、青海中西部、甘肃河西走廊西部、内蒙古阿拉善高原及其以西地区构成了太阳能资源"最丰富带"，其中西藏南部和青海格尔木地区是两个高值中心；新疆大部分地区、西藏东部、云南大部分地区、青海东部、四川盆地以西、甘肃中东部、宁夏全部地区、陕西北部、山西北部、河北西北部、内蒙古中东部至锡林浩特和赤峰一带，是我国太阳能资源"很丰富带"；中东部和东北的大部分地区都属于太阳能资源"较丰富带"；只有以四川盆地为中心，四川东部、重庆全部地区、贵州大部分地区、湖南西部等地区属于太阳能资源"一般带"。

根据《建筑节能与可再生能源利用通用规范》GB 55015—2021 中 5.2.1 条的要求：新建建筑应安装太阳能系统。物流仓储类项目自身条件充分，有大面积的屋顶面积适合敷设太阳能光伏板，同时物流项目还会配套建设倒班楼或者综合楼，也适合设置太阳能光伏板以满足规范要求。根据项目所在地，结合上述太阳能辐射资源区的划分，合理选择安装太阳能光伏的面积。太阳能年总辐射量丰富地区的项目可适当多安装一些光伏板，较丰富和一般带地区按规定的最低要求执行即可。

3 总体方案设计

3.1 荷载

物流建筑屋面通常为两种，金属彩钢板和混凝土屋面。

通常金属彩钢板屋面设置光伏板时，需考虑的恒荷载为 $0.15kN/m^2$；混凝土屋面设置光伏板时，需考虑的恒荷载为 $0.5kN/m^2$。

3.2 光伏组件选型

3.2.1 光伏板

太阳能光伏电池根据其选用的材料可分为晶体材料和薄膜材料。晶体材料电池具有代表性的有硅电池（包括单晶硅、多晶硅、带状硅、化合物电池）；薄膜电池具有代表性的有硅基薄膜电池、铜铟硒电池 CIS、碲化镉电池 CdTe、染料敏化电池等。

晶硅组件近两年由于价格下降，效率高，受到市场的广泛认可，市场占有率达到 90%。薄膜光伏组件由于效率低，占地面积大，其他设备投资大大增加，且随着晶硅价格的降低，传统的价格优势也逐渐消失，市场占有率相对较低。

相比之下，单晶硅稳定性好，转换效率高，占地面积相对较小，在大规模应用中仍占主导地位；多晶硅制造过程中更加节能，使用的性价比更高，是市场上应用最广的产品。

综合考虑光电转化效率、市场价格、市场供货情况、运行可靠性、电站的自然环境、施工条件及设备运输条件等，通过技术经济比较，目前设计常用的单晶硅组件参数为 540Wp，尺寸为 2279mm×1134mm（长×宽），组件要求全部为正公差。

3.2.2 逆变器

光伏逆变器是太阳能光伏发电系统的主要部件和重要组成部分，为了保证太阳能光伏发电系统的正常运行，对光伏逆变器的正确配置选型显得尤为重要。逆变器的配置要根据整个光伏发电系统的各项技术指标并参考生产厂家提供的产品样本手册来确定。

逆变器通常用整机效率来表示自身功率损耗大小。一般 kW 级以下的逆变器的效率应为 85% 以上；10kW 级的效率应为 90% 以上；更大功率的效率必须在 95% 以上。逆变器效率高低对光伏发电系统提高有效发电量和降低发电成本有重要影响，因此，选用光伏逆变器要尽量进行比较，选择整机效率高一些的产品。

目前设计常用的两种规格逆变器为 30kW 和 50kW，依据屋顶面积大小和光伏板敷设数量选取或合理搭配逆变器规格和数量。

3.2.3 升压变压器

升压变压器是光伏发电的主要元件，可采用成套箱式变压器室或者和项目变电房结合设置。升压变压器安装在独立基础上，电缆从基础的预留开孔进出高低压室。变压器内安装测控装置，可实

物流建筑（大型物流库）设计新视角

现遥测、遥信、遥控功能。升压变压器自带配电装置。

升压变压器箱变尺寸预估为长 × 宽：4m×3m，室内安装的升压变压器尺寸规格同常规变压器大小即可。

3.2.4 电气主接线

屋顶可采用 10 块光伏板串联成一个子串，5 个子串构成一组接入 30kW 逆变器。也可以选用 10 块光伏板串联成一个子串，8 个子串构成一组接入 50kW 逆变器。交流汇流箱采用 3/4 进 1 出，每 3/4 台逆变器接入一台交流汇流箱内。交流汇流箱汇流后经升压变压器升压至 10kV，接入 10kV 预支舱开关站。太阳能光伏发电系统拓扑示意图详见图 1，局部光伏板设计干线和负荷计算示意图详见图 2。

开关站内 10kV 侧采用单母线接线，集电线路以 1 回 10kV 线路接入 10kV 预制舱开关站。10kV 预制舱开关站内配置进线间隔 1 回、PT 间隔 1 回、SVG 装置出线间隔 1 回、出线间隔 1 回。10kV 开关柜尺寸按标准柜的规格，即 1500mm×800mm×2300mm（深 × 宽 × 高）。

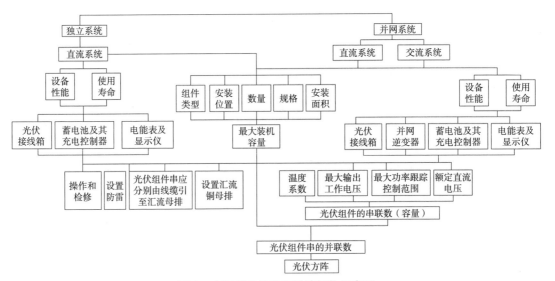

图 1　太阳能光伏发电系统拓扑示意图

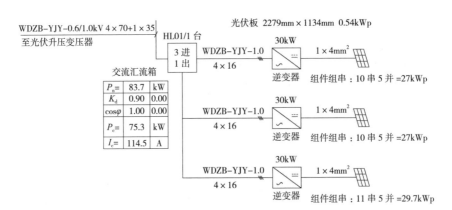

图 2　局部光伏板设计干线和负荷计算示意图

214

3.3 防雷接地

3.3.1 防直击雷保护及接地

物流仓储屋顶光伏板布置形式一般为光伏阵列。光伏阵列场做水平接地网，光伏组件支架连接至水平接地极，水平接地网至少通过两点与全厂区接地网连接，并测量接地电阻，如不满足要求需采取降阻或其他措施。

屋顶光伏阵列受雷电击中概率较大，既要防止雷击还要做好设备接地。

防雷接地建议利用组件支架做引线，做网状避雷带。避雷带可通过原屋顶避雷带接地引线与全站接地网连接。测量接地电阻需满足接地要求。

当太阳能板处于防雷接闪器保护范围外时应另设接闪器，而不应利用太阳能板作为接闪器，接闪器的规格应符合《建筑物防雷设计规范》GB 50057—2010 中 5.2 条的要求。根据《建筑电气与智能化通用规范》GB 55024—2022 中 3.1.10 条的要求，人员可触及的可导电的太阳能光伏组件部位应采取电击安全防护措施并设警示标识，并且每块光伏板都要做等电位连接，且接地线不应少于两根。

3.3.2 主要设备过电压保护

汇流箱均有防涌流装置，以防止雷击，设备外壳均要接地。

断路器设置有避雷装置，室内其他电气设备外壳及外露可导电部分均可靠接地。

4 发电量计算

4.1 光伏系统发电效率

光伏系统发电效率的影响主要考虑以下几个方面：

1）尘土覆盖损耗

灰尘造成的光伏组件污染将降低组件效率，经统计，经常受雨水冲洗的光伏组件其影响平均在 2%~6% 之间，无雨水冲洗、较脏的光伏组件其影响平均在 7%~10% 之间。平均取值按 5% 考虑。

2）光伏组件工作温度影响

光伏电池的效率会随着其工作时的温度变化而变化。当它们的温度升高时，组件效率呈现出降低趋势。根据实际状况及计算，组件工作温度引起的损耗取值按 5% 考虑。

3）其他各项损耗

线路损耗、逆变器损耗、光伏组件损耗等综合取值约为 11%。

综上，光伏系统发电总效率约为：

η=89%×95%×95%=80.3%，近似为 80%。

4.2 理论发电量计算

根据太阳辐射资源分析所确定的光伏发电多年平均年辐射总量，结合拟选择的太阳能电池的类型和布置方案，进行光伏发电系统年发电量估算。

在已知物流仓储屋面为彩钢板，屋面坡度为3.33%，未确定光伏板安装朝向的前提下，组件拟采用随坡平铺的方式，前期可按3%~5%倾角斜面估算接收到的太阳辐射量。根据软件计算，在最优倾角斜面比例的倾角斜面情况下太阳辐射量提高约为5%。屋面可用来布置光伏板的实际面积需扣除屋顶水箱、排烟天窗、屋顶楼梯及维修通道等面积，剩下的可利用面积约占全部屋顶面积 S 的80%。再根据单个光伏板尺寸得出最大可布置多少块光伏板 N，按单个光伏板最大发电容量求得整个屋面光伏系统的理论发电量 P：

$$N = 80\%S/(2.279 \times 1.134)$$
$$P = 80\% \times 0.54 \times N（单位：kWp）$$

5 结语

太阳能光伏发电作为可再生、清洁、绿色能源的代表，其应用越来越受到个人和企事业单位的重视。我国的太阳能资源十分丰富，为太阳能的利用创造了有利的自然条件。而物流建筑由于屋顶面积大，敷设大量太阳能光伏板的可利用面积充分，将太阳能转化的电能代替部分传统的电能进行使用，从而节省电费、节约能源、减少碳排放，在物流行业内已得到共识。

尽管目前太阳能光伏发电在能源结构上占比不大，但随着社会的不断发展和技术的不断进步，太阳能光伏发电系统也在不断改进，成本逐步降低，效率不断提高，在能源供应中扮演越来越重要的角色，相信太阳能光伏发电将逐步成为能源供应的主体。

6

物流园区海绵城市设计核心技术及路线分析

王平香　蒋恒　吴鑫

摘　要： 物流园区具有硬化面积大、透水铺装少、绿化率低、径流系数大等特点。本文着眼于"安全、生态、适用"，分析物流园区海绵城市设计核心技术及常用技术路线，以解决物流园区雨水排放问题。

关键词： 物流园区　海绵城市设计　核心技术　技术路线

1　物流园区建设特点

物流园区有别于普通的民用项目，具有其鲜明的特点，主要表现为：①为充分扩大可利用面积，加强物流园经济适用性，场地建筑密度大。②场地需要走重型车，需设置一定承载能力的混凝土路面，故绿化面积非常有限，绿化率通常仅在 5%~10%。③对项目景观要求低，一般无景观水池、人工湿地等可存水的设施。④当前的物流建筑多使用钢结构屋顶，荷载有限，且因为排烟采光等要求，屋顶会开设天窗。因此也无法设置屋顶绿化。⑤物流园区多设在较为偏僻的地区，周边市政设施尤其是排水设施不够完善。

综合上述原因，在物流园区实施海绵城市技术，存在较大的困难。海绵城市的发展要始终坚持海绵城市建设理念，通过采用"渗、滞、蓄、净、用、排"等低影响开发设施，最大限度地减少城市建设对生态环境造成的影响，从而达到"小雨不积水，大雨不内涝，水体不黑臭，热岛有缓解"的目标。近年来，城市化进程加快，在物流园区实施海绵城市势在必行。通常，规划阶段均对物流园区的海绵城市设计进行了强制性指标要求，考虑上述实际困难，相比民用项目对物流园区的径流控制率进行了下调，一般要求在 60%~75%。因此，需要选择适合物流园区的海绵城市核心技术及技术路线，才能真正解决物流园区场地内涝、排水困难，保障地表水环境质量有效提升和水环境功能区达标，扎实做好源头水量与水质控制。

2 物流园区海绵城市设计核心技术

2.1 生物滞留设施

物流园区内，一般在建筑物四周设有带状绿化带，在坡道、设备房等区域设有块状绿化带。需充分利用有限的绿化，建立合理的生物滞留设施。生物滞留设施指在地势较低的区域，通过植物、土壤和微生物系统蓄渗、净化径流雨水的设施。生物滞留设施分为简易型生物滞留设施和复杂型生物滞留设施，按应用位置不同又称作下沉式绿地、生物滞留带、高位花坛、生态树池等。典型生物滞留设施构造图详见图1。

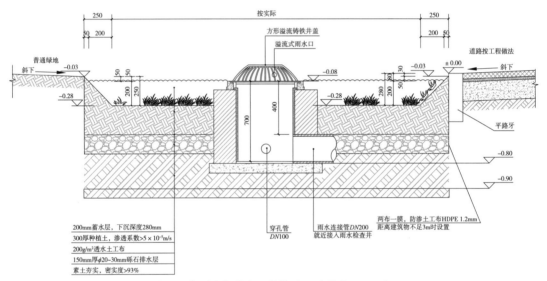

图1 典型生物滞留设施构造图（单位：mm）

物流园区的生物滞留设施应满足以下要求：

①对于储存物品污染严重的汇水区应选用植草沟、植被缓冲带或沉淀池等对径流雨水进行预处理，去除大颗粒的污染物并减缓流速；应采取弃流、排盐等措施防止融雪剂或石油类等高浓度污染物侵害植物。

②道路径流雨水可通过路缘石豁口进入，路缘石豁口尺寸和数量应根据道路纵坡等经计算确定。屋顶排水雨落管可断接至生物滞留设施，该措施根据物流建筑周边绿化情况及屋顶雨水量综合分析后方可采用，通常由于物流建筑屋顶雨水量过大且建筑周边绿化带较窄而无法实施。

③生物滞留设施应用于道路绿化带时，若道路纵坡大于1%，应设置挡水堰/台坎，以减缓流速并增加雨水渗透量；设施靠近路基部分应进行防渗处理，防止对道路路基稳定性造成影响。

④生物滞留设施内应设置溢流设施，可采用溢流竖管、盖箅溢流井或雨水口等，溢流设施顶一般应低于汇水面50~100mm。

⑤生物滞留设施易分散布置且规模不宜过大,生物滞留设施面积与汇水面面积之比一般为5%~10%。

⑥复杂型生物滞留设施结构层外侧及底部应设置透水土工布,防止周围原土侵入。如经评估认为下渗会对周围建(构)筑物造成塌陷风险,或者拟将底部出水进行集蓄回用时,可在生物滞留设施底部和周边设置防渗膜。

⑦生物滞留设施的蓄水层深度应根据植物耐淹性能和土壤渗透性能来确定,一般为200~300mm,并应设50~100mm的超高;换土层介质类型及深度应满足出水水质要求,还应符合植物种植及园林绿化养护管理技术要求;为防止换土层介质流失,换土层底部一般设置透水土工布隔离层,也可采用厚度不小于100mm的砂层(细砂或粗砂)代替;砾石层起到排水作用,厚度一般为250~300mm,可在其底部埋置管径为100~150mm的穿孔排水管,砾石应洗净且粒径不小于穿孔管的开孔孔径;为提高生物滞留设施的调蓄作用,在穿孔管底部可增设一定厚度的砾石调蓄层。

2.2　透水铺装

透水铺装是可渗透、滞留和排放雨水并满足荷载要求和结构强度的铺装结构。透水铺装按照面层材料不同和结构下层是否设置排水盲管,可分为透水砖铺装、透水水泥混凝土铺装和透水沥青混凝土铺装。嵌草砖、园林铺装中的鹅卵石、碎石铺装等也属于渗透铺装。物流园区需要设置较多的小车停车位,对于场地的荷载要求较低,通常可设置为透水铺装停车场。另外物流园区也会配备少量的生活区域,比如倒班楼、食堂等,这些地方的道路及广场也可以设置为透水铺装。典型透水铺装构造图详见图2。

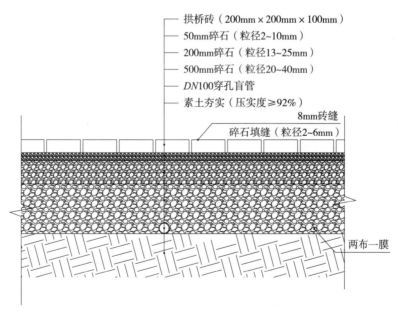

图2　典型透水铺装构造图

透水铺装结构应符合《透水砖路面技术规程》CJJ/T 188—2012、《透水沥青路面技术规程》CJJ/T 190—2012和《透水水泥混凝土路面技术规程》CJJ/T 135—2009的规定。透水铺装还应满足以下要求：

①当透水铺装对道路路基强度和稳定性存在较大潜在风险时，可采用半透水铺装结构。

②土地透水能力有限时，应在透水铺装的透水基层内设置排水管或排水板。

③当透水铺装设置在地下室顶板上时，顶板覆土厚度不应小于600mm，并应设置排水层。

2.3 雨水调蓄池

由于物流园区的特殊性，全部采用低影响开发绿色设施来达到海绵城市要求的径流控制率是非常困难的，且考虑物流园区有绿化浇灌、道路冲洗等用水需求，故常常需要在雨水管网末端设置雨水调蓄池，收集多余的雨水量，经过简单的处理后回用于道路冲洗、绿化浇灌、园区冲厕等。

蓄水池指具有雨水储存功能的集蓄利用设施，同时也具有消减峰值流量的作用，主要包括钢筋混凝土蓄水池，砖、石砌筑蓄水池及塑料蓄水模块拼装式蓄水池。蓄水池典型构造可参照国家建筑标准设计图集《雨水综合利用》10SS705。

蓄水池设计要点：

①雨水储存设施应设有溢流排水措施，溢流排水措施宜采用重力溢流。雨水收集系统的蓄水构筑物在发生超过设计能力降雨、连续降雨或在某种故障状态时，池内水位可能超过溢流水位发生溢流。重力溢流指靠重力作用能把溢流雨水排放到室外，且溢流口高于室外地面。室内蓄水池的重力溢流管的排水能力应大于进水设计流量。

②当蓄水池兼作沉淀池时，其进、出水管的设置应防止水流短路；避免扰动沉积物；进水端宜均匀布水。

③蓄水池应设检查口或人孔，池底宜设集泥坑和吸水坑。当蓄水池分格时，每格都应设检查口和集泥坑。池底设不小于5%的坡度坡向集泥坑。检查口附近宜设给水栓和排水泵的电源插座。当采用型材拼接的蓄水池，且内部构造具有集泥功能时，池底可不做坡度。当不具备设置排泥设施或排泥确有困难时，排水设施应配有搅拌冲洗系统，应设搅拌冲洗管道，搅拌冲洗水源宜采用池水，并与自动控制系统联动。同时，应在雨水处理前自动冲洗水池池壁和将蓄水池内的沉淀物与水搅匀，随净化系统排水井将沉淀物排至污水管道，以免在蓄水池内过量沉淀。

④溢流管和通气管应设防虫措施。蓄水池宜采用耐腐蚀、易清洁的环保材料。

典型雨水调蓄池（集合生物滞留设施）构造图详见图3。

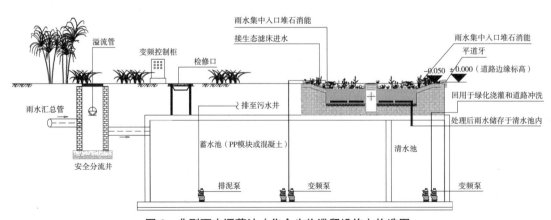

图3 典型雨水调蓄池（集合生物滞留设施）构造图

3 物流园区海绵城市技术路线举例

3.1 常规技术路线一

图4为物流园区海绵城市设计常规路线一,也是对园区影响最小的方法。该路线充分利用园区已有的设施,进行适当深化设计:将绿化尽可能地设置为下凹绿地设施,收纳道路、绿化自身的雨水径流进行蓄水,并通过生物净化作用去除径流中的污染物,下渗或超标溢流直接排入雨水管网;停车场、人行道等区域采用透水铺装,通过下渗内部蓄水,之后通过盲管排入雨水管网;屋面雨水污染较小直接通过管网收集后排放。由此减小综合径流系数,控制径流总量,降低内涝风险。

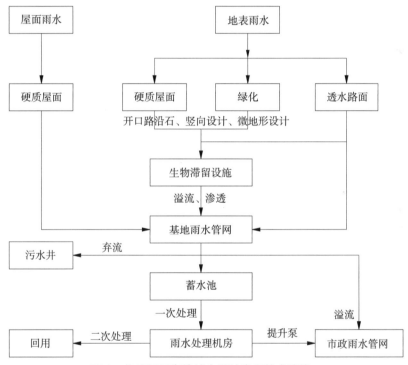

图4 物流园区海绵城市设计常规技术路线一

3.2 常规技术路线二

图5物流园区海绵城市常规技术路线二的重点是以"控"为主,主要控制雨水外排量,结合项目周边用地性质、绿地率、铺装面积等条件,综合确定低影响开发设施的类型与布局。通过充分设置绿化、透水铺装、透水沥青路面等方式降低径流系数。路面径流导流进入下凹绿地、雨水花园等场所进行调蓄下渗;而大片的硬质屋面排水则通过立管断接后进入高位花坛、下凹绿地、雨水护院等区域;最后于管网末端设置调蓄池集水回用。该路线注重空间的多功能使用,高效利用现有设施和场地,并将雨水控制与景观相结合。根据地形,竖向将多种LID设施组合,形成联动性海绵设施单元,既满足景观效果,又将海绵融入,提高园区品质。

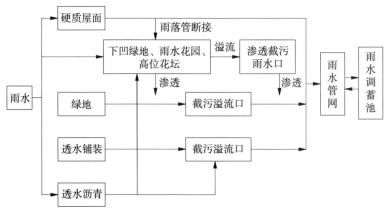

图5 物流园区海绵城市常规技术路线二

4 结语

从上述内容可知，由于物流园区的特殊性，其海绵城市设计具有一定的局限性。本文从物流园区特殊性出发并结合多年项目经验，分析一系列海绵城市设计核心技术，总结出适合物流园区的安全、生态的技术路线。在未来，需进一步研究海绵技术措施，使物流园区海绵城市设计具备高品质、低影响、低成本的特点。

参考文献

[1] 章林伟. 中国海绵城市的定位、概念与策略——回顾与解读国办发〔2015〕75号文件[J]. 给水排水，2021，57（10）：1–8.

7

储能系统在物流建筑中的应用和展望

吴明　高向尚

摘　要： 随着国家对可再生能源利用政策的推进和储能技术的不断发展，储能系统在物流建筑中的应用逐渐引起人们的关注。国内外储能系统应用政策的推动以及储能技术的优势对物流建筑在高效能源管理和环境可持续发展中有着积极作用，有力地提升企业的影响力和可持续发展形象。

关键词： 物流建筑　储能系统　可再生能源　ESG

1　综述

随着物流行业的不断发展和可持续能源重要性的日益凸显，物流建筑作为供应链的重要组成部分，能源需求日益增长。传统的能源供应方式存在一些挑战，如能源波动性、能源成本和环境影响等。随着可再生能源和储能技术的发展，储能系统的引入为物流建筑提供了一种创新的能源管理解决方案，使其能够更加灵活、高效地管理能源。

2　国内外储能系统相关政策和储能系统种类

2.1　国内外储能系统相关政策

2017 年中国发布《关于促进储能技术与产业发展的指导意见》（发改能源〔2017〕1701 号），指导意见中大力支持储能技术的研发和应用，为储能技术的发展和系统应用奠定了基础。政策中鼓励发展储能技术，强化国内储能发展方向，并推动储能加快市场化，促进储能技术应用场景。仅2022—2023 年我国出台了 30 多份新型储能政策。

2022 年 3 月，国家发展改革委、国家能源局发布《"十四五"现代能源体系规划》，明确了加快新型储能技术规模化应用的政策导向。其中提出："积极支持用户侧储能多元化发展，提高用户供电可靠性，鼓励电动汽车、不间断电源等用户侧储能参与系统调峰调频。""非化石能源消费比重在 2023 年达到 25% 基础上进一步大幅度提高，可再生能源发电成为主体电源，新型电力系统建设取得实质性成效，碳排放总量达峰后稳中有降。"

2023 年 1 月国家能源局印发《2023 年能源监管工作要点》，其中提出："在电力市场机制方面：加快推进辅助服务市场建设，建立电力辅助服务市场专项工作机制，研究制定电力辅助服务价格办法，建立健全用户参与的辅助服务分担共享机制，推动调频、备用等品种市场化。"

国内政策大力鼓励分布式光伏应用，我国多个省市区光伏安装装机容量快速增长。据国家能源局统计数据显示，截至 2021 年末，国内光伏发电量累计装机容量达到 306.56GW。随着光伏产业的蓬勃发展，各省各地陆续发布新能源配置储能的政策。多地政策中对分布式配储做出了要求。各省市区配储比例要求范围约在 5%~25% 之间，配置时间约在 2~4h。西藏、河南、陕西、上海、河北、甘肃等地要求配储比例均达到 20%。

与此同时，美国、德国等发达国家在储能领域进行大规模应用，世界各国近年来纷纷加强了对储能产业的计划和扶持，美国采用减免联邦节能税法，企业和个人可获得储能系统的投资抵免，美国能源部（DOE）提供大量资金进行研发和推广储能技术，提高储能性能，降低储能成本。根据美国能源信息署（EIA）近年来储能容量统计数据可以看出储能配置容量不断攀升，2023 年预测储能装机容量将是 2015 年的 10 倍以上，如图 1 所示。

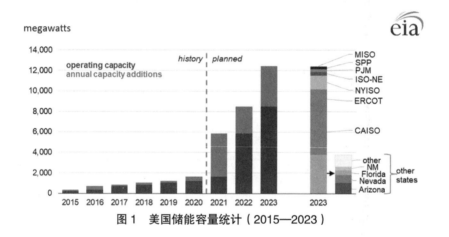

图 1 美国储能容量统计（2015—2023）

德国政府通过储能补贴计划提供财政补贴和奖励，已扶持了大量示范性项目，鼓励大规模储能技术的推广应用。储能系统具有灵活性和可靠性，平衡电网负荷，调节能源供应和需求之间的差异，确保电力系统的稳定运行。这对能源安全至关重要。

受能源短缺危机的影响，用电成本不断上涨的压力以及净零碳目标的驱动，国内外纷纷开始研发储能技术并进行市场化部署，充分提高可再生能源利用率，结合分布式光伏产业发展为储能系统多场景应用创造条件。在储能技术的多场景应用中物流建筑因得天独厚的屋顶太阳能光伏敷设条件以及分布式能源方面政策上的强力支持，储能系统在物流建筑中的应用将会进一步得到推进。

2.2 储能系统的主要种类

储能系统是当今能源领域的重要技术，目前国内储能系统种类多样，涵盖了多种类型。主要化学储能种类为锂离子电池储能系统、铅酸电池储能系统、钠硫电池储能系统、液流电池储能系统。其中液流电池包括锌铁液流电池、全钒液流电池、铁铬液流电池、铁溴电池等。各类储能技术的性能对比主要包括能量密度、安全性、环保性、充放电次数及效率、工作温度等，主要性能参数对比如表 1 所示。

化学储能电池性能参数表 表1

	磷酸铁锂电池	铅酸电池	钠硫电池	液流电池
能量密度（Wh/L）	150	30~40	150~240	/
安全性	较好	无	金属钠有安全要求	部分液流电池酸性腐蚀
环保性	较好	差 重金属污染	中	部分物质有毒、危废
充放电次数（次）	3500~6000	300~350	2500	>15000（全钒）
充放电效率（%）	90	75	75~90	65~80
工作温度（℃）	常温 低温性能差	常温	300~350	常温

　　铅酸电池虽然已经在市场中发展多年，但由于充电时间长，充放电次数少，单位能量蓄电能效小，对环境有腐蚀性，不适用于物流建筑的使用。钠硫电池技术仍在发展阶段，虽然具有利用效率高、响应快、能量密度高的优势，但其劣势也颇为突出，包括安全性差、温度要求高，目前仍处于技术初期阶段。

　　锂离子电池是目前国内最为常见和应用最为广泛的电池技术，锂离子能量密度高，循环寿命长，具有快速充电能力，可适用于物流建筑中，但由于锂离子非常活跃，存在一定的安全隐患，有发生火灾或爆炸的危险，需要在设备放置过程中根据规范要求加强技术措施。

　　液流电池的细分种类相对比较多，部分液流电池的环保性及安全性相对较高，与其他种类的储能技术相比充放电次数高，使用寿命长，对于后期进入用户侧使用有着一定的优势。从2019年开始各类液流电池项目的应用逐步进入市场，相信未来会拥有更广阔的发展空间。

　　由于储能进入用户侧仍在初步探索阶段，液流电池在物流建筑的应用项目仍比较少见，但随着技术的快速发展和政策优势，预计将来会有更多实施案例出现。

3　物流建筑内的储能系统应用优势及发展现状

3.1　储能系统在物流建筑中的应用优势

　　大型物流建筑或物流园区未来对电力需求的稳定性要求越来越高，由于物流建筑屋顶对于光伏板的敷设有着得天独厚的优势，大面积的光伏敷设结合储能技术可以充分利用可再生能源，可实现光储充放一体化，使园区供电具有可持续性。以某物流园区为例，规划总用地面积为157471m²，建筑基底面积为98456m²，太阳能光伏可敷设面积约为75000m²，光伏发电安装容量为7500kW，光伏年发电量约为863kWh/a。估算物流建筑的年耗电量约为630kWh/a。由此可见光伏敷设装机容量可以覆盖普通物流建筑自身的用电需求。储能系统的应用可以平衡供需并确保可持续能源的连续供应，提供持续供电以保证关键设备和业务的正常运行，减少电网不稳定或停电的风险。

　　未来物流建筑将会进一步提升智能化和自动化程度。随着物联网、人工智能和机器人技术的不断发展，物流建筑将趋向于更智能化和自动化。无人机、自动化的仓储和分拣系统、智能的物流追踪和管理系统等将成为常见的技术应用。物流建筑将越来越依赖数据收集、分析和智能决策。由此可知，对于大量的用电设备接入和数据存储安全，储能系统将是保障设备及数据稳定运行的核心系统之一。

储能系统在物流建筑的运营管理上有着积极的作用，可以实现能量的存储和平衡。储能设备可以存储多余的能量并在需要时释放，以平衡电网负荷。物流建筑可以利用储能系统来平衡能源峰谷需求，减少用电成本并增强能源供应的可靠性。

冷链物流由于疫情的推动在国内迅速得到发展，设置有冷链物流的园区需要大量的电力来支持物流设备、冷藏冷冻设备运行。储能系统可以通过有效的智能能源管理，削峰填谷，控制用电成本。与此同时，也可以作为园区运营的应急备用电源，为冷链物流建筑稳定运行提供保障。

3.2 储能系统在物流建筑项目中的应用现状

国内外随着政策的推进，储能系统在电网侧以及发电侧已经进入系统部署的爆发期，但在用户侧由于受到商业模式及回报机制的限制，发展相对比较慢，仍需要国家相关政策的推动并逐步走向市场化。

物流建筑园区内应用储能系统的项目在全世界范围内仍不多见，对储能系统的应用正处于积极研发阶段。根据相关资料显示美国电动汽车制造商特斯拉（Tesla）在美国的物流中心将储能系统用于存储和分发电动汽车和能源产品。该物流中心安装了特斯拉的储能设备 Powerpack，采用锂离子电池技术，用于支持物流中心的运营。储能系统容量可达数兆瓦时级别，能够提供持续而可靠的电力支持。

在国内，物流地产公司结合国家的光伏补贴政策，正努力推进储能系统的应用。目前，应用储能系统的物流项目已经处于实施阶段（图 2），项目实施研究成果会逐步推向市场。

图 2 物流园区应用储能系统的实施案例

4　国内相关规范对储能系统布置的要求

由于物流园区的建筑特点，储能设备设置在室内或半室内会减少建筑使用面积且有一定的危险性。目前储能预制舱（柜）以全户外布置为主，一般预制舱内集成储能电池、储能变流器、变压器、开关柜及辅助设施。

因物流园区的开发需考虑充分利用土地面积以得到良好的仓库租赁面积，储能预制舱（柜）的布置十分有限。储能预制舱（柜）的布置需根据火灾危险性等级以及设备散热、运维检修及安装等需求综合考虑。虽然与储能系统相关的各类规范、技术标准、行业标准随着行业的发展正陆续出台，但由于储能技术为新兴技术，且储能设备种类繁多，各类型储能系统介质的化学性质有差异，关于储能预制舱（柜）布置要求的相关消防规范制定仍在积极努力地进行中。

2022 年 6 月 17 日，住房和城乡建设部办公厅发布了《电化学储能电站设计规范（征求意见稿）》公开征求意见的通知，对全户外设备进行了定义并提出了相应的布置要求：

7.5.5　全户外布置储能单元可采用屋外电池预制舱设备，设备间距需应满足设备运输、检修的需求。锂离子电池、铅酸（铅炭）电池预制舱长边间距不宜小于 3m，电池预制舱短边间距不宜小于 3m。液流电池预制舱设备开门侧间距不宜小于 3m。电池预制舱（柜）设备距离站内道路（路边）不应小于 1m。

12.2.3　室外电池预制舱（柜）和锂离子电池与丙、丁、戊类生产建筑（一、二级）安全距离不应小于 10m 和 20m。

12.2.4　锂离子电池预制舱（柜）设备站外道路（路边）不应小于 3m，且电池预制舱（柜）设备距离站外道路（路边）不应小于 1m。

2020 年 6 月 30 日，中国电力企业联合会发布《预制舱式磷酸铁锂电池储能电站消防技术规范》T/CEC 373—2020，其中要求：

6.3.2　电池预制舱之间的防火间距不应小于 3m；当采用防火墙时，防火间距不限。防火墙长度、高度应超出预制舱外廓各 1m。

6.3.5　电池预制舱布置区域与储能电站外部铁路线中心线的防火间距不应小于 30m，与站外道路路边的防火间距不应小于 15m，与站外高层民用建筑的防火间距不应小于 40m，与站外其他一、二级建筑物的防火间距不应小于 12m，与站外三级建筑物的防火间距不应小于 15m。

规范中规定了全户外预制舱（柜）设备与建筑物之间需要满足防火间距的要求，在不满足的情况下应设置防火墙。由于目前《电化学储能电站设计规范》仍为征求意见稿，且主要针对储能电站内建筑物、构筑物及设备的防火间距的要求，针对物流类建筑的要求未能明确，只能作为设备布置的参考依据。随着储能技术的发展和规范的进一步完善，储能电站布置的相关问题会得到进一步明确。

5　储能系统在物流园区应用的展望

储能系统的应用可以为改善环境带来新的解决方案。未来储能系统在物流建筑中的应用有望取得更大的突破和进展。通过技术创新和改进增加容量、提高充放电效率、进一步降低成本，可以减少对传统电网的依赖，降低能源消耗和碳排放。结合物流仓库中大面积使用的分布式光能，减少石化燃料的应用，可以有效降低温室气体的排放和环境的影响，实现碳中和和净零碳的目标以及赋能客户的可持续发展。

储能系统在物流建筑内的应用能够更好地回应客户可持续供应链的需求，提升满意度和社会影响力。储能系统的应用有效地提高了日常运营可靠性和稳定性，确保持续的电力供应，保障供应链的顺畅运行。可靠的能源供应保障了客户和合作伙伴的利益，同时也满足了社会对可靠物流服务的需求。

对于企业而言，储能系统的应用可以保障管理系统监控和控制的正常运行，确保了相关数据的透明度和可追溯性，有助于更好地管理和评估企业绩效，保护利益相关者的权益，提升企业的治理能力和声誉。

6 结语

储能系统对 ESG 评级产生积极的影响，良好的 ESG 表现和较高的评级满足客户和利益相关者对环境可持续性和社会责任的期望，有力地提升了物流地产企业的影响力和可持续发展形象，有助于增强企业的竞争力、拓展市场份额和获得长期可持续的经营成功。积极应用储能系统将为物流地产企业赢得投资者的青睐，吸引更多的资金支持和合作机会。

8

◇ 智慧物流园区设计

姜垚

摘　要： 现代化的物流园区是集便捷仓储、周转配送、多式联运、物流金融、信息平台功能于一体，以信息共享和物流金融服务作为园区的核心竞争力，实现物流业、商贸业、金融业、制造业和信息技术五大产业在园区内的共同协调发展，创新物流产业发展新模式、再造物流新体系，把园区建设成为一个先进的物流园区。物流园区在区域和行业内的领先地位离不开数字化、生态化的应用，所以现代化的物流园区发展方向应该是智慧型的物流园区。

关键词： 数字平台　生态应用　数据融合

1　综述

　　智慧物流园区作为联系产业上下游的纽带，是各项经营活动的基本支撑和主要载体，是为实现物流过程的"无缝衔接"和综合发展而搭建的重要平台。智慧物流园区有利于加速区域经济发展，提升物流业的服务水平；有利于土地资源的集约化使用，减轻道路、环境和能源的压力；有利于政府部门管理物流市场，提高管理效率；有利于促进区域现代服务业的发展，增加就业机会等。智慧物流园区的形成和发展将优化产业环境和产业结构，树立区域的竞争优势，整合各专业市场及货运市场的优势，推动经济建设，以实际行动努力实现碳达峰和碳中和的目标。

2　方案理念

2.1　过去

　　常规的物流园区设计中包含以下内容：消防系统、楼宇自控、门禁系统、周界报警系统、停车管理系统、信息发布系统、电能管理系统、电子巡更系统、出入口管理系统及资产管理系统等（图1）。

　　以上均为高、中、低端园区较为常见的应用实施方案，其中包含了规范要求必须执行的及业主根据园区需求增加的内容。

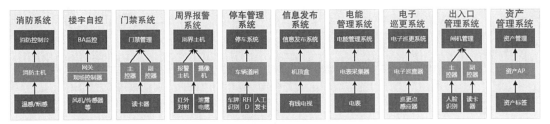

图1 常规物流园区设计的弱电系统

2.2 现在

当前，物流园区需要以政策为导向，重新定义园区：纵向解耦，横向整合，联接与控制分离。

新型物流园区以数字平台作为依托，结合智能运营中心、综合安防、便捷通行、设施管理、资产管理、能效管理、业务管理、环境空间、高效办公等业务应用，对人员服务、物联服务、流程服务、时空位置、开发使能、人工智能、统计分析、融合通信、公共服务、集成服务做综合性、集成性应用和管理，同时对末端的监控、门禁、周界、手机、空调、照明、车位、停车、付费、闸机、资产、工位、会议室等做灵活性监管和使用。

通过数字平台结合生态应用的智慧业务体系和智慧平台的建设，打造新型智慧物流园区。以体验增强、运营提升、业务创新三大核心思路，配合智慧生态平台应用建设，打造新一代园区。总体可以分为两个层面（图2）。

2.2.1 业务层

以用户体验为核心：根据用户角色的不同诉求，提供差异化的最佳体验服务；

以运营提升为根本：自动化代替手工以释放资源；智能化驱动模式创新，科学决策；

以业务创新为驱动：通过创新业务，体现园区的先进性和引领性。

2.2.2 技术层

建设集移动通信、WIFI网络、融合导航、智慧停车、资产运营、IoT、视频分析、联动指挥、大数据等智慧化解决方案于一体的智慧生态平台应用，为国际一流智慧园区的打造奠定信息技术及应用基础。

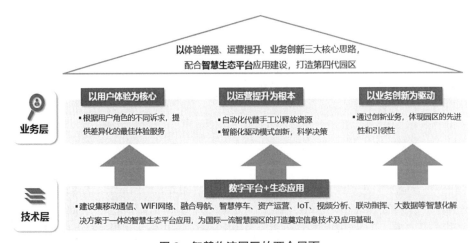

图2 智慧物流园区的两个层面

3 建设规划

通过智慧业务体系和智慧平台的建设，完成对智慧园区技术架构的建设；以全生命周期运营为目标，基于数字平台、生态平台，提供"平台＋网络＋硬件＋软件"统筹规划设计。

应做到全开放、全融合及全联接：

全开放：提供通用场景业务参考基线，提供开发 API 接口，帮助提供新业务敏捷、创新的开发体验。

全融合：封装新 ICT 能力，沉淀数据资产、集成资产、业务资产，实现园区内人与人、人与物、物与物、IT 与 OT 系统之间的连接。

全联接：物理世界与数据世界对接业界多家子系统，打破烟囱式子系统垂直建设。

3.1 网络建设

3.1.1 基础网络

基础网络的建设采用 5G＋全光网络，实现多业务、高带宽、广覆盖、网络简单、多网合一、实施维护简单和绿色的功能。

一张网可满足多种需求。应用端实现基本的数据传输和语音传输；多网合一将外网、无线网、电视网、内网、智能化专网、光纤预留网、电话网全部整合；功能上满足访客、内部人员使用互联网的需求，满足内部管理、信息互通使用，满足智能化设备的数据传输需求，满足未来大流量应用扩展功能预留，满足语音的高效和稳定传输（图 3）。

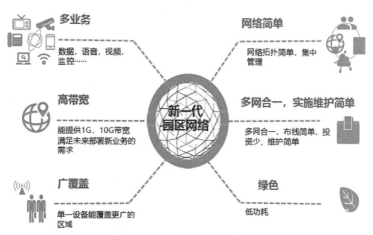

图 3 智慧物流园区的网络建设

3.1.2 无线网络

采用第六代无线网络技术 WIFI6，迎接未来全无线智慧园区，迎接无线 MR 体验学习的到来，迎接园区数字化的到来，迎接无线高密接入的到来，迎接 4K/8K 无线视频会议的到来。

一是容量上满足室外公区、会议室、楼宇办公、报告厅、园区等的使用；二是带宽上满足 1080P 视频会议、4K/VR/AR 直播、VR/AR 互动的使用；三是延时性越小越好，建议不高于 30ms/STA。

3.2 智慧运营中心

智慧运营中心集指挥中心和运营中心为一体，结合展示窗口，融合数据、业务和应用，实现全数字化运营（图 4）。

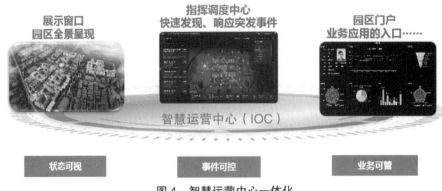

图 4 智慧运营中心一体化

3.2.1 指挥中心

充分利用数字平台的数据融合、业务协同、创新敏捷等功能，联接物联网、WIFI、蓝牙、网线，以此实现运营可视、管理智能和决策科学。

运营可视：通过园区用户画像分析功能，不限于地域分布、年龄分布、兴趣标签、收入分布、需求分析等，分析得到园区的总体态势、人员/车辆、安全策略等。管理智能：通过生产运营效益分析软件，分析得到资产管理、安防应急、智能会议等的运营策略。决策科学：根据园区布局及人流动态，利用园区的规划策略，可以做到能效管理、人流分析、设备预检等功能。

3.2.2 运营中心

数字平台拥有集成和被集成能力。数字平台接入园区管理平台，监控园区运行状态和数据；接入集团企业系统，可实现业务数据的统一管理；接入企业管理、后勤管理、智慧党建系统，可实现业务流程和数据管理。运营者可实时实现综合态势感知，决策联动，统一运营（图 5）。

图 5 运营中心效果图

3.3　综合安防和监测管理

智能立体的安防体系：主出入口人脸布控，识别可疑人员，黑名单智能监测；敏感区域入侵检测报警；园区车辆布控，轨迹跟踪，违停智能监测；各类告警及时查看，自动派工单。建立智能立体化的安防体系，降低安全事故发生概率，智能化可让园区更安全。

便捷通行：多角色、多方式、多区域通行，兼顾安全与体验。（1）AI 使能，人脸通行、车牌识别通行、刷卡通行等多种方式，各系统由数字平台实现统一权限管理；（2）面向自有员工、访客、供应商等不同角色，提供统一的通行方式。访客可在线自助申请，提高效率与体验；（3）客户化定制闸机，延伸应用领域。与物流等系统打通，自动配置供应商入园权限。

能效管理：对建筑用电、用水、用气、用冷、用热等能源数据进行在线监测与分析，掌握建筑能源流向、能耗强度以及客户用能规律，并进行负荷预测，制定未来的用能方案。基于 AI 算法实现可视、可优、可控的节能降耗：智能电表、水表、空调系统、制冷机组的用能可视；用电精准预测，提前调配、大数据分析、评估优化空间、精准控电、避免浪费；设备可控可以支持 TOP 厂家设备的故障诊断，通过固化专家经验，对照明、冷却群控、BA 系统等设备的智能分析及预检预修等。

3.4　其他

全生命周期的设备设施智能管理，以减少设备故障。

全场景协作，多屏互动，随时沟通，会议互联互通，实现智慧办公。

明厨亮灶、错峰快付、科学配餐，提供及时、优质、高效的智慧食堂服务。

公共空间与公共资源共享，实现智慧共享与配套服务。

4　项目应用

智慧物流园区需要一个中央控制室，作为园区的运营中心使用，控制室面积建议为 60~80m²，地面采用不少于 15cm 高的架空地板。控制室主要由数据大屏、操作台、机房和电池间组成，机房和电池间的大小根据项目体量、定位及需求做深化设计。

园区物流建筑单体均需要设置独立的弱电间。设置弱电间的目的是方便配线和设备运管，同时让物流建筑整体更整洁、美观。

以控制室为核心区域，放射式或树干式预埋线路套管至园区各物流建筑的弱电间内，可根据功能需要适当多预留备用套管。每个单体可预留 3~4 根 $DN100$ 热镀锌钢管或者有一定可挠度的硬质塑料套管以满足智慧园区线路的敷设使用，或者也可以采用在卸货平台下吊装弱电线槽作为弱电线路敷设的载体。

5　建设价值

部署公有云形态或云边协同形态，可以实现相应的客户价值。

建设前期通过智慧园区整体咨询规划，结合智能化设计，同时投入数字平台和标准管理系统功能，综合做到智慧园区的顶层设计、架构规划及实现路径。

利用 IOC 打造智慧运行管理枢纽和展示中心，利用智能联动实现园区智能运行的升级；利用新智能设备快速接入融合、软件赋能硬件快速升级、应用创新快速上线和全光网络的平滑升级来保持科技的持续领先；利用物管信息化、标准化、集约化，城市中心多项目垂直管理，数字化运营和数据资产积累来实现高效运营管理。

以上，网络组网成本减少约 20%，IT 基础设施成本减少约 30%，物管成本减少 10%，能耗成本减少 10%，新应用开发成本减少 50% 等。

智慧物流园区采用先进的智能化技术和可持续的管理方法，能够实现物流作业流程中的资源优化和利用，从而减少能源消耗和温室气体排放，进而减少对环境的影响并提高资源利用效率，这样的低碳价值对于可持续发展至关重要。

6 结语

践行"平台 + 生态"战略，把数字世界带给每个人、每个客户、每个园区，建设符合客户价值的智慧物流园区，以科技促进物流行业快速稳定的发展。

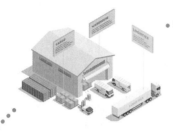

五

设计讨论

- 物流建筑立面设计探究
- 后疫情时代保供物流园设计
- 物流建筑精细化设计
- 物流建筑坡道设置原则
- 自动化高架立体库设计要点
- 物流建筑楼梯设计要点
- 前店后仓总图设计理念
- 物流建筑竖向交通设计
- 坡地上的物流建筑设计
- 物流项目建筑师负责制试点实践经验总结
- 项目施工的过程管理
- 某物流建筑混合结构抗震设计
- 屈曲支撑在高烈度地区高层物流建筑中的应用
- 轻钢屋面增加光伏荷载案例分析
- 物流建筑常用装配体系简介
- 物流建筑挡土墙结构设计探讨
- 物流建筑柱配筋形式力学性能研究
- 坡道及卸货平台结构设计探讨
- 运输平台烟气流动特性模拟及排烟形式分析

1

◇ # 物流建筑立面设计探究

郭鸣　钱霖霖

摘　要：物流建筑作为产业建筑中的一大类，一直以来都是以工艺需求为主导，重视经济性，缺乏艺术性。在新时代新形势下，物流产业迅猛发展，物流园逐渐占据优势的城市区位，物流建筑的立面设计也被投以越来越多的关注。本文结合以往的物流建筑设计经验，借鉴国内外的经典案例，对物流建筑的立面设计进行一些探索。

关键词：物流建筑　立面设计　设计策略

1　综述

随着物流产业的迅猛发展，物流建筑建设量逐年上升，物流产业园在全国各地的经开区遍地开花，随着城市的扩张，物流建筑不再处于城市边缘地带，而是成为城市建设和经济发展中不可或缺的载体，正在逐渐成为城市经济的新名片，被赋予更多的要求和期待。

2　物流建筑立面设计的难点

长久以来，物流建筑作为产业建筑中的一大类，以满足工艺需求为主导，重视经济性，形式较单一，缺乏艺术性。随着时代发展，物流建筑与市民生活工作越走越近，尤其是近几年仓储式会员店、智慧物流园等商业模式的迅速崛起，使物流建筑立面设计被投以越来越多的关注，凸显企业外在形象，融入现代城市环境，在功能主导、成本集约的大趋势下，发展出新的设计思路，赋予物流建筑更多的文化内涵，成为当下研究探索的新课题。

相比于民用建筑，物流建筑有着自身的独特性，在建筑设计中面临着许多难题，归纳下来主要有以下方面。

2.1 功能单一

物流建筑，依据功能定位可以分为口岸仓库、中转仓库、流通加工仓库、存储仓库等，依据流通环节又可以分为配送中心型仓库和存储中心型仓库。物流建筑单体主要以高大的仓储空间为主，辅以配套的设备用房、分拣办公空间，整个园区内主要建筑单体均以标准化设计原则进行复制组合，重复性高。

2.2 尺度巨大

物流建筑出于土地利用最大化和建造成本控制的考虑，大多将单体占地面积做到设计规范允许的最大值，常见的物流建筑单体长度在 120m 以上，进深在 70~100m 之间，高度多为 24m 的多层建筑或者 32m 的高层建筑，建筑体量很大且形体规则，由此带来的问题是很难让身处其中的人产生归属感和亲切感，如何在视觉上弱化体量的效果，让建筑拥有更丰富的尺度层级是设计中的一个挑战。

2.3 立面构件较少

物流建筑外立面普遍简洁，以功能性构件为主，常见的有室外疏散楼梯、装卸货平台上方的钢结构大雨篷、间隔排列的屋面雨水排水管、通风排烟的防雨百叶窗、用于库内采光照明的长条窗，以及屋面的检修爬梯、救援平台等设施，装饰性构件由于成本控制原因往往难以落地。

2.4 成本制约

物流建筑主要受经济性制约，项目的投入产出比是控制整个项目最重要的评估方式。在设计之初，便会严格控制建设成本，同时考虑后期运维成本，对设计方案的经济性和耐久性提出更高要求。

如何在方案设计阶段综合协调、挖掘物流建筑的这些特点和待解决的难点，展现工业建筑独特的结构美，材质美，韵律美，工业美，同时让置身其中的人员在良好的环境中产生归属感、生活感和亲切感，需要建筑师们投入更多的热情，不断思考、探索创新。

3 物流建筑立面设计的策略

建筑外观不仅是分隔内外部空间的介质，更是建筑设计与表达最为直接的语素，是建筑与人之间进行"交流"的第一道媒介，给人以最直观的感受。尽管目前的物流建筑还受很多方面因素的制约，但是优秀的外观设计不仅为工业活动提供良好的物理环境、生理环境和心理环境，还能够使企业产品得到宣传，并且起到吸引人才、提高企业形象和企业的知名度的重要作用，对企业的长远发展大有益处。本文收集了一些国内外较有特色的物流建筑案例，进行整理归纳，以期为设计提供一些借鉴。

3.1 体量设计

物流建筑的大体量给设计带来了一定的难度，大尺度、大柱网的功能需求则需要建筑师给出不同于民用项目的设计手法。一般情况下，物流建筑的体型变化多在局部进行处理，比如出入口、建筑转角、卸货区等，也可以从大体量、均衡、阵列式的布局中运用体块大小、高低、横竖等变化进行处理。在体量组合时，通常以轴线来表明整个园区的主次构图关系，运用对比的手法，如虚实之间、材质变化、色彩冷暖等组合进一步强化对比。

局部的变化结合建筑整体，使得建筑更具有一致性和变化性，灵活运用块、面、线、点的设计方式，更能展现工业建筑独特的美（详见图1~图4）。

图 1　整体体量均衡

图 2　局部形体变化

图 3　虚实对比

图 4　色彩对比

3.2 材料设计

建筑的材料选择是非常丰富多样的，充分结合材料特点和性能，加上优秀的设计及合理的施工才能让材料发挥最大的价值。当前行业中，物流建筑使用最多的外墙材料主要是彩钢板、岩棉夹芯金属板，局部会用到玻璃幕墙和阳光板等。结合建筑功能布局，利用不同材料的组合形成强烈的虚实对比，如玻璃和波纹彩钢板，格栅和金属墙板等，强烈的视觉反差使立面变得丰富有变化，且给人一种简洁大气、逻辑清晰的观感（详见图5~图8）。

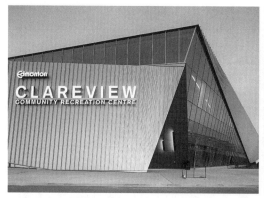

图 5　幕墙与彩钢板（一）

图 6　幕墙与彩钢板（二）

图 7　外窗与岩棉夹芯板（一）

图 8　外窗与岩棉夹芯板（二）

3.3　色彩设计

　　物流建筑由于体型简洁且尺度非常大，在立面色彩上着重进行一些设计思考，是对使用功能和建设成本影响最小，且效果最明显的一种设计手法。查阅国内外类似案例可见，有大面积采用深色晕染，局部加入亮丽色彩进行点缀的项目；也有结合立面功能性构件或者小体块，设计成鲜艳、跳跃色块，增加整个建筑物的灵动性的项目；另外也有些项目运用渐变色块有序排列组合；总的来说，色彩设计的目标都是致力于打破原本统一平淡的立面底图，碰撞出更鲜活的色彩体验感，在平实的立面上打造出视觉亮点，提高项目的观赏性和可识别性（详见图 9~ 图 13）。

图 9　对比色

图 10　盒马"钻石"门头

图11 "像素"门头

图12 跳跃色对比

图13 色彩对比肌理

3.4 线条设计

从视觉上看，线相对于体和面具有更明确的方向性，可以表示特定的气氛。水平线平行于地平线，横向延伸，给人以宁静、舒展的感觉，可以降低建筑的视觉高度，使建筑看上去更接近地面，更贴近人的尺度；竖向线条由地面伸展向天空，给人高耸、挺拔、向上之感，能够展现出工业建筑特有的力量感；而适量的折线条和曲线条的叠加，则可以表达更多山峦起伏的动态、变化美。在物流建筑立面设计中，有意识地运用不同类型线条，通过重复、渐变、交错等各种手法，结合色彩和材质，设计出一定的规律和秩序，也能产生直观而强烈的视觉冲击（详见图14~图17）。

图14 某项目"蓝条纹"厂房

图15 某项目"条形码"厂房

图 16　临港产业区某项目（一）　　　　　图 17　临港产业区某项目（二）

3.5　细部设计

随着物流建筑与公众的相互沟通逐渐增强，园区内的人性化设计势在必行。在大型物流建筑中，建筑物的员工出入口、局部办公区等都是与人员的生产生活密切相关的空间，是能够集中体现人性化设计理念的重要切入点，也可以为整体外立面效果锦上添花。

在大体量的物流建筑中，人员出入口空间相对来说都是极小尺度的存在，很容易出现比例失调的情况。在设计时，建筑师需要在不增加过多装饰且不占用过多功能空间的基础上，提高出入口的标志性，尽可能拓展入口空间的视觉尺度，确保局部与整体的比例和谐统一（详见图 18、图 19）。

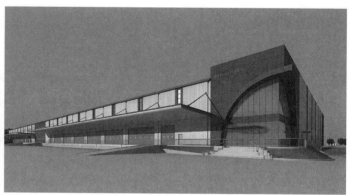

图 18　局部凹入口设计　　　　　　　图 19　局部办公区标示性设计

在多高层物流建筑中，货车坡道、货运大平台和室外疏散楼梯是必不可少的功能配置。物流园规划中为了缩短货运流线，减少竖向车流干扰，货车坡道大多情况下被设置在靠近园区主要出入口位置。而从立面设计来说，坡道独具特点的形体非常容易成为视觉焦点，尤其当坡道位于城市道路交叉口时，对城市景观影响非常大。建筑师在立面设计时，为货车坡道增设一层围护表皮，并进行适当的灯光设计后，非常成功地将汽车坡道打造成了项目的一大亮点，提升了整个项目的外观形象（详见图 20、图 21）。

图 20　坡道外表皮设计（夜景）

图 21　坡道外表皮设计（日景）

3.6　造价比较

在物流建筑中，造价控制一直是不可回避的问题，外立面同样也是开发商关注的焦点。目前市面上物流项目主流的外围护结构材料主要是彩钢板和岩棉夹芯板，从成本上来看，彩钢板最具性价比，岩棉夹芯板次之，两种材料的施工速度快，建设周期短，契合当下快速开发建设的需求。另外，在建筑的出入口局部会考虑玻璃幕墙，玻璃幕墙造价相对较高，运用较少。

通过材料对比、造价控制，在外立面投资有限的情况下给予更经济的方式提升外立面的品质效果。

4　结语

新时代新形势下，新材料、新技术不断涌现，新的管理、新的系统、新的设备不断交叠更替，物流建筑的立面设计也面临着新的挑战。建筑师需要率先转变传统的设计思路，给予工业建筑更多的关注和探索，努力创造经济、实用、美观、和谐统一、绿色低碳、有温度、有文化、有人文关怀的新工业建筑形象。

2

后疫情时代保供物流园设计

顾佶

摘　要： 全球疫情暴发对我国各领域均产生了深远的影响，暴露出了城市居民生活物资在特殊时期还是存在保障受阻的民生问题。特殊时期的货源问题，物资的存储问题，物流运输的管理问题往往制约着居民物资的充足供应。为了保民生保供给，在后疫情时代的物流园设计中考虑保供功能，支撑起全社会的物资保供体系已经引起了全社会的广泛关注。

关键词： 保供物流园　市场化　物资保供　民生保障

1　综述

随着我国经济的发展，对于居民日常生活的物资供应已经能够基本满足，但是在特殊情况下的生活物资保障供应由于各种原因存在着供应量无法满足需求的情况。后疫情时代保供物流园项目的建设，就是为了从源头上解决这一问题，保供物流园项目建成后可以缓解周边区域生活物资保障供应不足的问题，确保兼顾周边区域日常运作保障功能及特殊情况防控期间的主体保障功能，改善此次疫情中暴露的保供问题的痛点，能够更好地保障食品等生活物资供应，改善居民生活品质。其能够在平时以市场化运作为主，在紧急情况下以保供为目标，保民生保供给，确保满足周边区域的民生要求。

2　保供物流园规划

2.1　保供物流园的特殊性

保供物流园由于要同时满足市场化运作及特殊情况下民生保供的特殊性，需要进行市场化和不同功能化的结合，就是"平战结合"，平时以市场化为导向，保障项目运营的效益，发挥各个项目周边的货源、交通、区域优势，主要商业形态可以是商家与商家之间进行的商品、服务、信息交易，立足基本食品及日常生活保障体系，兼顾打造以满足居民日常生活物资为目标的高品质服务。

但是区别于一般的普通物流园，其需要有足够的灵活性，规划阶段提前考虑特殊情况下的保供物资的运转模式，从功能布局上结合两者不同的需求，兼顾不同的运行模式，以达到随时平战转化的目的。在仓内仓外充分应用无人驾驶和智能物流等新技术以提高内部运转效率。确保应急状况下及时就近调运生活物资，切实保障消费品流通不断、不乱，确保特殊时期的城市运转。

2.2 保供物流园的功能规划

保供物流园和普通物流园从规划层面上来说最大的差异在于功能及布局，由于保供物流园需要考虑平时的市场化运作及紧急情况下的保供要求，所以在功能上需要结合市场化及保供需求，确保每个单体都可以随时转换功能。普通物流园一般功能比较单一，常见的有普通物流仓库、常规冷库及加工中心，再加上一些附属配套用房就可以满足普通物流园的日常运作。而保供物流园功能上除了满足日常运营外，还需要满足保供阶段不同物资的需求，所以相对应的仓库功能种类就会有所增加，比如存放冷冻食品的冷冻库、存放蔬菜水果的冷藏库、存放大米粗粮的粮食库、存放应急救援物资的应急库、进行应急分拣的应急加工中心等。

在规划设计阶段需要综合考虑各种不同功能的建筑设施，类似功能进行合并及组团化设计，满足平时的内部运转管理需求且满足紧急情况下保供物流园封闭管理、园区内自循环的相关要求。如冷库内部通过设置不同温层及可变温的库间存储多样性的物资，保证不同时期所需要的不同物资均可存储在园区中。冷库与加工中心结合进行组团化设计，在平时可以增加加工效率，确保冷库物资以最快速度到达加工中心后快速完成二次加工，减少中间周转环节，在特殊情况下方便封闭管理，确保物资的安全性。

保供物流园的配套设施功能相对较多，需要设置如办公楼、数据中心、会议中心、宿舍楼等，且均应设置在相对独立区域内，在特殊条件下可以满足仓储区、生活区、办公区不同的封闭管理要求。

从某保供项目的总平面图（图1）的功能布局上可以看出保供物流园的特殊之处，项目南侧为冷库、干仓、加工中心等仓储建筑，项目北侧为商务酒店、办公楼、园区配套及宿舍等附属建筑。

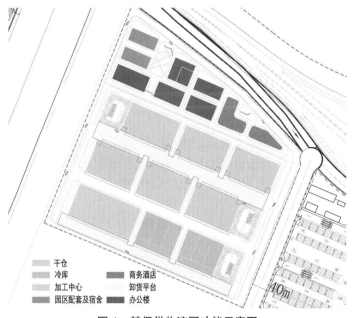

图 1　某保供物流园功能示意图

根据不同功能分区分别在南侧设置仓储区域专用的 5 个出入口，在地块北侧配套区域设置专用的 2 个后勤出入口。如此设计的好处就是在平时多个出入口可以满足高流量的货物运输及日常的会议办公，在特殊情况下通过管制措施划分独立的功能区域，确保保供阶段园区的安全有效运转。

2.3 保供物流园智慧数字化要求

随着信息技术的发展，现代物流园纷纷开始数字化转型，如大数据、物联网和智慧 5G 等技术，使得传统物流园升级为智慧物流园，大大提高园区周转效率、减少空置仓，增加利用率。保供物流园对于智能数字化的要求更高，需要更快地反馈园区内的库存，以便动态化的库存管理并实时判断紧急情况下的物资保供周期，及时预警及调整库存。实时需求与物流的深度整合是保供物流园的发展方向，数据的采集处理和系统互通能力将越来越成为保供物流园核心竞争力之一。

近年来不论是市场上或是紧急情况下供需需求均说明，传统的第三方物流园区主要依靠价格战来争夺市场，无法从提高服务，加快物流，加速智能化等方面来保障园区的运转。因此，与实时需求进行深度绑定，进行智慧数字化升级才是融入整体供应链的必要手段。这就要求保供物流园所有的管理动作和操作动作都实现流程化、数据化、可视化，在过程中设置的数据采集点越多，越能准确地反映出物流园现状和相关实时数据。可以对保供物流园内的既有仓的位置、容量、吞吐速度、可储存商品种类等进行实时监控，也可以对物流运输通路的方向、运力等进行综合判断。当数据量积累到一定程度的时候，可以进行数据测算，预测近期的物资进出情况，提前对市场进行布局，掌握先机。在紧急情况下也可以预先做好准备及启动应急供应方案，确保稳定保供。

2.4 保供物流园协调功能

无论是在市场行为下还是紧急状态下，货源和供给方的不匹配往往是造成末端供给紧张的主要原因。此时，保供物流园往往可以发挥其动态协调的能力，以国企和政府平台为依托，利用自身强大的存储能力及多种类的容纳条件，充分发挥、协调各方的功能。在市场条件下，根据市场规律低入高抛，平衡市场需求。在紧急情况下，保供物流园作为前置仓和社区团购模式的有力支撑，可以实现居民基础民生物资的保障。

3 结语

保供物流园作为民生保障的基础设施，其规划建设已经越来越受到相关企业和政府的重视和支持。其在市场调节和物资供给协调方面的作用有目共睹，是保障民生、扩大内需的关键环节。

3

◇ 物流建筑精细化设计

刘坤　胡嫚娜

摘　要：用发展的眼光来看未来物流建筑设计，精细化设计是一个必然的趋势。特别是物流建筑设计需要从传统的高投入、高消耗、低效率的粗放型向现代化高质量、高标准、精细化的集约型转变。基于这样的考虑，物流建筑精细化设计就显得尤为重要。根据使用方的需求和建议，选择最优的开间、进深和柱距尺寸、仓储净高、立面材料等，以满足物流建筑"效率优先、成本最优"的目标。本文将在物流建筑总图布局、单体功能、外立面和内装修以及细部设计等方面，对物流建筑精细化设计进行探讨。

关键词：物流建筑　精细化　品质　细节

1　综述

　　物流产业是支撑国民经济发展的基础性、战略性、先导性产业，物流产业高质量发展是推动经济高质量发展不可或缺的重要力量。随着中国经济的快速发展，我国物流建筑的建设速度明显加快，正不断朝着规模化、集约化方向发展。显而易见，高质量、高标准、精细化将成为未来物流产业发展的必然趋势。

　　解决现有物流产业生产高成本、低效率的关键在于配合物流产业的转型，建设现代化高标准物流建筑，发展布局合理、功能完善的高质量物流园区是当务之急。合理有效的设计是达到精细化、保证质量的前提，良好的设计品质需要依靠整体和谐、局部精细来保证。

2　总图集约化布局

　　物流园区具有功能多样和交通流线组织复杂的特点，因此功能分区与交通组织成为物流园区的核心内容，同时物流园区由于储存物资的原因，避免内涝也是重中之重的要求，所以竖向设计也是不可或缺的设计重点。

　　具体落实到精细化设计就是功能布局设计、交通组织设计、竖向及排水设计。

2.1 总图功能布局

物流建筑在不影响使用的前提下尽量集中布置，有利于土地的节约、集约利用和物流功能的联动。要合理安排每个物流建筑的卸货区，提高土地的利用率，物流建筑的布局可根据其功能及使用特点进行设计，可单面卸货或双面卸货。每座仓库的占地面积和防火分区需满足规范所规定的要求。在规划设计条件允许的情况下，多层及高层坡道库是多数业主的选择。坡道式仓库能够在有限的土地内提供更多的仓储空间，有利于提高土地利用率，契合集约化的趋势，如图1所示。

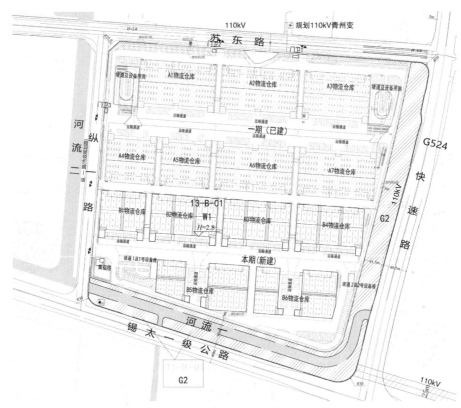

图1 某大型物流园区总平面图

根据常规物流工艺使用需求，园区办公面积占比为5%左右，一般不超过规范要求的7%的上限要求。园区的办公可设置为集中式或分散式：集中式就是单独在园区设置办公楼或物业用房；分散式即在物流建筑中布置局部夹层作为办公区或物业房。

辅助设施可结合用地形状，布置在用地边角区域，充分利用土地；也可以与物流建筑贴邻设置。变电房的位置尽量靠近市政电缆接入园区方向，这样可缩短用电电缆距离，节约材料。水泵房和消防水池可跟门卫布置在一起，这样值班监控都集中在一起，便于管理。多高层物流建筑通常为坡道式，如何利用集卡坡道下部空间就成为精细化设计的一个重点：在满足净高要求的前提下可将部分附属设施用房设置于坡道下；高度较低的区域则设置为非机动车停车位，满足园区工人的日常出行要求。

2.2　总图消防及交通

物流园区应根据其特点来合理组织物流交通。物流园区一般用 40 英尺标准集卡进行装卸货作业，因此应以集卡的特点来组织交通和合理设计道路及卸货区域的相应尺寸。

物流园区主要物流通道设计为直行双车道，根据城市道路单车道宽度标准 3.5m 设置，双车道最小 7.0m 宽。考虑到物流园区单日车次比较频繁，为达到物流的通畅快捷的要求，在经济和用地条件允许的情况下，主要物流通道宽度一般设计为 9.0m 比较合理，如果不能满足要求可根据实际情况加宽道路。

通常物流建筑体量较大，根据建筑设计防火规范要求，需要设置环形的消防车道，消防车道至少 4.0m 宽，可单独设置也可在货车通道和卸货场地中运行。园区道路要满足车辆转弯半径要求，40 英尺集卡车转弯半径至少 15.0m，消防车道转弯半径至少 9.0m。

在物流园区规划设计中，物流建筑都设置有卸货区，一般卸货方式是集卡车进入园区，到达目的仓库，在卸货区内倒车，使车厢尾部与仓库的卸货口或卸货升降平台对接。仓库外墙的卸货面会设置多个卸货口，集卡车停准卸货口后由叉车进行装卸货作业。如果设计是无室外卸货平台（内月台）的内装卸仓库，叉车在仓库内进行装卸作业；如果设计是有室外卸货平台（外月台）的仓库，外月台宽度常规设置 4.5m 宽。卸货平台需设置叉车上下的坡道，坡度不大于 10%，需满足叉车作业要求。卸货平台上方（仓库外墙上）设置通长的雨篷，常规内月台雨篷宽 6.0m，外月台雨篷宽 9.0m，可满足雨雪天气作业要求。卸货场地宽度如图 2 所示。

为达到物流车辆迅速便捷地进出园区进行作业的要求，物流路线组织设计时应尽量简短便捷，少走弯路。因此园区出入口的设置非常重要，稍大的园区至少设置两个或多个出入口，且应靠近卸货区，宽度一般为 15.0m。这样卸货区的物流车辆能直接进出园区，十分便捷通畅，提高了运输效率。同时为了园区工作人员安全，园区出入口和建筑出入口附近应设置减速带或斑马线。

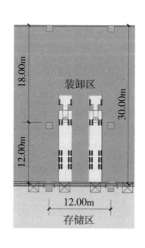
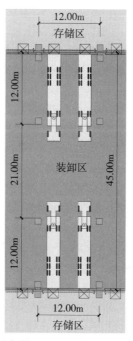

图 2　卸货场地宽度示意图

2.3 总图竖向及排水

根据其物流及装卸货的特点，一般物流车辆车厢底面距地面 1.2~1.4m。当物流车辆车厢与仓库对接时，车厢与仓库室内标高应持平，便于叉车装卸货作业，因此在竖向设计时仓库卸货口处室内外高差必须保证在 1.3m 左右，与车厢底剩余的高差可通过液压卸货平台进行微调整予以解决。

在物流建筑竖向设计中，由于物流园区场地高程需要满足物流运输的功能使用条件，所以为了适应集卡车的行驶要求，其对坡度的要求也比较严格。物流园出入口由于需要停车取卡，且出入口的转弯较多，所以出口的坡度一般不会超过 3%，以保证车辆停车取卡时车辆的安全性。物流园常规规模较大，卸货场地较宽，单面卸货时采用单坡式，外坡或者内坡均可；双面卸货时采用双坡式，坡度为 1%~2%，既满足装卸货的要求，又能满足场地内大量雨水的快速排出。

对于多层或高层坡道式物流建筑，考虑到行车的安全性，坡道直线段纵向坡度不大于 8%，曲线段纵向坡度不大于 6%，横坡为 1%；坡道上、下端设曲线缓坡段进行过渡，确保重型车辆的行驶安全。

3 建筑单体精细化设计

物流园区内建筑单体主要包括物流仓库、配套装卸货平台、运输通道、集卡坡道以及后勤附属用房。后勤附属用房通常由设备房、物业用房、倒班宿舍、综合楼、门卫等组成。园区内这些建筑的合理设置直接影响整体园区的良好运作。

3.1 物流仓库

3.1.1 单元分区

市场上最常见的物流仓库多用于存放除可燃液体、棉、麻、丝、毛及其他纺织品、泡沫塑料等物品外的丙类 2 项物品。根据建筑层数的不同，按防火规范要求，单层仓库单体占地面积不大于 24000m²，防火分区不大于 6000m²；多层（建筑物高度不大于 24m）仓库单体占地面积不大于 19200m²，防火分区不大于 4800m²；高层（建筑物高度大于 24m）仓库单体占地面积不大于 16000m²，防火分区不大于 4000m²。

3.1.2 平面柱网

装卸货的便利与高效是物流园区价值的重要体现，主要关联建筑要素是：仓库开间、进深的尺寸控制；装卸货平台、提升门的配比；提升设备的效率等。物流园的装卸货场地对每栋单体物流仓库来说是必不可少的，装卸货场地的大小以及位置，直接影响到整个仓库的装卸货效率。

根据经济的结构形式和空间利用要求，单层库多采用门式刚架结构，常见的柱网尺寸为（11.2~12.0）m×24.0m；多层库通常采用混凝土框排架结构，常见的柱网尺寸有（11.4~12.0）m×12.0m。柱网间距的确定直接影响着物流仓库的空间和使用效率，与单元货物尺寸相匹配的货架、柱网尺寸可大大提高物流仓库的空间和利用率。通过对比和以往项目的经验，12.0m 柱网与货架的匹配度虽高，但造价不够经济。在同样能满足货架摆放的前提下，可采用更精细化的 11.4m 柱网或 11.6m 柱网。

3.1.3 净高控制

物流仓库内部空间的利用率和货品的存储效率是评价物流建筑品质的重要因素。仓库储货的能力不仅体现在可租赁建筑面积的大小，更体现在净空的有效控制和利用。

为了设置适宜和通用的净高空间，满足储货容量的合理化和最大化，通常根据业主运营使用和出租需求，通过计算货架高度，算出经济合理的净高。常规做法为 6 层 1.5m 高货架需要 9m 净高或者 7 层 1.5m 高货架需要 10.5mm 净高。

单层物流仓库和多层物流仓库顶层通常采用门式刚架体系，由于设备管线不单独占用竖向空间，净高计算较为简单：自然通风＋屋顶机械排烟不占用室内空间；喷淋管道与屋面檩条共用高度空间。确定净高后即可得出结构建筑高度。

而多层库下面混凝土结构楼层计算高度，需要考虑结构梁方向，加上机械通风管道和喷淋所需高度，再加上需求净空，即可算出所需层高。为了尽可能在满足净高的要求下减少层高，多层库下面设置机械排烟时会根据结构梁方向布置，风管设置于梁高相对较小的次梁下，避开主梁。排烟机房可设置于理货区，减少对存储区货架的影响，也可设置于仓库外运输通道下，以节省设备与结构占用空间，体现精细化设计。

3.1.4 升降平台配置原则

根据业主需求和市场反馈，一般单层及多层物流仓库每 1200~1500m² 配有一套液压升降平台。常规的卸货口升降平台尺寸为宽 2.0m、深 2.5m，同一柱跨内最多可以设置两个升降平台，间距通常为 4.8m 左右。出于精细化配置的考虑可采用一备一用的做法，备用升降平台结构预留升降坑，土建砖砌填实，后期有需要可拆开安装设备后使用。

3.1.5 装卸货门配置原则

受结构柱网尺寸影响，每个柱跨常规设置一樘宽 9.0m、高 3.5m 的大型卸货门；或根据卸货坑位设置两樘宽 2.75m、高 3.5m 的小型卸货门。考虑北方地区冬天温度低，大门不利于保温，北方项目设置小型卸货门更为合理。

3.1.6 其他精细化设计原则

为提高装卸货效率，仓库的叉车坡道及卸货位应与货架间通道对齐，方便叉车运行。叉车充电区设在库区外侧叉车坡道旁的雨篷下，可降低发生火灾的可能性。在仓库入口一柱跨的理货区进深通常在 12~15m 比较合理。在理货区内侧防火墙上开设防火卷帘，用于仓库各防火分区的横向沟通。为避免叉车和集卡车对墙体和设备的破坏，建筑和设备的防撞是个不得不细致考虑的问题，通常在通道处及库内突出部位设置防撞设施，尤其是卸货门和机电设备以及雨水管处，四周要设置防撞柱或防撞角钢，如图 3 所示。

3.2 装卸货平台

多层和高层物流仓库会设置坡道和装卸货平台（运输通道），具体体现在设计方面，双面卸货平台宜与主体仓库脱开，便于结构体系的合理化设计。建筑设计需考虑人员疏散，最远疏散距离不能超过 60m。对于有人员出入处，应设置行车警示标识和减速带。

有关平台下排烟的设计，应根据防排烟规范要求，自然排烟面积不应小于该层平台通道面积的 6%；通道高度大于 6m，且通道内与自然排烟口距离大于 40m 的区域，应设机械排烟设施。

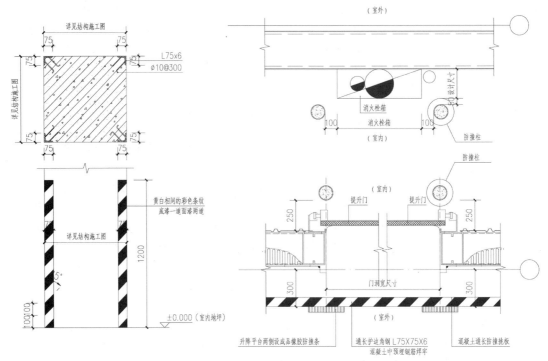

图3　各类防撞节点做法（单位：mm）

3.3　货车坡道

坡道库在条件允许的情况下首选直坡道或L形坡道，其相对于U形坡道或环形坡道更节约用地，且车辆使用更方便；三层及以上坡道物流仓库宜采用环形坡道。集卡坡道的转弯半径不应小于15.0m。

直线单行坡道的净宽不宜小于6.0m，直线双行坡道的净宽不宜小于9.0m。40英尺集卡车使用的坡道，直行段坡度不宜大于8%，转弯处坡度不宜大于6%，考虑排水及车辆转弯横坡朝内设置，且不宜小于1%。坡道面层应满足车轮防滑要求，如采用混凝土面层上刻防滑槽或沥青混凝土的做法。坡道两侧应设置行车安全保护措施，常规设置为1.2m高的混凝土栏板。

3.4　附属用房

物流园区的附属用房常规设置有办公综合楼、倒班宿舍、设备房、物业用房、门卫室、公共卫生间等。

办公综合楼和倒班宿舍宜独立分开布置，可设置于出入口附近或沿街形象较好处。布局上宜与库区之间用绿化或围墙隔开，有独立的人行或车行出入口，设置部分小汽车及非机动车停车位，方便工作人员使用，避免与集卡车出入口交叉。

办公综合楼根据业主功能要求设计。而倒班宿舍一般一层设有备餐及就餐区、便利店、物业管理、卫生间等；二层及以上设置为倒班间，包含倒班宿舍、集中设置的卫生间、洗衣房、淋浴间等功能。从管理方便的角度，常规按楼层来分隔男女宿舍，一般将女生宿舍设置在顶层。也有业主出于高标准要求和人性化考虑，倒班间均单独设置卫生间含淋浴。办公综合楼及倒班宿舍从投资合理性考虑一般建筑高度不超过24m：首层层高4.2~4.5m，二层及以上层高3.3~3.6m。

从精细化设计考虑,可将生活泵房、备餐间、盥洗室、卫生间等有水房间布置在统一区域内,有利于管线布置和防水处理,如图 4 所示。

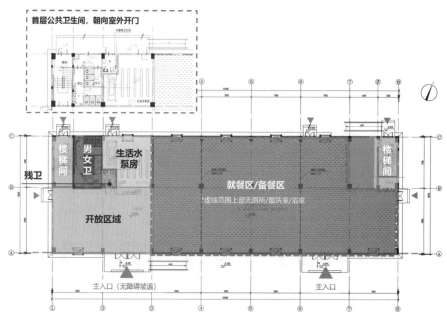

图 4　某倒班宿舍一层平面布置图

设备用房主要包括变配电房、柴油发电机房、生活水泵房、消防水泵房、消防水池等功能房间。在满足净高的前提下,比较好的方案是把设备房设置于坡道下,消防水泵房和消防水池可埋地设置于地下一层。

门卫室作为每一个物流园区管理的第一道关卡,需要 24h 值班,通常也附属设置消防报警及监控中心。因其临近出入口,可针对造型细致化设计,提升园区观感的同时也提高企业知名度。

物业用房及公共卫生间按照业主实际运营需求设置,布置方式基本上是见缝插针,集中和分开的设置方式均可:有设置于办公综合楼或倒班宿舍一层的;也有设置于园区出入口门卫室内的;还有设置于集卡坡道下方的。

4　外立面及室内外工程精细化设计

物流建筑立面及室内各部位的色彩应简洁明快、调和,除有警示或其他提示外,不宜采用对环境和人员产生强烈刺激的色彩。

4.1　外立面设计

考虑到物流建筑的特点,其外立面设计以简洁、工业感为常规主题,以满足内部功能的需求作为第一要务,突出时代感、现代感与经济性。另外,强调地域性要适应当地气候、地理特点,和自然环境相融合,并突出企业风格特点和满足园区企业标识系统要求。

物流建筑的单体体量和规模较大，外立面宜选用明度高、彩度低的基本色，兼顾周边环境色彩，基本色分浅灰／银灰／灰白色。其他配色对象的颜色，在色相、亮度和饱满度上应与基本色相协调，并允许有所变化。建筑中还有些需重点加以点缀的颜色，如建筑的办公区域、入口、屋顶、檐口收边、雨篷收边等细部装饰。

对于物流建筑的外立面，常用的材料不外乎三类：一是彩钢板；二是复合板（岩棉夹芯板）；三是比较特殊的新型材料（水泥板、预拼装板材、ALC 板墙等）。目前市场上，选用第三种材料的案例比例比较小。通常做法是仓库区大面基本采用镀铝锌压型钢板，办公区立面外墙多采用岩棉夹芯金属复合板。可在实际需求的前提下加大外窗面积做成连片转角幕墙，提升项目品质。

附属用房外立面，因其多以砌块墙体为主，外墙材料多采用真石漆涂料，深灰色和浅灰色相互切换，中间处以色带或分隔缝间隔，表达工业化气息，与仓库立面风格统一。

为达到现代感、别具一格、耳目一新的要求，办公综合楼和倒班宿舍会设置较多玻璃幕墙。坡道平台外挂通透式幕墙（穿孔铝板等）也是常见的设计手法，可形成富有特点的建筑造型，如图 5 所示。

图 5　某物流建筑立面效果

4.2　室内外工程设计

物流建筑室内外工程设计中，仓库地面常用耐磨地面（矿物骨料或其他骨料），其具有耐磨抗压、减少灰尘、表面坚硬、容易清洁、经济耐用等优点。如果采用建筑地坪，则建筑混凝土地坪板均需设置伸缝与缩缝，并通过传力杆连接。

物流仓库会堆放货物且货架高度较高，所以对楼地面的平整度要求较高：通常不大于 3mm/2m，表面坡度不大于 2/1000，且最大高差不大于 30mm，地坪沉降差异不能超过 100mm，以保证仓库地面的持续、耐久。

物流仓库的屋面考虑到施工的便捷性及经济性，无论是单层钢结构仓库还是多层混凝土结构仓库，除去有特殊要求的（如多层仓库的屋面停车要求、屋面绿化要求等），大多采用钢结构屋面

（360°锁边自防水）。考虑排雨雪的需要，钢屋面多采用坡屋面有组织排水，檐口设置外天沟排水，天沟设置溢流装置。考虑屋面检修特别是北方项目冬季清扫屋面积雪的需要，应在钢结构屋面设置安全绳等防坠落设施，保证人员的安全。

5　结语

规划设计在物流建筑的重要性不言而喻，特别需要关注细节，因为细节决定项目的成败。

对内而言：设计需要融入社会实践，注重对精细化的学习与反思，没有精细化的生活体验，很难做好设计。

对外而言：精细化设计的核心在于满足业主的切实需求，通过满足需求来完善设计。业主的需求也会随着经济的发展不断更新，规划设计必须与时俱进，积极转变理念，向精细化迈进。

总而言之，随着物流建筑的不断发展，只有内外兼修，重视精细化设计，切实提升项目品质，才能对行业起到指引性和标杆性作用。

4

◇ 物流建筑坡道设置原则

许洁　王宝庆

摘　要：对于坡道式物流建筑而言，坡道设置的合理性是其交通组织合理性的前提，直接关系到物流园区规划设计的成败。本文尝试针对不同的坡道设置方式进行剖析，为物流园区的规划设计提供一些借鉴和参考。

关键词：物流园区　物流建筑　坡道　交通组织　土地利用

1　综述

当前我国物流行业发展迅猛，物流园区建设如火如荼。鉴于土地集约开发利用和物流效率提升的迫切需要，坡道式物流建筑在整个开发量中的占比越来越高。

由于缺乏坡道设置原则的基础研究和足够的项目经验作为支撑，部分物流园区建成后在坡道使用方面产生了一系列问题，从而影响运营效率。虽然物流园区的建设在设计阶段需要进行交通影响评估，但是相关工作大多着眼于外部交通影响的研究，很少关注园区内部的坡道设置对交通组织造成的影响。所以，有必要对坡道式物流建筑坡道设置的原则进行分析，找出合理的设置方式并予以落实，为我国物流建设高质量发展作出贡献。

2　国内外坡道式物流建筑发展经验

世界上一些发达国家和地区，如美国、英国、日本、新加坡等，其生产资料市场经过充分发育，现今已形成适合本国国情、高度发达的现代化物流体系，作为物流产业基础支撑的物流建筑及设施也形成了标准化、规模化的建设成果。各个国家和地区的物流发展经验和特点，都是立足于本国国情，可谓各有千秋。

由于国土面积大小和人口规模等客观因素的影响，欧美发达国家和日本、新加坡和中国香港等亚洲国家和地区在物流建筑布局和开发模式上有着天壤之别：欧美国家多在水平方向展开，单层仓库占比大；亚洲国家和地区则呈现垂直向上发展的趋势，多层仓库数量多（图1、图2）。

图 1　美国典型物流仓库布局

图 2　日本典型物流仓库布局

　　我国各项资源人均占比较少，国家倡导节约化、集约化推进基础设施建设。在此背景下，亚洲国家和地区的物流开发模式显然更具有参考性和借鉴意义。

2.1　日本

　　作为现代物流发展先行者的日本，自 1963 年从美国引进"物流"概念后，即受到企业和政府的高度重视。1970 年分别成立了日本物流管理协会和日本物流管理委员会，并于 1992 年 6 月 10 日将两个组织合并设立日本物流系统协会，以突出"物流系统"观念：强调从社会角度构筑人性化物流环境，体现可持续发展的理念，延伸至与物流相关的交通系统等领域，突出物流作为社会功能系统对循环型社会发展的贡献。这在很大程度上超越了企业的行为空间，因此政府在整个物流发展方面的推动作用十分显著，规划引导力度较大。

　　随后日本物流行业进入了高度发展时期，建设了数量众多的高标准坡道仓库。结合自身发展特点，针对运输车型较小、多地震等特定社会和环境因素，坡道仓库的设计呈现单体规模较大、层数多、层高不高、多设置圆形坡道等特点（表 1）。

日本部分坡道式物流建筑一览　　　　　　　　　　　　　　表 1

项目信息 坡道类型	建造地点	层数	建筑形象
L 形： 坡道和仓库为一个整体，下方空间设置为仓储空间，加以利用	仙台	3	

项目信息 坡道类型	建造地点	层数	建筑形象
U形： 坡道形状设置为折线形	成田	2	
缠绕型： 坡道和仓库为一个整体，下方空间设置为仓储空间，加以利用	成田	3	
纯圆形： 独立设置，坡道下方设置附属用房或非机动车位	东京	6	
	东京	6	
	北海道	6	

坡道类型 ＼ 项目信息	建造地点	层数	建筑形象
纯圆形： 独立设置，坡道下方设置附属用房或 非机动车位	大阪	7	

2.2 新加坡

新加坡地处马六甲海峡的战略性位置，连接太平洋与印度洋，航运枢纽的优越地理位置是推动其物流业发展的关键因素之一。20 世纪 50 年代，新加坡现代物流业起步，以满足当地市场需求为主。随着 1967 年东南亚国家联盟的成立，物流业开始加速发展。2015 年，新加坡已拥有超过 5000 家物流企业，物流业所属的交通与仓储领域的生产总值约占新加坡 GDP 的 7.4%，并雇用了 8.7% 的就业人口。

由于新加坡国土面积较小，物流用地的集约高效开发是其始终坚持的模式。物流建筑多呈现出大规模、高层化、立体化和综合化的趋势（图 3），樟宜机场物流仓库群的规划设计即是典型反映（图 4）。

图 3 新加坡典型高层坡道物流建筑

2.3 中国香港

作为一个地区性的国际贸易中心，香港是传统的国际物流中心。长期以来，香港有大量中小型贸易公司从事转口贸易活动，贸易代理、运输、保险等与贸易相关的服务业是香港最重要的产业之一。

20世纪80年代以后，随着香港和珠江三角洲广大地区"前店后厂"关系的形成和迅速发展，香港制造业的范围和规模大为扩张，在珠江三角洲庞大腹地的支持下，香港成为生产、后勤和管理中心，成为原材料、零部件采购和产成品输出的枢纽，也是成衣、玩具、钟表等行业最重要的全球采购中心（近年来又成为电脑及周边部件的转运中心），从而给物流事业带来了巨大的发展空间。

图4 樟宜机场物流建筑群

特别是20世纪90年代后半期，随着经济全球化分工的深化、以互联网为核心的电子商务的扩展，传统的物流业逐步向现代的物流业转化。发展到现在，物流业已经成为香港的支柱产业之一，可以说，物流业的兴衰，在很大程度上关系到香港经济长远发展的潜力，关系到香港经济在全球经济分工中的定位，关系到香港成为未来国际大都会的基础，香港典型高层坡道物流建筑见图5。

图5 香港典型高层坡道物流建筑

3 坡道式物流建筑坡道设置的分类

3.1 两层物流建筑坡道设置形式

3.1.1 室外独立式

由于物流建筑运营车辆尺寸较大（常用40英尺集卡长约16m）、层高设置较高（库房净高9m，层高常规需设置为11m），其配套使用的坡道尺度惊人，占地面积达数千平方米，像民用建筑那样把坡道设置在室内的难度较大，所以大多数为室外独立型。

1）直线形坡道

两层物流建筑由于坡道爬升高度仅为一层，故在场地允许的情况下设置成直线形是最常见的形式，由于交通方式直接，从而有利于提高货运效率。坡道常与装卸货平台垂直设置，直线形坡道通常有两种设置模式：坡道可以紧贴仓库设置，在坡道外侧设置地面道路（图6）；或者与仓库脱开一定距离，在两者之间设置地面连通道路（图7）。

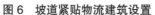

图6　坡道紧贴物流建筑设置  图7　坡道与物流建筑脱开设置

坡道与仓库贴临设置，起坡点可与侧边用地红线产生一定距离，在园区出入口和坡道之间形成一定的缓冲空间，避免车辆在爬坡时由于放慢速度而造成拥堵；但随之带来的不利之处在于：坡道下方通常设置有附属用房，而造成其与仓库的防火间距不满足相应要求。

坡道与主体建筑脱开设置且在两者之间设置地面道路，则可以避免上述防火间距设置的问题；但是坡道需要考虑退用地红线，从而造成其外侧和用地红线之间空出一定距离未设置物流设施，造成土地的低效率开发。

当然，直线形坡道也可以和装卸货平台平行设置：在贴临的情况下会影响一层仓库的装卸货场地设置，且造成二层车辆转弯半径过小；若坡道与主体脱开设置，则就形成了L形坡道的设置模式（图8）。

2）L形坡道

L形坡道的设置通常是因为仓库的进深不足以达到整个坡道长度而形成的：目前中国市场上的高标准仓库，净高往往设置为9m及以上，这样就要求仓库一层层高达到11m左右，再考虑到满载货车的爬坡能力，通常坡道长度约为150m，而一层仓库在满足双面装卸货使用的情况下，其进深的上限通常设置为100m，故若坡道沿仓库山墙设置会在平面布置上突出仓库影响车辆运行，从而需要设置成L形（图8、图9）。

图8　L形坡道案例（一）　　　　　　图9　L形坡道案例（二）

同直线形坡道一样，L形坡道与仓库的关系仍存在贴临设置和脱开设置两种形式，其优缺点基本类似，在此不再赘述。

3）U形坡道

通常情况下两层坡道物流建筑不需要设置成U形，主要原因是U形坡道占地面积较大，不利于土地的节约、集约开发利用。但是也不能一概而论，需要因地制宜地根据用地客观情况而判定采用何种坡道形式。U形坡道的设置是在L形坡道的基础上因势利导的结果，常常根据物流流线和交通节点的实际需求而设置，可以结合园区厂前区和景观设计统一考虑，见图10、图11。

图10　U形坡道案例（一）　　　　　　　图11　U形坡道案例（二）

3.1.2　室内穿越式

上述坡道不论布局如何变化，都是在仓库外独立设置，通过运输通道联系物流建筑。随着物流建筑向精细化发展，运输车辆也呈现多样化趋势，从传统的标准集装箱卡车到小型配送货车等不一而足。再由于土地成本的增加，需要对物流仓库的开发模式进行精细化提升，也要求从规划设计角度充分发掘土地的利用价值，提升物流建筑的仓库使用率，所以就催生出货运盘道设置于仓库内的类型（图12、图13）。

图12　室内穿越型坡道案例（一）　　　　图13　室内穿越型坡道案例（二）

3.2　三层及以上物流建筑坡道设置形式

目前，在我国一、二线城市的物流开发市场，三层及以上坡道式物流建筑是比较常见的，是基于土地成本的攀升和土地节约、集约利用的结果。最常见的形式就是设置成环形坡道，解决货车上行至二层以上进行装卸货的要求。

3.2.1 室外独立式

和两层仓库一样，仍可分为室外独立型和室内穿越型两大类。

1）L形坡道

由于货车最高需要爬升至三层或以上进行装卸货，坡道若设置成L形，则需要利用坡道层高较高的优势，在其竖向空间上设置成两层上下叠合的模式，各自解决二层和三层货车通行的问题。这种模式要结合场地、用地红线、最大开发仓储面积等因素综合测算选择。由于其上部的坡道需要设置较长的距离，所以这种模式目前最高仅适用于三层的物流建筑，见图14。

图14 L形坡道三层物流建筑案例

2）环形坡道

由于多层物流建筑上下叠合布置，货运车辆需要行驶至每一层，故环形坡道是首选的形式。当然，根据用地条件的不同可以把环形进行变形设置，如近似的三角形或正方形等。

在净高满足使用要求的情况下，环形坡道下方可以布置设备用房等辅助用房；环形坡道的内部无顶盖区域可设置机动车或非机动车停车场地，方便人员使用，见图15、图16。

图15 环形坡道案例（一）

图16 环形坡道案例（二）

3）缠绕型坡道

所谓缠绕型，即是坡道为了满足长度要求围绕仓库盘旋设置的一种模式。此种类型并不多见，主要原因在于消防环道和消防车登高操作场地与仓库距离的认定上面存在争议。当然，可以把坡道和仓库脱开设置，把消防环道和消防车登高操作场地设置于坡道与仓库之间，但是这样做就背离了缠绕型坡道设置的初衷：集中布置物流建筑及坡道从而减少占地面积，见图17。

图 17　缠绕型坡道案例

4）纯圆形坡道

纯圆形的坡道在爬升相同高度的情况下，由于坡度较缓从而需要设置较长的长度，且由于其需要较大的内转弯半径，会占用较多的面积，故而通常情况下不会采用，但也有个别项目根据特殊条件而设置，见图18。

图 18　纯圆形坡道案例

3.2.2　室内穿越式

多层物流建筑设置室内穿越型坡道的情形更为复杂，通常有 L 形和环形两种，会对结构设计形成一定的挑战，见图19、图20。

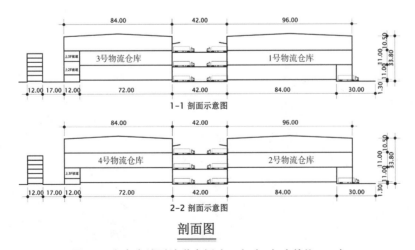

图 19　室内穿越型坡道案例（一）（1）（单位：m）

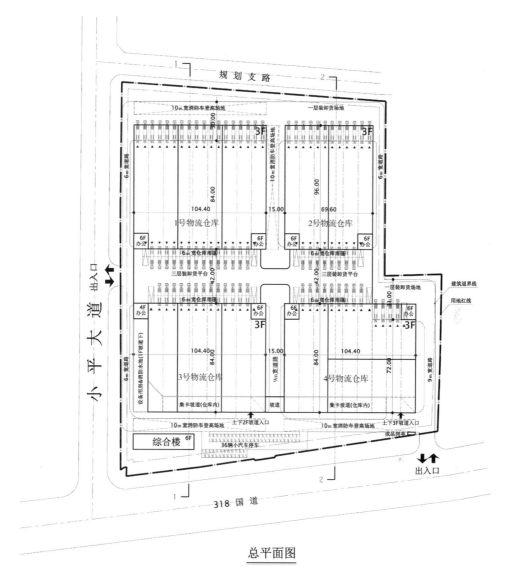

总平面图

图 19 室内穿越型坡道案例（一）（2）（单位：m）

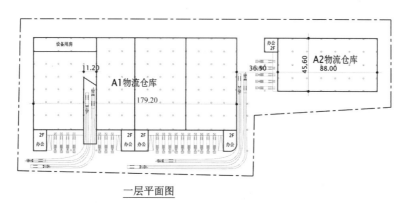

一层平面图

图 20 室内穿越型坡道案例（二）（1）（单位：m）

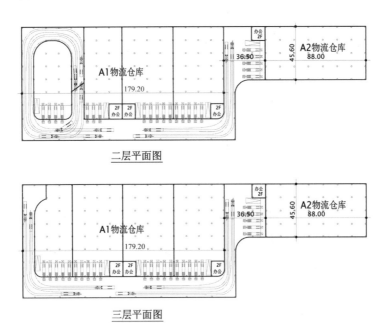

二层平面图

三层平面图

图 20　室内穿越坡道案例（二）（2）（单位：m）

3.3　双螺旋坡道

　　有别于以上单纯只考虑货运流线的方法，充分利用物流建筑层高较高的特点，在满足物流工艺净高使用需求的前提下，挖掘装卸货平台垂直空间的可利用价值，可以在夹层设置小汽车停车功能，形成与夹层办公空间有益的联动。同样，坡道也设置为上下两层，通过设置不同的起坡点供货车和配套小汽车使用，使其可分别行驶至仓库和夹层停车（办公）空间这两个不同的标高，从而形成严格有效的客货分流，减少客货流线交叉，满足安全运营的使用要求，见图 21、图 22、图 23。

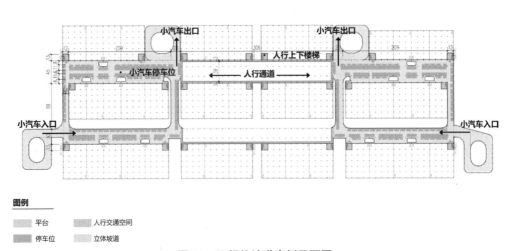

图 21　双螺旋坡道案例平面图

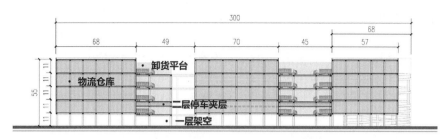

图22 双螺旋坡道案例剖面图（一）（单位：m）

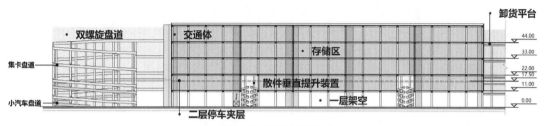

图23 双螺旋坡道案例剖面图（二）

4 物流建筑货运量、周转效率对交通流量的决定性影响

显而易见，物流建筑存储货物类型、服务对象的不同会直接决定其周转效率；根据园区的规模（特别是仓储容量规模），再结合运输工具的单位运货量就能推断出园区的大致交通流量；每条坡道在车辆行驶速度基本恒定的情况下其车流承载能力是确定的，所以就能得出园区物流建筑对于坡道数量的需求。

当然，坡道设置的位置及方式不同，会对其通行能力产生有利或不利的影响，但不可否认上述推导过程是有参考依据的。根据不同物流园区的实际情况，进行交通流量的计算、预估，除了能明确园区内部坡道等交通设施的设置要求外，更重要的是为园区外部交通流量预测及评估提供依据，避免物流园区的建设对周边市政交通产生过度压力，排除产生交通拥堵的可能。

4.1 不同作业模式的交通流量计算原则

4.1.1 作业型物流仓库

作业型物流仓库的生产面积，应根据高峰作业量及单位处理物品指标进行计算确定。可再根据其物流作业生产面积再推算出园区日吞吐量，并计算出相应的交通流量。

4.1.2 存储型物流仓库

存储型物流仓库的生产面积，应根据物品存储量、存储周期及存储方式计算确定。可根据其存储量和周转时间再推算出园区日吞吐量，并计算出相应交通流量。

4.1.3 综合型物流仓库

综合型物流仓库的存储区、作业区的面积，应分别按照存储型物流仓库和作业型物流仓库计算确定。可分别依照作业型物流仓库的生产面积和存储型物流仓库的存储量、存储周期计算出交通流量之和。

4.2　坡道数量判定方法举例

在实际项目规划设计中，除部分定制项目外，其他大多项目很难直接确定为何种作业模式的物流建筑，在设计时往往按照存储型物流仓库进行设计。因其储货量大，无论是从消防设计角度还是货运量估算角度上讲，都是比较"保守"的做法，却有利于项目后期的灵活使用。

4.2.1　交通流量面积生成法举例

根据项目经验，市场上常规出租型物流仓库（功能多为城市配送、跨境电商等）的交通流量可以用面积生成法进行简单的评估。

假设：一栋物流建筑共两层，仓储建筑面积 12 万 m^2（一层、二层各占一半，储物高度 9m）；二层仅设置一条坡道：双向通行，净宽 10.5m，平均坡度 6%、设计车速 10km/h。

坡道设置的合理性判定方法为：

物流建筑交通生成率（进出）约为 8 辆 /h/ 万 m^2（大型货车）；

物流建筑高峰小时集卡进出量 96 辆 /h；

物流建筑高峰小时进出量换算成标准车当量为：进 144pcu/h，出 144pcu/h（集卡换算当量系数为 3）；

物流建筑二层仓库的车流吸引比例约为 40%；

按照《交通工程总论》规定，速度 10km/h 情况下坡度 6%，对应的通行能力为 712pcu/h；采用趋势插值法进行推算，考虑车道宽度和大车修正系数，最终确定 C（实际通行能力）=336pcu/h；

坡道交通需求：约 40% 车流上二层，则坡道实际交通流量为 V=58pcu/h（单向）；坡道饱和度 $Ds=V/C=58/336=0.17$；

所以，依据匝道服务水平划分等级（表 2）可以得出：坡道的服务水平为一级，坡道交通服务状况良好。

匝道服务水平划分等级表　　　　　　　　　　　　表 2

服务水平等级	饱和度（Ds）
一	<0.20
二	0.20~0.50
三	0.50~0.80
四	0.80~1.00

注：各级服务水平描述如下：
1. 一级服务水平：代表不受限制或受限较小的交通流，车流密度很小，车辆在通畅的条件下行驶，以近于自由的速度行驶；
2. 二级服务水平：随着交通量的增大，汽车成队行驶，但相互间的车头距比较大，车流状态为部分连续，但排队比例较小，车辆行驶速度仍很快；
3. 三级服务水平：车流已经出现不稳定现象，车队长度增加，已接近匝道通行能力；
4. 四级服务水平：交通流非常不稳定，常常出现停车现象，车流状态为饱和。

4.2.2　库容周转计算法举例

库容周转计算法是依据物流建筑的存货容量和平均周转率进行交通流量计算的一种方法。

假设：一栋物流建筑共两层，仓储建筑面积 12 万 m^2（一层、二层各占一半，储物高度 9m）；二层仅设置一条坡道：双向通行，净宽 10.5m，平均坡度 6%、设计车速 10km/h；该物流建筑货物平均周转率为 7 天；日工作时间为 8h。

坡道设置的合理性判定方法为：

净高 9m 仓库单位建筑面积的储货能力为 0.9~1.2m³/m²，二层仓库储货量取值为 12 万 m³；

40 英尺集装箱容积为 54m³，取储货系数 85%，则单位集卡载货能力为 46m³；

园区交通流量（进出）为 745 辆/d；

物流建筑高峰小时集卡进出量为 112 辆/h（0.15 高峰小时系数）；

物流建筑高峰小时进出量换算成标准车当量为：进 168pcu/h，出 168pcu/h（集卡换算当量系数为 3）；

物流建筑二层仓库的车流吸引比例约为 40%；

按照《交通工程总论》规定，速度 10km/h 情况下坡度 6%，对应的通行能力为 712pcu/h；采用趋势插值法进行推算，考虑车道宽度和大车修正系数，最终确定 C（实际通行能力）=336pcu/h（标准车）；

坡道交通需求：约 40% 车流上二层，则坡道实际交通流量为 V=67pcu/h（单向）；坡道饱和度 $D_s = V/C$=67/336=0.2；根据表 2 可以判断坡道服务水平为二级，交通服务状况良好。

5 坡道式物流建筑坡道配置的原则

5.1 位置适当、车流组织合理

坡道承担着地面以上各层的物流运输，是园区车流组织的载体，布局决定着园区货运流线的形成和组织模式。

首先，它与园区出入口的恰当联系十分重要，不宜过分靠近出入口，避免形成交通堵塞点从而影响远处出入口的使用，甚至影响市政道路的交通。所以，其起坡点与园区出入口应具有一定的缓冲区，预留货车排队的空间。

其次，二层及以上车流应和地面车流尽可能早地进行分流，使其互不干扰，从而不影响各自的装卸货作业，提升相应物流效率，见图 24。

5.2 数量适当

随着中国物流的发展，有关坡道设置的理念也发生了变化，之前是单个物流仓库设置独立的坡道（图 25），相互之间不产生联系和干扰。现今，随着物流园区的规模越来越大，无论是从经济投入还是物流联动抑或是运营管理上讲，装卸货平台和坡道的共用、共享是一个好的思路（图 26），所以目前物流园区都是以物流建筑群的形式和规模进行开发和设计。

当然，物流园区坡道数量和联系方式的设置要根据车流交通量测算和用地形状等因素因地制宜地设置，不可生搬硬套。

5.3 技术参数设置合理

关于坡道技术参数的设置要求，在《物流建筑设计规范》GB 51157—2016 中有详细描述，譬如对铰链车通行的坡道的坡度要求为：直线坡度 ≤ 10%，曲线坡度 ≤ 6%。其实，在实际运行

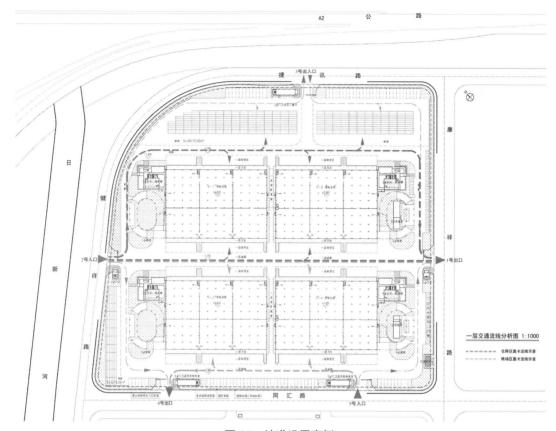

图 24　坡道设置案例

图 25　坡道独立设置案例

图 26　坡道共享设置案例

过程中，还应满足最小转弯半径（内侧）≥15m、车道宽度≥4m 等相关要求。当然，再具体的话，直线形坡道、L 形坡道、U 形坡道、环形坡道和纯圆形坡道在相关指标的控制上又有所差别（表 3）。

坡道技术参数一览　　　　　　　　　　　　　　　　　　　　　　表 3

坡道类型 \ 参数设置	坡度		转弯半径（m）		单车道净宽（m）		双车道净宽（m）		三车道净宽（m）	
	直线段	曲线段	内侧	外侧	直线段	曲线段	直线段	曲线段	直线段	曲线段
直线形	8%	6%	—	—	5	—	9	—	12	—
L 形	7.5%	5.5%	15	12	5	8	9	15	12	18
U 形	7.5%	5.5%	15	9	5	9.5	9	15	12	20
环形	7.0%	5.0%	15	9	5	9.5	9	15	15	20
纯圆形	—	6.5%	25	—	6	—	10	—		15

当然，我国气候条件南北差异较大，应在实际设计中根据不同的气候区对相应技术参数进行适当的调整，甚至当采用不同的防滑构造措施时其技术参数的设定也应该有所不同。

6　结语

随着我国物流产业的蓬勃发展，坡道式物流建筑的建设量会越来越大。物流建筑在开发节奏上相对于民用建筑而言建设周期更短、速度更快，但仍具有系统性、复杂性的特点，应该引起足够的重视。

坡道设计应该结合项目实际情况而确定，既要考虑具体的造价控制也应提前预留能适应不同业态需求的条件，不仅要从宏观布局方面作多方案对比，也应在技术参数的选用上审慎对待。

5

◇ 自动化高架立体库设计要点

丁一鸣

摘　要：随着自动化高架仓库的发展进步，物流自动化和信息化程度不断提高，物流信息技术和物联网等技术在物流行业中得到广泛应用，其逐步取代人工操作的运行模式，采用更智能化、高效化的自动化设备及系统代替传统操作模式。自动化高架立体库与高标物流仓库有着较大的不同，需要更多的建筑设计细节运用到不同位置。本文介绍的是高架立体库相关的土建细节设计要点。

关键词：差异化　细节化　标准化

1　综述

为解决用工成本高、分拣错误率高、存取货物效率低、货物存储量低等问题，定制化、全自动智能化高架仓库成为越来越多自用型物流企业的首选。

自动化高架立体库利用自动化运输设备可实现仓库高层货架的合理化布置、自动存取的快捷化、操作系统的智能化。其主要由扫描进仓、货物码垛、货品分拣、自动化运输设备、智慧仓储等不同系统组成。

自动化高架立体库因其自动化设备的运用，其在建设阶段的所有土建细节与设备的配合都需要非常精确，一个细部尺寸、节点的差异都会造成其自动化设备的布置颠覆性的调整，甚至可能减少库容量，从而影响整套系统的运转效率，所以在自动化高架立体库内对细节尺寸、节点的把控尤为重要，在施工前必须完成与自动化设备的反复核对，避免错误的发生。

本文从实际案例出发，对自动化高架立体库与高标物流仓库的区别及其内部建设细节设计进行介绍。

2　自动化高架立体库与高标物流仓库的区别

自动化高架立体库的运转方式与常规的高标物流仓库有本质上的区别，高标物流仓库主要以人工或叉车进行存取货，根据行业内标准库内净高≥9.0m，室内外高差 1.2~1.3m，见图 1。而自动化高架立体库采用全自动化的方式进行货物的扫描入库、货物分拣、货物码垛、自动化运输等步骤来完成整套的进出货流程。自动化高架立体库常规设置独立分拣区及存储区，分拣区内设置龙门拣选机器人、智能分拣机器人、AGV 机器人、输送分拣系统进行货物的分拣与入库。高架立体库存储区常规采用单排货架、双排货架、穿梭式货架等形式，利用自动码垛机进行货物的存取，见图 2。自动化高架立体库的分拣区常规设置于存储区的两侧分别作为入库及出库使用。如设置双层分拣区则利用首层的分拣区作为入库使用，二层的分拣区作为出库使用，同时在上下层分拣区内设置竖向升降设备进行货物的转运，见图 3。仓库存储区为了提高使用效率及降低建设成本，常采用增加巷道的长度，以减少巷道的数量从而减少设备的投入。

图 1 高标物流仓库内部示意图

3 自动化高架立体库防火卷帘门细部设计

根据《建筑设计防火规范》GB 50016—2014（2018 年版）中相关要求，分拣区与存储区间防火墙耐火极限应大于等于 4h，防火墙上开设的防火卷帘门耐火极限应同时满足大于等于 4h 的要求。因自动化高架立体库为全自动化的方式来完成货物的扫描入库和货物分拣，所以传送设备会出现穿越防火卷帘门的情况，为确保防火卷帘门在火灾发生时可完全关闭，需要在设计时提供消防联动信号与设备配合，以便在紧急情况下由消防系统发出信号，将防火墙开洞处的传送设备做断开处理并确保防火卷帘可以顺利落下，见图 4。平时运行阶段则需要确保货物可以顺利通过该处，传送设备需要配合在双轨无机纤维复合特级防火卷帘间设置滑轮，避免货物的掉落。

图 2 高架立体库内部示意图

图 3 高架立体库分拣码头内部示意图

4 自动化高架立体库库区地面设计

自动化高架立体库内的存储区因巷道内布设堆垛机，考虑堆垛机底部的轨道及设备高度，存

图 4 传送设备穿越防火卷帘门示意图

储区地面标高会低于分拣区 0.8~1.0m，见图 5，此做法可增加存储区内的货架摆放层数，提升整体的库容率，也可以确保前部传送带基本贴近地面，方便存取货物，见图 6。

通常高标物流仓库库区地面平整度要求不大于 3mm/2m，表面坡度不大于 2‰，且最大高差不大于 30mm，不应有积水现象，地面裂缝宽度不大于 0.2mm。自动化高架立体库为满足高位货架及码垛机安装精度需求，库区地面一般采用超平地面，地面平整度要求达到 $FF=35$，水平度要求达到 $FL=25$，不得有积水现象。任何表面裂缝的宽度不得大于 0.2mm。

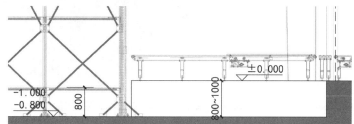

图 5 巷道式堆垛机底部轨道示意图（单位：mm）

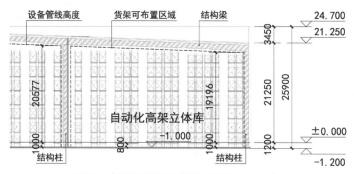

图 6 存储区剖面示意图（单位：mm）

5 自动化高架立体库屋面设计

高标物流仓库一般采用单层彩钢板金属屋面，因需考虑采光率及消防等因素，屋面通常会设置采光带、电动排烟窗及屋顶排风机，由于屋面开洞较多，容易出现屋面漏点。而自动化高架立体库存储区全部采用自动化设备进行堆垛，存储区内部无操作人员，对采光率无任何要求，可取消屋顶采光带的设置，仅保留消防排烟天窗及屋顶排风机即可。同时因库内满堂布置货架不容易及时发现漏点，所以对屋面的防漏、防渗要求也较高。现有行业中柔性屋面的做法可较好地解决屋面漏水问题，可与高架立体库有较高的匹配度。

柔性屋面常规采用机械固定法，屋面构造为（由上至下）：聚酯纤维内增强 PVC 防水卷材；硬质岩棉保温层；PE 膜隔汽层；屋面压型钢板；屋面檩条。

屋面防水卷材搭接方式也可分为：点式固定、抗风加强点式固定、线性固定及端部线性固定几种做法，根据项目的实际情况可进行选择。

防雷设计在柔性屋面与彩钢板屋面有较大的差异，彩钢板自身即可满足防雷设计要求。柔性屋面则需通过热风焊接成品防雷支座及屋面防雷网来满足建筑物的防雷设计。

现阶段柔性屋面也有较为完善的做法，在屋面完成防水卷材的施工后，根据防雷设计图纸在对应位置热风焊接卷材附加层，将成品避雷支座与卷材附加层进行再次热风焊接，从而满足防雷网的固定安装。

因柔性屋面的构造与彩钢板屋面做法不同，彩钢板屋面的外挂彩钢板天沟做法也无法使用，需对外挂天沟进行结构设计，设置檐沟支架进行承托，同时檐沟需与外墙檩条进行固定确保安全可靠，外部采用装饰板进行装饰，整体进行防水卷材包裹。

6 自动化高架立体库防火墙设计

高标物流仓库一般采用人工叉车搬运货物的作业形式，在货物转运过程中，叉车与防火墙存在碰撞问题，常规在防火墙底部设置 1.2~4.5m 高的 200 厚砌块防撞墙，上部采用耐火极限满足 4.0h 的轻质蒸压加气混凝土板材（ALC 板）或纤维增强硅酸钙（盐）板。而自动化高架立体库因分拣区及存储区全部采用自动化设备，碰撞情况较少，故对于防撞的要求不高，多数项目全部采用轻质板材来作为防火墙，既可以降低建设的成本，也可以提高施工的进度。

7 结语

自动化高架立体库是需要工艺、土建、结构及机电专业在高度配合下完成的，在总体设计中互相交叉、互相制约。细节决定成败，只有将工艺使用需求与仓库主体有机结合，把握细节，才能将自动化高架立体库优势完全体现。

6

◇ 物流建筑楼梯设计要点

彭炫英

摘　要：物流建筑楼梯设计关系到人员消防安全疏散。当前物流建筑设计通常采用混凝土结构或钢结构的结构体系，本文结合实际项目中设计出现的常见问题浅谈物流建筑楼梯的设计要点。

关键词：楼梯分类　规范要求　设计要点

1　综述

物流建筑是进行物品收发、储存、装卸、搬运、分拣、物流加工等物流活动的建筑。物流建筑的楼梯设计需满足平时使用要求及紧急情况下人员消防疏散要求，因楼梯设计时建筑本身及与其他专业配合过程中出现问题导致不满足规范要求的情况时有发生，继而导致出现现场施工中楼梯返工甚至重做的问题，带来不必要的经济损失。因此在楼梯设计过程中做好楼梯的设计至关重要。

2　物流建筑常见楼梯分类及一般规范要求

1）物流建筑常见楼梯分类及在物流建筑中的常见用途

（1）按位置可以分为室内楼梯和室外楼梯：

室内楼梯通常为物流建筑室内疏散楼梯、交通楼梯；室外楼梯通常为物流建筑上屋面检修楼梯及卸货平台疏散楼梯。

（2）按使用性质可以分为交通楼梯、辅助楼梯、疏散楼梯等：

物流建筑中一般疏散楼梯兼具交通楼梯使用功能，辅助楼梯一般用于上屋面检修。

（3）按消防作用可以分为敞开式楼梯、封闭楼梯、防烟楼梯等：

物流建筑敞开式楼梯一般用于室外，建筑高度大于32m且任一层人数超过10人的厂房，室内楼梯采用防烟楼梯，其余物流建筑室内楼梯采用封闭楼梯。

（4）按结构材料可以分为钢筋混凝土楼梯、钢结构楼梯等；按结构形式可以分为板式楼梯、梁式楼梯。钢筋混凝土楼梯有现浇和装配式两种，通常为板式结构楼梯；钢结构楼梯一般为梁式结构楼梯。混凝土结构物流建筑既可以采用钢筋混凝土楼梯，也可以采用钢结构楼梯；钢结构物流建筑一般采用钢结构楼梯。

2）物流建筑楼梯一般规范要求

（1）《建筑设计防火规范》GB 50016—2014（2018 年版）

3.7.5 厂房内疏散楼梯、走道、门的各自总净宽度，应根据疏散人数计算确定，但疏散楼梯的最小净宽度不宜小于 1.1m，疏散走道的最小净宽度不宜小于 1.4m，门的最小净宽度不宜小于 0.9m。当每层疏散人数不等时，疏散楼梯的总净宽度应分层计算，下层楼梯总净宽度应按该层及以上疏散人数最多一层的疏散人数计算。首层外门的总净宽度应按该层及以上疏散人数最多一层的疏散人数计算，且该门的最小净宽度不应小于 1.2m。

3.7.6 高层厂房和甲、乙、丙类多层厂房的疏散楼梯应采用封闭楼梯或室外楼梯。建筑高度大于 32m 且任一层人数超过 10 人的厂房，应采用防烟楼梯或室外楼梯。

3.8.7 高层仓库的疏散楼梯应采用封闭楼梯。

（2）《建筑防火通用规范》GB 55037—2022

6.4.2 下列部位的门应为甲级防火门：多层乙类仓库和地下、半地下及多、高层丙类仓库中从库房通向疏散走道或疏散楼梯的门。

7.1.4 疏散出口门、疏散走道、疏散楼梯等的净宽度应符合下列规定：疏散出口门、室外疏散楼梯的净宽度均不应小于 0.8m；疏散走道、首层疏散外门、公共建筑中的室内疏散楼梯的净宽度均不应小于 1.1m。

7.1.11 室外疏散楼梯应符合下列规定：

①室外疏散楼梯的栏杆扶手高度不应小于 1.1m，倾斜角度不应大于 45°；②除三层及三层以下建筑的室外疏散楼梯可采用难燃性材料或木结构外，室外疏散楼梯的梯段和平台均应采用不燃材料；③除疏散门外，楼梯周围 2.0m 内的墙面上不应设置其他开口，疏散门不应正对梯段。

（3）《民用建筑设计统一标准》GB 50352—2019

6.8.4 当梯段改变方向时，扶手转向端处的平台最小宽度不应小于梯段净宽，并不得小于 1.2m。

6.8.5 每个梯段的踏步数不应少于 3 级，且不应超过 18 级。

6.8.6 楼梯平台上部及下部过道处的净高不应小于 2.0m，梯段净高不应小于 2.2m。

3 物流建筑楼梯设计要点

1）重视楼梯的门窗设置要求

采用自然通风方式的楼梯应在最高部位设置不小于 1.0m² 的可开启外窗或开口，当建筑高度大于 10m 时，尚应在楼梯的外墙上每 5 层内设置总面积不小于 2.0m² 的可开启外窗或开口，且布置间隔不应大于 3 层。设置机械加压送风系统并靠外墙或可直通屋面的封闭楼梯、防烟楼梯，在楼梯的顶部或最上一层外墙上应设置常闭式应急排烟窗。

靠外墙设置时，楼梯、前室及合用前室外墙上的窗口与两侧的门、窗、洞口最近边缘的水平距离不应小于 1.0m，如图 1 所示。

2）避免结构梯柱阻挡疏散门

图 2 为物流建筑楼梯设计过程中结构梯柱挡门，此种情况若平台尺寸足够，可以直接调整疏散门的位置，平台尺寸不足时可将梯柱方向旋转 90°。在平时设计过程中结构设计师收到建筑条件图

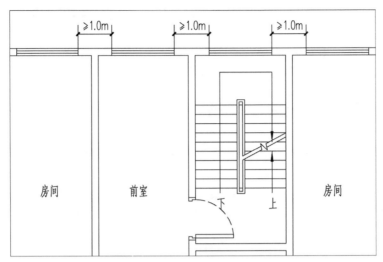

图1　楼梯、前室外墙门窗洞口间距要求示意图

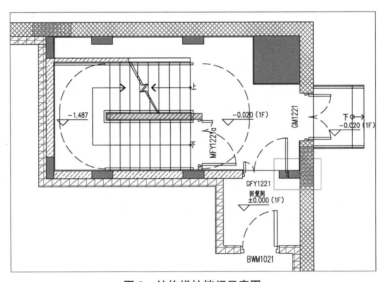

图2　结构梯柱挡门示意图

后要对条件进行确认，包括楼梯平面门窗洞口大小、在单体中的定位、轴号、剖视方向等，读懂建筑图，尽量避免出现梯柱挡门的情况。

3）避免结构梯柱位置挡住防烟楼梯的加压送风口

图3为某项目在设计过程中梯柱挡住了加压送风口，导致防烟楼梯加压送风无效。采用机械加压送风的防烟楼梯，会从加压风井向楼梯送风，设计师在设计过程中应紧密和暖通专业配合，避免将梯柱位置设置在加压送风口处。

4）注意平台梯段的净高控制要求

楼梯平台上部及下部过道处的净高为非疏散楼梯≥2.0m，疏散楼梯≥2.1m，梯段净高≥2.2m。绘制楼梯时结构设计师可将建筑绘制的楼梯平台及净高控制线拷贝至结构图中，如图4为某项目结构设计时将建筑绘制的楼梯净高控制线拷贝至结构图中，发现梯梁凸出楼梯2.2m

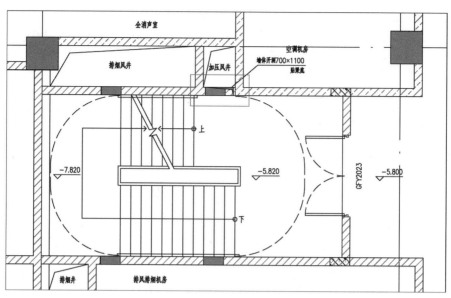

图3 结构梯柱挡加压送风口示意图

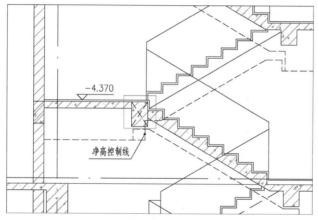

图4 梯梁影响楼梯净高示意图

净高控制线，导致净高不足，发现问题后及时将梯梁后退避开楼梯净高控制线，满足了楼梯疏散要求。

5）复核楼梯平台净宽要求

物流建筑楼梯设计时设计师有时主要聚焦于楼梯梯柱、梯梁设计本身而忽略了楼梯相邻位置有楼层梁、楼梯四角柱柱顶设有柱帽、局部楼层梁有加腋等情况，如图5所示框线位置有楼层混凝土梁，在设计过程中发现结构漏画此梁，此梁最初设计时是凸向楼梯平台，影响了楼梯平台净宽，发现问题后结构将此梁偏向仓库，保证了楼梯平台的疏散宽度。

又如图6所示为某项目钢结构楼梯详图绘制过程中建筑未考虑梯柱收边及承托节点，即楼层较高时，钢结构梯柱在楼层标高处通过混凝土梁收边，并通过混凝土梁承托上一层梯柱，此时为了预埋钢结构梯柱柱脚，混凝土梁宽度会比梯柱宽，导致混凝土梁占用了楼梯平台宽度，及时复核后通过将楼梯相应加长解决此问题。

6）控制楼梯梯段净宽满足要求

物流建筑楼梯经常采用钢结构楼梯形式，此时计算梯段净宽时应注意扣除梯段斜梁宽度部分，如图 7 所示。

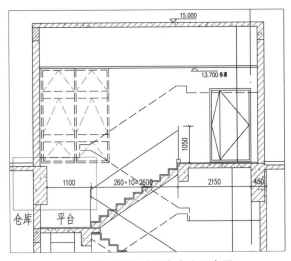

图 5　楼层梁影响平台净宽示意图
（单位：mm）

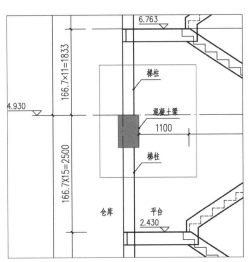

图 6　混凝土梁影响平台净宽示意图
（单位：mm）

7）注重楼梯设计的美学功能

物流建筑一直以来较重视经济性，缺乏艺术性，但新形势下物流产业迅猛发展，以此对物流建筑的美学功能愈加关注，如图 8 所示为新时代物流园区干净整齐的钢结构疏散楼梯，将物流建筑的装配式工业风展现得淋漓尽致，为粗犷的建筑形体增加了精致的设计符号，也不失为一种设计的美。

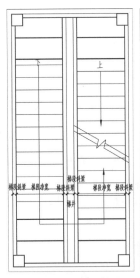

图 7　钢结构楼梯梯段
宽度计算示意图

图 8　某物流园区室外楼梯效果图

4　结语

物流建筑楼梯设计只占设计的一小部分，但若设计阶段未重视、未考虑周全，极易导致现场施工中出现问题，此时往往带来的是工程经济损失，也极易影响设计公司的形象。本文以此总结物流建筑楼梯设计过程中的一些要点，希望对设计师将楼梯设计问题控制在设计阶段解决、尽量避免在施工中出现问题而有所帮助。

参考文献

[1]　中华人民共和国住房和城乡建设部. 建筑设计防火规范：GB 50016—2014（2018 年版）[S]. 北京：中国计划出版社，2018.

[2]　中华人民共和国住房和城乡建设部. 建筑防火通用规范：GB 55037—2022[S]. 北京：中国计划出版社，2022.

[3]　中华人民共和国住房和城乡建设部. 物流建筑设计规范：GB 51157—2016[S]. 北京：中国建筑工业出版社，2016.

[4]　中华人民共和国住房和城乡建设部. 民用建筑设计统一标准：GB 50352—2019[S]. 北京：中国建筑工业出版社，2019.

[5]　中华人民共和国住房和城乡建设部. 民用建筑通用规范：GB 55031—2022[S]. 北京：中国建筑工业出版社，2022.

[6]　中华人民共和国住房和城乡建设. 建筑防烟排烟系统技术标准：GB 51251—2017[S]. 北京：中国计划出版社，2017.

[7]　杨维菊，高民权，唐厚炽.《建筑构造设计（上册）》[M]. 北京：中国建筑工业出版社，2016.

7

前店后仓总图设计理念

冯晓聪

摘　要： "前店后仓"模式是一种集成线上线下的创新电商模式，其核心特性是为消费者提供在实体店内体验产品的机会，与传统电商模式主要通过图片或视频进行商品选择形成对比。该模式将物流库与零售商超融为一体，形成一个统一的设计，这使得整体布局成为决定项目成功的关键因素。本文通过深入分析出入口、配套设施、道路交通、卸货区域及流线等方面，并结合相关项目的总图设计理念，探讨并总结出"前店后仓"这种全新营销模式下的总体规划设计理念。

关键词： 总体规划　前店后仓　物流库

1　综述

　　"前店后仓"模式实现了线下体验与线上运营的优势结合，为广大客户提供了便捷的服务。前置商超受到其规模限制，存储商品的数量有限，因此服务半径相对较小，难以满足远距离的客户需求。在这里，物流库成为解决这个问题的关键，使得商品能够通过物流库更高效更快捷地满足客户需求。在这种模式下，总体规划的布局设计显得尤为重要。出入口的位置、物流库卸货区域的布置、商超与物流库之间的联系等各个元素，都需要被妥善考虑，以构建整个项目的交通流线。物流库、商超以及其他附属设施共同构建出整个运营体系。

2　设计理念

　　在"前店后仓"模式下，物流库与商超既独立运行，又相互联系，形成相辅相成的关系。在总体规划布局中，恰当的出入口设置、满足项目需求的物流库布置以及合理的交通流线分析，都可以帮助更好地整合商超与物流库，促进它们与周边设施的完美融合，实现整体一体化运营。

　　在整个项目中，前置商超主要负责销售商品，为消费者提供实地购买服务，满足周边消费者实地体验的需求；物流库主要服务于线上购物，消费者在网上挑选商品后，通过物流运输，商品能更高效、便捷地送达消费者手中。通过对园区货车、客车、人流的有效分析和设计，实现线上线下同步服务，保障园区的正常运行。

园区设计中，应根据规划条件、园区需求、周边配套设施等因素进行全面考虑。然后根据地块形状、开口方向等特点优化物流库设计，并同时考虑前置商超与物流库之间需要存在必要联系，且双方都需要具备独立运行的能力。在物流库设计中，需在满足规划要求、设计标准的前提下，尽可能多地布置同类型的物流库，这样对于规划设计和施工更为有利，可以降低造价和施工周期，更便于后期运营管理。商超设计应选择设置在地块中交通便利的位置，因为客流量对商超来说至关重要，它直接影响到整个园区的运行。

2.1　出入口设计

出入口的设计对整个"前店后仓"项目至关重要。前置商超通常规划在交通便利的区域，出入口的位置会对整个项目的总体布局以及周边道路产生重大影响。因此，地块建设应避免在主要道路上设立机动车出入口，车辆出入口应设置在交通影响小的次级道路上。对于物流库而言，其出入口主要为货运车辆服务，货车的进出会对周边道路产生较大影响，因此，物流库的出入口应设在车流较少的次干道或支路上，并远离交叉口。对于前置商超而言，其出入口主要服务对象为消费者和小型汽车，商超高峰期的车流压力会显著增加，因此，出入口的设置应在交通便利的区域，并应设置集散广场，以便消费者可以短暂停留，减轻交通压力。小汽车出入口应设置在城市次干道等级以下道路，不宜与人流主要出入口重合。此外，出入口设计还应考虑与周边其他项目的相对位置，尽可能将出入口设置在远离其他项目的位置，以减少交通干扰。

2.2　卸货区域设置

对于"前店后仓"模式中的物流园，装卸区域的规划取决于其位置和规模，这两个因素直接影响物流园区的运营效率。装卸区域应规划在远离商超区域的地方，以减少对其运营的干扰，同时也有利于整个园区的高效运作。为了满足前置商超的装卸和转运需求，也应在适宜的地方设置装卸区域。

规模上，"前店后仓"模式的物流园应满足各类货车的装卸需求，包括小型货车、中型货车和大型货车。若物流库仅在一侧进行装卸，其场地大小应为15~18m（针对小型货车）、20~25m（针对中型货车）以及30~32m（针对大型货车）。如果两侧的物流库共享装卸区域，则共享场地应为24~27m（针对小型货车）、30~32m（针对中型货车）以及45~48m（针对大型货车）。由于前置商超主要服务周边，可以适当设置装卸区域以满足临时装卸需求。

2.3　流线分析

在"前店后仓"模式中，高效合理的车流线是保证整个园区正常运作的关键。在园区中，我们应尽可能减少尽端式装卸区域，而更多实现贯穿式装卸区域，以优化车流线并减少拥堵。在前置商超，我们需要保证人车分流，避免园区内的人和车交叉造成拥堵。为此，园区应设置活动围栏、连廊等设施，以实现各自独立但又紧密的连接。

图1为某项目的交通流线，地块四周均有道路，货车出入口设置在等级最低的道路上，物流库由南向北平行布置，形成由南向北两块装卸货场地，且装卸区域与前置商超之间互不影响，做到场地中的货车流线、小汽车流线、人流线互不干涉，实现人车分流。

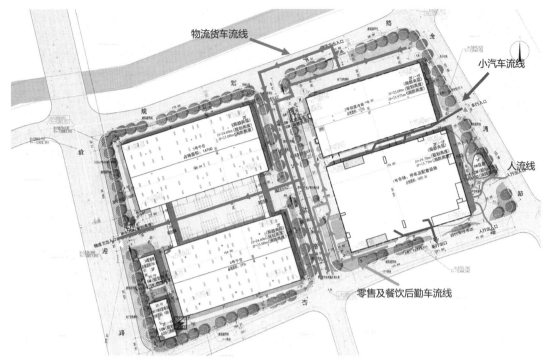

图 1　某项目流线图

2.4　道路分析

在"前店后仓"模式的物流园区，物流库区域主要通行的是小型货车和大型货车，而前置商超则主要是小型客车，以及部分临时停靠的大型货车。因此，道路设计需满足这些不同类型车辆的通行需求。小型货车和小型客车的单行车道宽度应不小于 4.0m，双行车道宽度应不小于 6.0m。而大型货车的单行车道宽度应不小于 6.0m，双行车道宽度应不小于 9.0m。在转弯区域，应适当加宽车道以方便车辆通行。园区内的建筑四周应设有环形消防车道，消防车道宽度不应小于 4.0m，并应保证消防车道能够环绕建筑通行（部分地区建筑周围需设置环形消防车道，宽度不应小于 6.0m，车道与建筑之间距离不应小于 5.0m，且不应大于 15.0m）。

3　结语

通过对"前店后仓"模式园区的出入口、装卸区域、车流线和道路等方面的分析，我们得到了一些基础的设计经验。然而，每个实际项目都有其独特性，需要针对具体情况进行深度分析和设计。在物联网快速发展的今天，我们需要在满足社会发展需求的同时，充分考虑地域特性，合理配置资源，与周边的自然环境和人文环境和谐共存。这就需要我们在不改变上述重点内容的前提下，进行设计手法的重组和专业化调整，以提高整体设计的专业性和效率。

8

◇ **物流建筑竖向交通设计**

田家辉　吴家莹

摘　要： 随着电子商务和物流行业的高速发展，物流建筑市场需求不断增加，物流企业为了最大限度地利用有限的土地资源，提高用地利用率，多层、高层物流建筑越来越得到市场的认可和青睐。如何合理设计多层、高层物流建筑的竖向交通，保障物流园区的高效运行，成为当下物流建筑设计的要点。

关键词： 物流建筑　竖向交通　高效

1　综述

物流建筑的竖向交通设计是为了满足物流建筑货物和人员的垂直运输需求，本文将通过案例分析，介绍当前主流物流建筑货物竖向交通方式，分析不同竖向交通设计对园区整体运输的通行效率的影响，阐述不同竖向交通设计形式的优缺点。

2　物流建筑的竖向交通设计

目前多层、高层物流建筑的竖向交通设计主要分为两大类：货物的竖向交通及人员的竖向交通；货物的竖向交通决定整个物流园区的整体布局及物流园区运行阶段的效率。货物的竖向交通主要是通过坡道及垂直货梯，人员的竖向交通主要是通过楼梯及客梯。

2.1　货物的竖向交通——坡道设计原则

2.1.1　坡道的净宽要求

集卡车的宽度通常在 2.5~3.2m 之间，集卡坡道的宽度应能容纳集卡的宽度，并留有一定的余地，以确保集卡能够顺利通过，并且方便驾驶员操作，此外，考虑到安全性和稳定性，集卡坡道的宽度还应能够容纳集卡的转弯半径，根据行业项目标准，集卡坡道按照单向行驶和双向行驶区分，单向行驶坡道净宽不宜小于 7m，双向行驶坡道净宽不宜小于 9m，高层盘旋坡道净宽不宜小于 12~15m。

2.1.2 坡道的坡度要求

根据《物流建筑设计规范》GB 51157—2016 表 9.5.3 物流建筑的坡道坡度设置要求（表 1），物流园区内常用车型长度为 40 英尺集卡，长度约 16.5m，故坡道的坡度在直线段不宜大于 8%，曲线段不宜大于 6%。坡度过大，容易导致集卡车上坡时爬坡无力，容易造成熄火溜车。

物流建筑的坡道坡度   表 1

车辆类型	直线坡道（%）	曲线坡道（%）
轻型货车（车长 7.0m）	13.3	10.0
中型货车（车长 9.0m）	12.0	10.0
大型货车（车长 10.0m）	10.0	8.0
铰接货车（车长 16.5m）	8.0	6.0
叉车	8.0	8.0
航空货运集装板 / 箱拖车	3.0	—

2.1.3 坡道的入口及转弯设置要求

坡道宜设置在主入口附近，视野开阔处，但不宜与主入口距离过近，避免车流高峰期造成主入口拥堵，影响园区通行效率。通往坡道的行驶流线与一层的车辆行驶流线要相对独立，避免流线交叉。坡道入口处宽度宜适当加宽，形成喇叭口，便于集卡车上下通行；集卡在坡道转弯时，需要根据车辆类型、长度、转弯速度和坡道坡度等因素来确定合适的转弯半径，确保安全通过转弯，见图 1。根据以往项目经验，转弯半径宜为 15~18m。

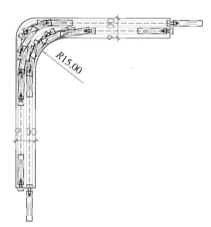

图 1 坡道转弯示意图

2.1.4 高层旋转坡道分析

近些年，随着物流行业的高速发展，高层物流项目也越来越多。旋转坡道作为一种特殊的坡道设计，通常用于连接高层建筑物的不同楼层。它的设计与普通的直线坡道不同，它采用了旋转的形式，使得坡道可以在垂直方向上旋转，从而连接不同楼层。旋转坡道的设计，可以大大减少园区的占地面积，同时提供了更方便和灵活的通行方式，还可以成为建筑物的一个独特景观和设计元素，见图 2。旋转坡道可以大致分为以下两种形式。

1）此类型坡道与卸货平台连接，平台作为坡道的平段部分，整个坡道的占地面积会相对其他坡道占地面积更小。由于平段较多，相同高度和相同坡度情况下，坡道长度会增加。从使用角度上，所有上层车辆必须经过下层卸货平台到达，高峰期会影响卸货的效率，随着物流行业的发展，目前市场上运用的相对较少，见图 3。

2）此类型坡道与卸货平台完全脱开，其优点是在货车通行的情况下不影响各层平台的卸货，提高了通行效率，此坡道做法上下层之间不能连通，适合于每层单独使用的租户。相对坡道 1 占地

图 2　旋转坡道装饰示意图

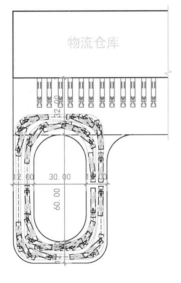

图 3　旋转坡道 1 示意图
（单位：m）

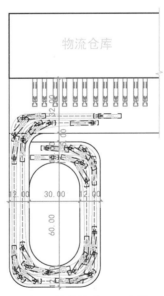

图 4　旋转坡道 2 示意图
（单位：m）

面积会有所增加，但是坡道总长减少。此坡道在使用角度上能更有效地提高卸货效率，更加受到租户青睐，是目前主流的旋转坡道形式，见图 4。

2.1.5　案例分析

项目概况：项目位于广东省佛山市，项目总用地面积约 19 万 m²，总建筑面积约 34 万 m²，项目由 5 栋 3 层物流仓库、1 栋 2 层物流仓库及配套附属用房组成，见图 5。本项目货物主要竖向交通方式为旋转坡道。

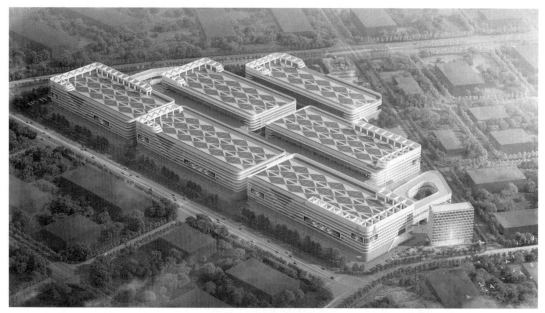

图5　某项目鸟瞰图

总体布局设计：基地呈不规则四边形，沿基地北侧、东侧、西侧各设置集卡车出入口；基地内部道路在各建筑之间形成环路，5栋3层物流仓库中间设置卸货平台，卸货平台与南侧、北侧设置的两个盘旋坡道连接，形成一个相连通的整体，见图6。

货运竖向交通设计：基地南北两侧出入口附近各设置一个盘旋坡道，盘旋坡道与5栋3层库中间2层、3层卸货平台相连接，构成了货物运输的主要竖向交通，坡道宽度12m，净宽10m，可满足集卡车上下双向通行需求。

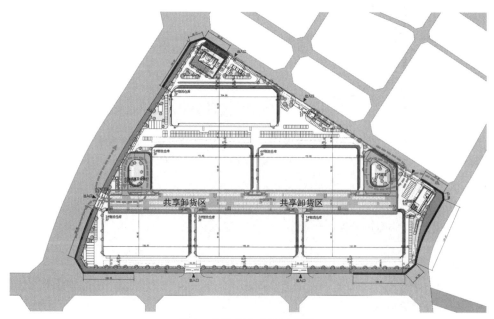

图6　货物竖向交通流线图

从图 6 可以看出，本项目出入口设计采用"右进右出"的原则，在出入口设置排队等候区，充分利用垂直空间，体现多层次的交通流动，两个旋转坡道设置在整个园区两端与卸货平台形成连接，减少尽端的装卸货，从而更好地解决交通拥堵，提升园区高峰时段卸货容量，提高货物运行效率。

2.2　货物的竖向交通——货梯设计原则

2.2.1　货梯的承载能力

应考虑到所需要承载的货物的重量和体积，确保货梯能够安全稳定地运输货物。货梯目前市场上常用的荷载为 3t、5t，有电梯机房。设计时，应根据实际需求，确定货梯的荷载，表 2 为常用货梯的基本参数。

常用货梯的基本参数对比			表 2
5t 电梯基本参数			
轿厢尺寸（mm×mm）	2800×3200	开门尺寸（mm×mm）	2400×3200
额定速度	0.5m/s	最小层站距（mm）	3100
顶层高度（mm）	4500	底坑深度（mm）	1500
3t 电梯基本参数			
轿厢尺寸（mm×mm）	2200×2600	开门尺寸（mm×mm）	1800×2100
额定速度	0.5m/s	最小层站距（mm）	3000
顶层高度（mm）	4500	底坑深度（mm）	1500

2.2.2　货梯的尺寸和布局

货梯的尺寸根据货梯的荷载确定，在物流建筑中，货梯通常设置在卸货面一侧，通过货车直接卸货至货梯厅，由叉车运送到货梯，最后通过货梯进行竖向运输送达各楼层。一般情况下每个防火分区设置一个货梯厅。12m 柱网货梯常用布置方案如图 7 所示。

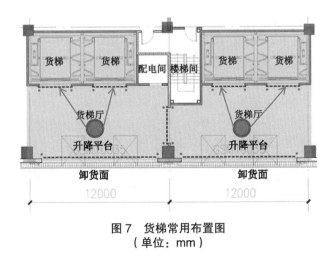

图 7　货梯常用布置图
（单位：mm）

2.2.3 案例分析

某项目位于江苏省苏州市某物流园区；项目总用地面积约 6 万 m²，总建筑面积约 11 万 m²，项目由 1 栋 3 层电梯库和 2 栋 3 层坡道加电梯组合库及配套附属用房组成，见图 8。

图 8　某项目鸟瞰图

总体布局设计：基地呈不规则四边形，沿基地西侧设置 2 个 12m 宽集卡车出入口，通过基地内部环路构成基地内部车行流线，2 号物流仓库东侧设置 1 个坡道与卸货平台连接。

竖向货运设计：1 层至 2 层的竖向交通可通过坡道至 2 层卸货平台卸货位；3 层的竖向交通可通过 1~3 层的货梯或 2~3 层的货梯来满足竖向货物运输。

竖向人员设计：每栋物流仓库两端均设置分拣区，分拣区内设置一部楼梯和一部电梯，供内部员工上下通行使用，楼梯兼作竖向疏散使用，电梯根据规范要求设置为消防电梯。

本项目把两种竖向交通方式相结合，提高得库率，同时又增加了园区卸货位的数量。

2.3　建筑内部常用竖向传送系统

物流仓库的货物竖向运输方式除了常规的坡道和货梯运输之外，通过使用其他设备和技术手段也能充分利用仓库的垂直空间实现货物的竖向运输和储存，从而提高仓库的存储能力和效率。目前使用比较成熟的有垂直升降机和垂直输送带系统，见图 9、图 10。

垂直升降机也就是我们常说的货物升降机，是用于将货物垂直运输到不同楼层的设备。它通常由平台和一个垂直导轨组成，可以在不同楼层之间进行上下移动。物流仓库垂直升降机的主要优势是提高货物的运输效率和安全性，减少人力搬运的劳动强度和运输时间，提高了货物的安全性。同时垂直升降机的使用范围也很广泛，还可以与其他物流设备、叉车等配合使用，实现整个物流系统的自动化和高效化。

输送带系统，是由输送带、支架、驱动装置、控制系统等组成的一种运输方式，通过水平和垂直输送带来实现货物的运输和分拣。输送带系统可以根据预设的规则将货物分拣到不同的目的地，

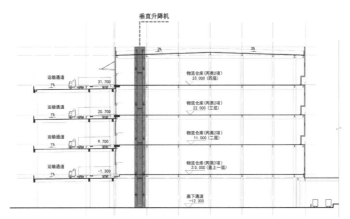

图 9　垂直升降机示意图

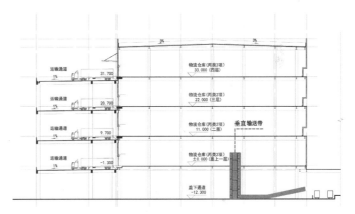

图 10　垂直输送带示意图

提高分拣效率；可以与仓库管理系统集成，实现对货物的跟踪和管理，与自动化设备（如机器人、自动化仓储设备）配合使用，实现自动化的仓库操作。垂直输送带系统占地面积小，可以通过合理布局和设计，充分利用仓库空间，提高输送效率。

3　人员的竖向交通

目前多层、高层物流建筑人员的竖向交通主要是通过楼梯及客梯。

物流仓库人员竖向交通一般指在仓库内部，人员在不同楼层或高度之间的交通方式。人员需要在不同层之间进行货物搬运、装卸和仓库管理等工作。为了提高工作效率和安全性，需要合理安排人员的竖向交通。

物流建筑内部需要提供办公场所，通常在物流建筑两端设置办公区，办公面积一般在150~250m²，办公区内部需设置一部楼梯供内部员工上下通行使用，也作为竖向疏散使用。

对于高层物流建筑，为了提升竖向通行效率，办公区内通常会设置一部客梯，满足人员竖向交通的舒适性。建筑高度超32m 的物流建筑，需设置消防电梯满足消防规定要求，见图11。

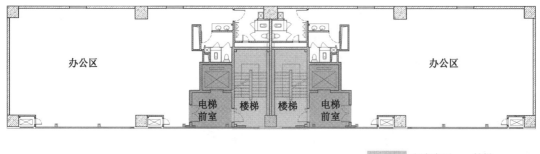

办公区

电梯前室 楼梯 楼梯 电梯前室

办公区

竖向交通——楼梯

竖向交通——电梯及前室

图 11　人员竖向交通示意图

4　结语

本文以货物流线和人行流线两个切入点，着重介绍了多、高层物流建筑中几种不同形式竖向交通设计的优缺点。目前市场上坡道、货梯仍作为多层、高层物流仓库的重要竖向交通组成部分，对于园区的运输效率起到关键性作用，合理的货物竖向交通是物流建筑的生命力，物流园区竖向交通设计对于提高物流效率、优化资源利用、便于管理和运营、提升安全性等方面具有重要意义。

9

坡地上的物流建筑设计

郑敏峰

摘　要： 物流建筑设计中经常会遇到一些带有坡度的场地，对于物流建筑而言，通常场地内行驶大量的集卡车，坡地对于停车卸货、车辆交会等均会带来一定的不便性与局限性，本文通过几个案例来介绍物流建筑结合坡地地形的设计。

关键词： 坡地　微坡　依势而建　分段

1　综述

对于一个物流园区来说，车流的便利性和装卸货的快捷性非常重要，而坡地的坡度使得车流行驶不便，为解决坡地对物流建筑园区造成的各种影响，以便保证方案的合理性，应合理利用地形地貌，化被动为主动。结合几个设计实例，大致介绍以下几种类型：（1）单向微坡型；（2）依势而建型；（3）分段设计型。

2　案例分析

2.1　单向微坡型

单向微坡型是指场地内高差较小，利用物流建筑间的单向找坡，解决场地坡度问题。

某项目地块为规则四边形，南北宽约 300m，东西宽约 520m，东西高差均为 10m 左右，整体呈现西高东低的趋势。经估算，整个场地东西坡度约 2.0%。对于住宅、商业等业态来说这个坡度不大，2.0% 的坡度是较为合理的设计条件，但对于物流建筑而言，并不合理。考虑到物流建筑具有车流及物流需要快进快出的特点，通常业主要求物流仓库需要双边卸货，且单体两边 ±0.000 需要标高一致，以保证货流快进快出，满足使用需求。

第一，如果我们依着地形做斜坡式建筑，不同于民用建筑，物流仓库往往体量较大，以一栋进深 100m 的物流仓库为例，按照地形 2.0% 的坡度来计算，两个卸货面的高差会有 2m 之多，不满足双面同时卸货的条件。而建筑内部如果采用台地设计，不仅高区影响库内净高，内部叉车的交通组织也非常不便，得库率也会相应降低，内部运转效率降低。

第二，如果我们把整个场地垫平垫高，两侧卸货场地也处于同一标高，仅通过出入口处的一个大坡度进入园区内部，会导致整个园区的填方量较大，无法做到土方平衡。反之亦然，如果我们把整个场地垫平挖低，园区内不仅会增加许多挡土墙，挖方量大，低洼的地势也不利于雨水的排出，使洪涝等灾害的风险增加。

第三，台地式布局也是建筑设计在坡地地形中常用的解决方式，如果我们物流建筑采用台地式布局来设计，会使我们两栋仓库之间无法使用共享的卸货平台，增加栋距，对集约型用地不利。

对于本项目，我们南北竖向布置 3 栋物流仓库，仓库进深分别为 100m、120m、100m，两栋仓库之间的共享卸货场地宽度均为 45m，因为业主要求本次设计为外月台，且 3 栋仓库均需要双边卸货，所以，月台总进深 4.5m×6=27m，单边卸货场地 30m，总宽度需要 497m，加上围墙、绿化等，可以合理地布置在宽 520m 的场地内。

然而我们不采用常用的卸货场地双边排水的设计方案，而是采用了单边找坡的方案，首先利用总计 150m（2 个 45m 和 2 个 30m）的卸货场地 3% 的单边找坡，解决 4.5m 的高差，再结合 23m 的绿化放坡来解决剩余 5.5m 的高差，既取消了整个项目对挡土墙的使用，又使土方平衡趋于相对合理，减少造价，详见图 1。

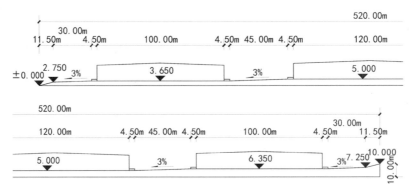

图 1　场地坡度示意图

2.2　依势而建型

依势而建型是指根据地形地势，结合平台和坡道，解决竖向高差的问题。

某项目地块呈不规则多边形（图 2），建设用地总面积为 119631.93m²，南北最宽处有 393m，东西最宽处有 468m，南北高差约 14m，总体呈南高北低，详见图 2。设计有 3 栋物流仓库、1 栋配套服务楼、1 栋设备用房及 1 栋门卫。

方案一：为满足物流项目交通流畅的基本需求，在地块北侧（低位区）设置一个 15m 宽的出入口，连接场地内环形道路。南侧因高差太大，做 14m 高混凝土挡土墙。按照地形条件，三栋物流建筑呈品字形布置在地块

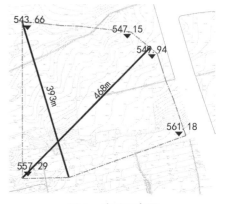

图 2　地形示意图

内，利用局部区域，布置了 1 栋配套服务楼，1 栋设备用房及 1 栋门卫，满足了业主对业态的需求，使项目布局合理、交通流畅、功能分区清晰。但对于一个物流项目来说，人流量、车流量、物流量极大，仅 1 个 15m 宽的出入口完全没办法满足使用需求，而由于场地高差，地块设计出第二个出入口较为困难，方案设计不合理。

方案二：利用上一案例的方案，采用微坡设计，但该项目南北坡度达到 3.6%，且地块呈不规则形状，无法利用上述微坡处理的方案进行设计。于是，我们在方案一的基础上对整个项目进行了优化。首先，我们在仓库 2 层与挡土墙之间建立了一个卸货平台，使得南侧市政道路（高位区）与卸货平台相连，增加出入口，方便仓库 2 层的货物直接通过卸货平台出入。然后地块的西侧，顺着地势增加了一条高度 10.5m 的坡道，连接了场地 1 层和卸货平台，打通"经脉"，再利用场地找坡解决少量高差，详见图 3。

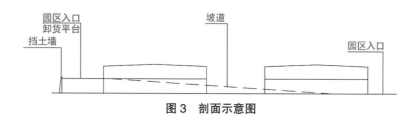

图 3　剖面示意图

模拟一下车辆行驶路线，首先，车辆从项目东北角进入，市政道路的标高为 561m，利用出入口的断坡，进入标高为 559m 的卸货平台，在卸货平台上可以装卸 2、3 号物流仓库 2 层的货物，然后利用坡道，行驶到标高为 548.5m 处，再通过园区内部环路装卸 1~3 号物流仓库 1 层的货物，也可直接通过场地微坡到达园区北侧出入口，此时场地标高已降低至 547.0m，以此设计，使出入口、卸货平台、坡道、道路、仓库之间融为一体，形成一个顺畅的交通环路，减少园区内部集卡货车交会的频率，增加一个出入口，也使进出园区更加高效便捷，详见图 4。

图 4　场地平面示意图

2.3　分段设计型

分段设计型是指项目地块中有市政道路、铁路等，把一个地块分成了两个高低不同的地块。

本项目呈不规则四边形，南北长度约 570m，东西宽度约 230m，南北高差有 10m，坡度不算特别大，但在设计之初，我们就注意到，在规划条件中需要在本项目中间横穿一条宽 26m 的弹性道路。弹性道路为建设在用地红线内的道路，可作为市政道路及园区内部道路使用，道路的位置、坡度等可由建设单位弹性设计和建设。

在依势而建型的基础上，我们是否可以利用坡道、卸货平台、道路、挡土墙等元素把一个地块一分为二，分成高区和低区两部分？

根据地形，我们把一个大地块根据标高划分成高、低两个小地块，通过弹性道路作为分界线，南侧高区我们设计了一栋 3 层的分拣车间，场地标高约 66.6m，在东侧开一个宽度为 14m 的出入口，在北侧开一个 10m 的出入口，连接外部市政道路，高区北侧为弹性道路，弹性道路东西向布置，中间高两侧低，中间为高度 66.4m 的平段，长度为 72m，东侧标高为 63.88m，西侧标高为 56.7m，高区地块在 66.4m 的平段处开设 14m 出入口，与弹性道路相连。而北侧低区则设计了两栋双层物流仓库，两栋仓库之间通过一个卸货平台相连，地块场地标高为 56.4m，卸货平台标高为 67.4m，通过连接平台与弹性道路平段相连，详见图 5。

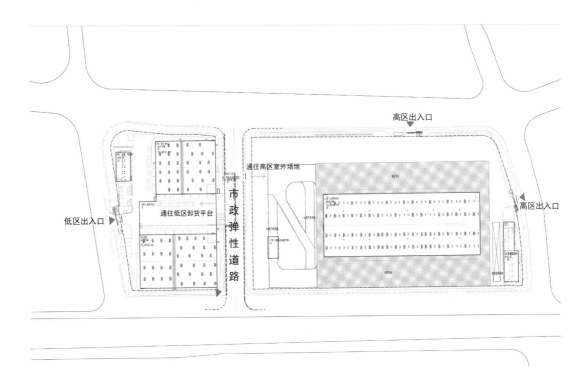

图 5　场地平面示意图

按此设计之后，本项目解决了坡地建筑的大坡问题，通过把地块一分为二，使得项目分区十分合理，交通便利，通过弹性道路的设计，既形成两个分地块之间的天然屏障，又减少了坡道的建设，降低成本。

3　结语

在各种不同的地块面前，坡地设计是一种比较常见的地形，本文从实际案例出发，介绍了 3 种较为常见的坡地设计案例，根据不同的地形，不同的坡度，对应 3 种不同的解决方案，在场地微坡时，可以采用单向微坡型的方式来设计，在坡度较大时，可以采用依势而建型的方式来设计，在有条件分块设计时，可以采用分段设计型的方式来设计，本文针对坡地建筑的 3 种设计案例进行分析，起到抛砖引玉的作用，可供大家一起交流参考。

10

◇ 物流项目建筑师负责制试点实践经验总结

张洁

摘　要： 本文尝试总结上海自贸区管委会 2016 年建筑师负责制某试点项目在规划设计和报审、现场施工、竣工验收、后期维保各阶段过程中，建筑师的专业职责和工作内容，试图探索建筑师负责制背景下建筑师的职业技能发展道路，以及如何提高建筑师专业设计水平和设计管理能力。

关键词： 建筑师负责制　五方责任制　项目策划　设计咨询　合同管理　交付和运维

1　综述

传统的五方主体责任容易导致建设过程的割裂，不利于发挥建筑师在项目建设全过程的引领作用，建筑师提高设计质量、建设精品工程的积极性不高、责任感不强。项目开展过程中参建各方的权、责、利界定不清晰，与国际主流建设管理模式脱节。设计、造价、监理、招标代理等各类专业咨询企业遇到了发展的瓶颈，急需创新突破。

2017 年 2 月 21 日，国务院办公厅发布了《关于促进建筑业持续健康发展的意见》(国办发〔2017〕19 号)，提出 "在民用建筑项目中，充分发挥建筑师的主导作用，鼓励提供全过程工程咨询服务。"

建筑师负责制是以担任建筑工程项目设计主持人或设计总负责人的注册建筑师为核心的设计团队，依据合同约定，对建筑工程全过程或部分阶段提供全寿命周期设计咨询管理服务，最终将符合建设单位要求的建筑产品和服务交付给建设单位的一种工作模式。建筑师负责制是国际通行的建筑领域管理模式。国际咨询工程师协会（FIDIC）、国际建筑师协会（UIA）等国际组织，以及美国建筑师协会（AIA）、英国皇家建筑师协会（RIBA）、新加坡建筑学会、香港建筑师公会等国家和地区的建筑师专业协会在其规定的建筑师或咨询工程师的服务流程中明确了建筑师和设计的主导作用及全程服务、全专业统合、设计咨询全面负责的原则。

浦东是国内最早开展建筑师负责制试点工作的地区，2016 年 3 月，住房和城乡建设部正式批复浦东设立建筑业综合改革示范区，浦东开始全面开展建筑业改革工作，外高桥保税区 75-76 号仓库项目作为试点项目之一，本文试图结合该试点项目的实践经验，探索此类物流项目采用负责制从设计、施工、管理等方面与传统模式的差异，负责制项目建筑师及团队如何发挥主动性提高项目设计及管理质量。

2 项目概况

2016 年 6 月起上海自贸区管委会经过前期调研，选定自贸区管委会保税区内的部分项目，开展"建筑师负责制"的试点工作。试点工作按阶段分"1.0 版本"和"2.0 版本"，两个版本的要求不同，1.0 版本主要完成了设计阶段的试验，2.0 版本则希望试验贯穿设计、施工全过程。本文所讲的实践项目为 2.0 版本。

该项目位于上海市外高桥自贸区。用地面积 12.3 公顷，总建筑面积约为 13.5 万 m²，是由两栋长 400m 的标准库房组合而成的 2 层大型物流仓库。

本项目在 2016 年 3 月完成了方案设计，2016 年 6 月正式开工，根据改革方案和建筑师的承诺，方案审查通过后即可提前开工，同时建筑设计单位进行施工图报备，并在 3 个月内补齐审查，2016 年 8 月取得了建筑工程规划许可证和桩基施工图设计的外审合格，2019 年初竣工并投产运营（图 1）。

图 1　项目概况

3 试点建筑师负责制对建筑师的要求

根据《中国（上海）自由贸易试验区保税区管理局建设项目建筑师负责制试点工作实施细则（试行）》第六条：建筑师负责制试点的建设项目，建筑师须承诺试点项目的设计成果依法合规、严格执行国家和地方颁布的各项技术准则，落实本项目规划控制性指标及相关建设管理要求，并愿意承担由此产生的法律责任及其他相关责任。具体职责除去传统项目要求建筑师对各专业包括咨询团队的统筹协调外，强调建筑师在招标、施工、材料、签发变更、关键节点验收等环节的管控。

制度改革以"政府 −"与"市场 +"为目标。对政府而言，以推进行业改革、简政放权、培养多元化市场为目标。对从业者而言，尤其是建筑师，对材料、造价、成本相关知识经验的累积提出了更高要求，同时由于政府职能转变，建筑师更要重视职业道德和加强自律。

本试点项目在设计、报审、施工阶段体现了建筑师负责制的特色，部分实现了建筑师职责和主导作用。在报审阶段建设单位与设计单位建立代理委托关系，笔者作为设计方建筑师代理业主直接与规划、消防、审图等行政主管部门沟通，办理相关审批手续，同时参与设计咨询分包、技术咨询单位的选择过程并提供了技术建议。施工开始后，笔者作为建筑师带队到工地参加每周例会，了解施工情况，并完成设计周报发送建设、施工、监理等单位，在周报中反映现场进度和工程质量问题，对现场提出的技术问题给出解决方案，保证设计意图的实现。

以下按照项目设计、审批、实施、后期运维总结各个阶段遇到的问题及解决措施，以及各阶段试点建筑师负责制对建筑师工作职责及内容的影响。

3.1　设计阶段

本项目从 2016 年初开始方案设计，笔者作为项目注册建筑师和项目负责人与使用方及建设单位经过几轮反复修改，从建设单位对项目集约用地、经济性以及使用方定制要求的角度出发综合考虑，于 2016 年 5 月形成初步方案用于报规及消防报审，由于项目规模巨大（总建筑面积 135000m²），直接由市消防局进行消防审批，由于首层 141m 大进深区域对安全疏散和扑救火灾都不利，解决消防救援成为整个消防设计的重点和难点，经过与消防部门的反复讨论和沟通，最终平面方案通过增加两横一纵"工字形"消防通道及疏散走道解决超大库的消防扑救问题。为保证南北室外架空区和消防通道的安全，在架空区及消防通道内设置喷淋及火灾报警，消防通道两边有连通室外的开口，但仍设置机械排烟装置以保障安全。

原方案根据使用方对库内空间需求结合横向穿通建筑物的 2 条消防通道将首层库区分成 3 段，消防部门对原方案意见主要有 2 点：①贯通建筑的消防车道之间间距要控制在 150m 之内，② 1 层仓库每个防火分区的进深为 70.5m，不满足进深不大于 60m 的审批要求，且中间区域的两个防火分区只有一个消防进攻面（只有一面墙对外，消防火灾时只可以从一个面进入库区），不满足消防审批两个进攻面的要求。

调整后平面在内部采用"工字形"消防通道及疏散走道结合外部沿两侧长边消防救援场地解决了进深方向扑救和疏散的难题。《建筑设计防火规范》GB 50016—2014（2018 年版）（下文简称《建规》）对仓库建筑尤其高度 24m 以下的多层仓库建筑疏散距离和救援场地均没有强制要求，本项目设计时上海市执行《上海市大型物流仓库消防设计若干规定》（沪消〔2006〕303 号）（下文简称《规定》），《规定》要求大型物流仓库设置环形消防车道且宽度不小于 6m（《建规》不小于 4m），另外《规定》要求沿两个长边设不小于 10m 宽的消防救援场地，《建规》对高度不超过 24m 建筑的救援场地则没有强制要求，对于仓库项目用地指标通常非常紧张，设置两长边救援场地意味着可用建筑占地减少很多。值得一提的是 2021 年 7 月 1 日起上海实施新标准《大型物流建筑消防设计标准》DG/TJ 08–2343—2020（下文简称《新标准》），《新标准》对大型物流项目的救援场地要求为"应至少沿一个长边设置灭火救援场地，当建筑高度大于 24m 或建筑的进深大于 120m 时，应沿 2 个长边设置灭火救援场地。"《新标准》对项目以是否为高层或进深大于 120m 为限区别救援场地的设置要求，但前提是至少保证一个长边设置，严于当时执行规范要求的同时又避免了一刀切。

沿长边设置救援场地对仓库项目通常意味着可建面积明显减少，如何满足规范的同时最大化利用土地成为项目最大的挑战。

由于建筑设计需要考虑多方面因素，满足使用要求的同时符合法规、保证安全，一个项目最终呈现的面貌往往是多方协调的结果。笔者在这过程中通过沟通理解多方要求，协调各方、各专业、工种的关系，通过技术整合寻找解决问题的途径。

本项目自 2016 年 8 月正式确定为试点项目后，要求笔者作为负责建筑师签署了一系列告知承诺书等文件，文件中明确了精简几个阶段的审批流程但需承诺如：建设工程规划设计方案审核（免于技术性审查的承诺）；建设工程规划许可证审批（免于审批要件的承诺）；建设工程开工放样复验（免于复验的承诺）；建设工程施工许可证审批（三个月内或桩基分项工程完成前）通过施工图审查的承诺；因为上述的审批程序调整，取得规划许可证的时间比传统审批程序提前约 2 个月，若干前期审批工作可以并行进行，压缩了项目前期审批的时间，消化了因为设计平面调整的设计变更延误，保证了项目按原定计划开工。但同时对于设计质量提出了更高的要求，项目设计过程中通过加强综合定案、专业内部定案以及各阶段专业自校、互校及校审，严格把控设计质量，顺利通过了事后管委会建管中心对试点项目设计质量的检查。

进入到施工图阶段，与项目有关的分包单位配合深化设计，包括钢结构、防火板、电梯、升降平台、ALC 板等，审核分包单位的深化图纸，并根据深化图纸修改土建条件。当前大多数工程项目的结果往往取决于建设方甚至总包方，设计越来越接近画图匠的工程惯例，这个项目机缘巧合地成为项目所在外高桥保税区建筑师负责制的试点项目，压力之下也迫使设计师将目光放宽，不仅局限于本专业、各专业综合，还要加强与分包单位的设计配合，关心材料和造价。

3.2 审批阶段

建筑师负责制改革试点项目的审批流程较传统项目有所变化，项目设计单位确认后，由业主单位、设计单位以及负责建筑师填写出具建筑师负责制告知承诺提交规划管理部门，承诺提交资料的真实有效和设计成果的合规性。相关部门在收到告知承诺后，对建设工程规划设计方案免于技术性审查，对建设工程规划许可证免于要件审查，对建设工程开工免于放样复验，同时施工图审查不再作为办理施工许可证的前置条件（改为在开工后三个月内或者桩基分项工程完成前取得）。在工程设计方案审批完成的同时即可核发规划许可证；同时施工许可证办理可以和施工图审查过程平行进行。对于勘察设计的质量控制环节由传统项目的开工前审查转变为与项目前期的其他审批和施工同步并行的事中事后监管，通过电子审图系统的后台抽查以及在项目实施过程中对勘察设计单位和审图单位的设计联合检查，对勘察设计审图单位的技术失误和失职行为进行查处。

3.3 实施阶段

本项目在施工阶段建筑师主要以设计交底、定期现场巡查、现场设计协调及参加各阶段验收的方式参与建设工程的实施，现场巡查工作以现场周报的形式及时更新工程进度，现场设计问题协调采用清单记录跟踪，如现场设计问题是否解决和是否出具现场指导建议。至 2019 年 1 月现场设计问题协调记录共计 437 项，现场设计周报共计 71 期。

3.4 施工后阶段

施工后阶段建筑师承担了本项目组织编制竣工图和房屋使用说明的工作，定期组织设计回访和使用后评估。通过运营阶段与租赁方和物业管理方座谈，总结在运营过程中的问题和经验教训，设计师能了解到使用中的具体和细节问题并给予反馈。

与普通项目相比，本试点项目在实施过程及运营过程中体现出来的主要成效包括：

明显加快项目规划审批流程。规划管理部门对项目规划许可做形式审查，不再负责施工图纸的技术审查，在规划设计方案审批的同时核发建设工程规划许可，大大缩短了传统规划审批流程，为建设单位节省了时间成本。

增加设计调整灵活性。设计在规划控制性指标框架内调整施工图纸的内容，在项目竣工前一次性报批，改变了传统规划许可证随证核定施工图的做法。

整合设计理念与实施效果。尽可能发挥建筑师作为负责建筑师从设计到竣工全过程主导作用，将符合建设单位意图和规划要求并体现设计理念的建筑产品实现完整交付。

施工阶段，建筑师参与定期工地例会并在现场解决各专业问题，同时派驻现场代表工程师，发挥旁站、监督的作用。

施工后阶段，建筑师团队负责包括竣工图、房屋使用说明的编制，设计回访和使用后评估。设计团队直接参与施工管理和运维调试，可很大程度地提升物业管理水平，实现建筑设计意图的最后一个环节。同时，使用后评估反馈也恰好形成建筑全生命周期的闭环，反过来也能提升设计水平。

4 结语

建筑师负责制在建筑实施过程中的专业主导地位和业主代表职责，依据业主的委托完成策划定位、设计咨询、行政审查、招标管理、合同管理、竣工交付、运维改造等建筑全生命周期的各个环节，对最终建筑作品和业主价值的实现负责，而非仅对设计成果（图纸）负责。要完成这项任务，对于长期"闭门造车"忙于完成图纸设计的设计院来说显然具有很大挑战性。负责制对设计团队及建筑师的要求提高到一个前所未有的高度，需要设计师更加关心材料造价、工程的招采流程，涉及工程项目建设周期的前期、后期直至使用阶段，负责建筑师要补齐职业短板，尤其要加强建筑师职业道德意识、材料构造、造价控制、项目管理、建筑质量控制、后期运维等方面的知识和工程经验，提高个人综合素质，做好知识储备，有意识地加强经济观念，关注项目建设前、中、后期及运营。因为大趋势对建筑师、设计师的要求已经势在必行，将来无论是建筑师负责或设计师团队负责的出发点都是希望推进设计对工程项目结果产生更多影响，在建设单位对整个项目承担全面主体责任的前提下，建筑师和设计单位直接向建设单位负责，对建筑产品承担相应的设计和管理责任。

项目施工的过程管理

裴俊锋

摘　要：国内建筑师负责制主动对接国际通行规则，让建筑师负责从前期咨询、设计服务、项目实施过程管理直至运营管理的全过程服务，如何以建筑师为核心实施项目服务体系管理，建筑师负责制的管理经验是重点。本文通过分享十余年驻场设计代表的管理经验，供建筑师在实践建筑师负责制过程时参考。

关键词：建筑师负责制　工程管理经验

1　概述

作为建学公司派驻现场的设计代表已有十余年，所负责的物流园项目业主多为境外公司。由于物流项目多为业主自持产业，投资回收主要靠出租房屋，资金回收时间长。因此，业主对造价控制和工期控制非常严格，境外公司对驻场设计代表的要求与境外全过程管控的建筑师职责要求等同。本人服务的几个项目基本做到了没有发生施工过程中的费用追加、施工期限的拖延以及对施工费用的拖欠，基本做到了质量、投资、工期的可控。现将多年的管理工作进行总结，供读者参考。

建筑师负责制是我国主动对接国际通行规则，进一步明确建筑师的权利和责任，让建筑师负责从前期咨询、设计服务、项目实施过程管理直至运营管理的全过程服务，深入以建筑师为核心的项目服务体系，见图1。

图 1　项目实施管理关系图

项目施工过程管理是建筑师负责制的重要关键环节。目前国内建筑师负责制在项目实施过程的主要模式是建设单位／业主代理合同给建筑师（甲方代理，合同管理者），建筑师根据合同约定的标的、进度、质量、造价完成全部的建造工作。

　　总结多个项目的管理经验，建筑师本人首要应根据工程特点建立工程任务目标和自身需求，针对项目特点进一步建立建筑师管理体系的方式方法。建筑师目标是按时按价完成项目建造。过程管理核心是安全和质量。建筑师设计项目管理的过程管理是一个非常重要的环节，如果没有合理的过程管理，项目可能会面临延期、超预算，或造成质量、安全的风险。因此建筑师需要有自己的一套管理体系和管理手段确保项目顺利进行至完成。

　　建筑师项目实施过程管理，关键管理要点划分为：前期政府手续办理；计划纠偏管理；成本管理；人、材、机计划管理；质量安全管理；合同管理；资料管理；沟通管理。

2　前期政府手续办理

　　建筑师要事先了解当地政府政策及人文情况，规划前期手续办理流程和编制工作规划，为办理政府文件做充足的筹备，制作前期政府文件办理计划（图2），依据计划逐项销项。工程全过程的政府资料在项目完成后，整理成册归档，留存项目经验记录。

编号	事宜	所需申请／提交材料	负责单位	完成情况	计划开始时间	计划完成时间	审批机关部门	批准证明书
1	临时用电报装（资料盖章已完成）	1. 建设单位营业执照1份	业主	已完成	9.20	10.17	供电局	供电批复及通电
		2. 临电经办人授权委托书1份	业主	已完成	9.20	10.17		
		3. Goh Chye Boon 法人护照1份	业主	已完成	9.20	10.17		
		4. 不动产权证1份	业主	已完成	9.20	10.17		
		5. 建设用地规划许可证1份	业主	已完成	9.20	10.17		
		6. 工程规划许可证1份	业主	已完成	9.20	10.17		
		资料提交		正在进行	9.20			
		收到批复	业主	正在进行	9.20			
2	临时用水报装（资料盖章已完成）	1. 建设单位营业执照1份	业主	已完成	9.20	10.17	自来水公司	供水合同及通水
		2. 临水经办人授权委托书1份	业主	已完成	9.20	10.17		
		3. Goh Chye Boon 法人护照1份	业主	已完成	9.20	10.17		
		4. 不动产权证1份	业主	已完成	9.20	10.17		
		5. 建设用地规划许可证1份	业主	已完成	9.20	10.17		
		6. 工程规划许可证1份	业主	已完成	9.20	10.17		
		资料提交	业主	正在进行	9.20			
		收到批复	业主	正在进行	9.20			

图2　前期政府文件办理计划（1）

编号	事宜	所需申请/提交材料	负责单位	完成情况	计划开始时间	计划完成时间	审批机关部门	批准证明书
3	施工许可证	1. 建筑工程施工许可证申请表原件4份	业主	正在进行	9.20	10.30	住建局	施工许可证
		2. 立项批复（复印件加盖公章）2份	业主	正在进行	9.20	10.30		
		3. 土地使用证（复印件加盖公章）2份	业主	正在进行	9.20	10.30		
		4. 建设工程规划用地许可证（复印件加盖公章）2份	业主	正在进行	9.20	10.30		
		5. 建设工程规划许可证及规划总平面图（复印件加盖公章）2份	业主	正在进行	9.20	10.30		
		6. 项目环境登记表（复印件加盖公章）2份	业主	正在进行	9.20	10.30		
		7. 建设工程施工合同及施工单位资质证书（复印件加盖公章）2份	总包、业主	未开始	10.17	10.30		
		8. 监理合同及监理单位资质证书（复印件加盖公章）2份	监理、业主	未开始	10.17	10.30		
		9. 建筑工程抗震设防通知书（复印件加盖公章）2份	业主	正在进行	9.20	10.30		
		10. 施工图审查合格文件（复印件加盖公章）2份	业主	正在进行	9.20	10.30		

图2　前期政府文件办理计划（2）

3　计划纠偏管理

建筑师的重要管理方式在于沟通，对于中大型项目每周至少召开一次管理层的计划纠偏例会，主要管理人员参与，会议主要内容是深入沟通进度是否正常，上周遗留问题的落实情况以及下周的施工计划安排，针对期间存在的问题，进行讨论，确定纠偏方案、核实进度纠偏措施落实情况是保证当下工期进展正常的重要手段，以便能保证总工期正常，见图3。

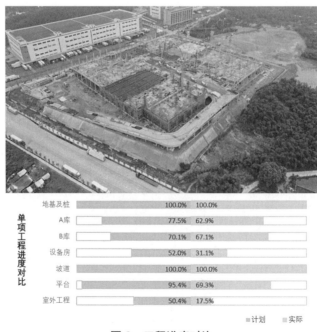

图3　工程进度对比

4 成本管理

设计质量把关是施工过程中避免费用追加的关键。因此审查设计图纸补充 BIM 制图，与设计师沟通，使问题消灭在施工前，这项工作也是施工过程中避免费用追加控制的重点，如图 4 所示。

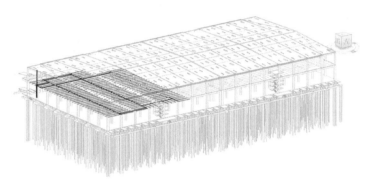

图 4　BIM 制图排查质量问题

建筑师应具备熟悉并能审阅项目概算和各专业体系的技术能力，将实际工程进度与工程预算对比，对比成果综合分析判断当下进度款使用是否合理，降低工程管理风险，依据合同和图纸，对工程款的拨付（过程经过业主确认）和使用控制在合理的工程用款范围内。

5 人、材、机计划管理

依据工程状况，评估不同施工阶段的人、材、机的数量是否与时间工期匹配，这是人、材、机管理的目标。实战中不仅要目标控制，还需考虑人、材、机的风险控制，故要考察工人来源调配是否稳定，材料是否充沛且可持续性保障，如：材料报审审批（常规材料进场前 2 个月）、材料合同（常规材料进场前 1 个月）、材料加工（若有，常规材料进场前 1 个月），材料运输（常规 1 周时间）。同理机械进场筹备工作应考虑运输时间（特殊设备报备，交通管制等因素），进场组装、调试等时间间隔，方可确保每个施工段的施工顺利进行。建筑师在管理中应分配责任到人，实时掌控人、材、机运营状态，见图 5。

6 质量安全管理

质量安全的管理依据是合同、图纸和规范，根据经验，较为成功的方法是：样板管理，QAQC（质量安全）管理，质量安全培训管理，见图 6。

序号	项目名称	业主品牌及技术要求		总包合同选择	送审资料要求						送审日期			业主/现场管理预计确认日期	预计采购日期	预计到场日期
		品牌	备注		产品资质及资料	技术参数	计算书	图纸	样本	样品	计划	第一次	是否批复			
2.1	建筑、结构及装饰工程															
2.1.1	工业分节提升门	HORMANN、Crawford、Fastlink、宝产三和	电动+手动，详见技术规范	Fastlink	√	√		√			2021/8/9	2021/8/11	2021/8/25	2021/8/27	2021/8/29	2021/8/31
2.1.2	卸货平台（电动液压）	HORMANN、Crawford、Fastlink	详见技术规范	Fastlink	√	√		√			2021/8/9	2021/8/11	2021/8/25	2021/8/27	2021/8/29	2021/8/31
2.1.3	主钢结构及围护系统（含檩条及屋面、墙面围护板）	Butler、Beststeel、USAS、ABC	同材料报审 2.1.7	ABC	√	√		√	√	√						
2.1.4	主钢构原材料	宝钢、武钢、马钢		武钢	√	√		√			2021/5/19	2021/5/21	2021/5/21	2021/5/21	2021/6/4	2021/6/6
2.1.5	屋面、墙体檩条原材料	宝钢、烨辉（中国）、联合铁钢、尚兴（中国）	屋墙面系统及其附件需由同一供应商提供	烨辉（中国）	√	√		√	√	√	2021/5/19	2021/5/27	2021/5/27	2021/6/3	2021/6/5	2021/6/7
2.1.6	屋（墙）面板原材料	宝钢、联合铁钢、博思格		烨辉（中国）	√	√		√	√	√	2021/5/19	2021/5/31	2021/5/31		2021/6/6	2021/6/8
2.1.7	檩条、屋（墙）面板加工制造商	欧本、钢之杰、美建、美联、ABC	檩条和围护板采用同一个制造商	ABC	√	√		√	√	√	2021/5/18	2021/5/20	2021/5/24	2021/5/24	2021/6/7	2021/6/9
2.1.8	屋面采光带	费隆、纵横、多凯	双层复合	纵横	√	√		√	√		无此项目					
2.1.9	钢结构屋面/墙面离心玻璃保温棉	欧文斯科宁、威伦维森、陶氏化学	贴面材料具备离火自熄功能	欧文斯科宁	√	√		√	√	√	2021/7/14	2021/7/16	2021/8/11	2021/8/11	2021/8/11	2021/7/25

图 5 材料、设备控制单

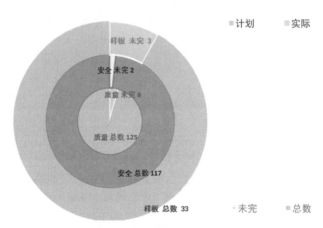

图 6 QAQC 和样板记录

6.1 样板管理

每一个分部工程均做样板，奉行样板先行原则。样板施工完成后，组织各参建方进行样板验收，后续工作质量控制按样板标准施工、验收、考核工程质量。实践中样板管理能更有效地纠正施工单位的施工陋习，管理上有效地凝聚了团队管理上的一致性，减少沟通成本，管理效率成倍提高，见图7。

🗎 001室外消防管道.pdf	2023/5/28 11:13	Adobe Acrobat ...	1,394 KB
🗎 002雨污管道.pdf	2023/5/28 11:13	Adobe Acrobat ...	1,147 KB
🗎 003安全文明施工亮点.pptx	2023/5/28 11:13	Microsoft Power...	102,971 KB
🗎 004灌注桩施工样板.pdf	2023/5/28 11:13	Adobe Acrobat ...	4,253 KB
🗎 005灌注桩破桩头.pdf	2023/5/28 11:13	Adobe Acrobat ...	1,744 KB
🗎 006承台钢筋安装.pdf	2023/5/28 11:13	Adobe Acrobat ...	2,276 KB
🗎 007直螺纹连接.pdf	2023/5/28 11:13	Adobe Acrobat ...	1,359 KB
🗎 008基础防雷接地.pdf	2023/5/28 11:13	Adobe Acrobat ...	1,076 KB
🗎 09承台成型质量.pdf	2023/5/28 11:12	Adobe Acrobat ...	1,401 KB
🗎 10框架柱.pdf	2023/5/28 11:13	Adobe Acrobat ...	1,455 KB
🗎 11外脚手架施工样板.pdf	2023/5/28 11:13	Adobe Acrobat ...	2,453 KB

图 7   样板归档文件

6.2   QAQC 管理

建筑师团队的现场管理人员在日常工作过程中发现并记录质量、安全问题，汇总后，通知施工单位逐项改正，跟踪整改情况，直至验收合格为止。通过 QAQC 管理方法使得施工单位在施工过程中减少质量、安全问题发生的隐患，属事中或事先解决问题的方式方法。QAQC 管理办法使得过程管理中的质量、安全管理更简洁，控制更有效，将质量和安全问题控制在事中或事先，防患于未然。

6.3   质量安全培训管理

建筑师（或代理）至少每月组织一次质量培训会议，参会人包括现场所有参建方管理人员。质量和安全标准的执行，目的在于使得团队中的管理成员对质量和安全管理在理解和认知上意见和标准统一，因此会议内容主要是针对近期建设过程中出现频次较多的质量和安全问题进行汇总，确认标准后，进行质量和安全培训，与各参会人交流施工安全和质量控制的措施，最终使得管理团队意见统一，执行力统一。质量安全培训管理也是建筑师 QAQC 管理的进一步加强和质量安全问题规避的重要保障措施。

7   合同管理

设计项目实施的过程中的合同管理主要是施工合同管理。建筑师应投入较多精力研读合同，以最短的时间熟悉合同内容是合同管理的重要环节。了解和遵守合同的条款和要求，这包括预算、质量和工期等各方面。在实施过程中要确保每一步工作都符合合同要求，也是建筑师对过程管理的基础，只有熟悉合同方可在管理的认知上达到制高点，进行统筹全局的工程管理。

8   资料管理

资料为工程管理的重要组成部分。资料体系有两种形式：一种是档案馆资料（国家标准目录体系，通常包括了所有的施工阶段涉及的资料）。另一种以建筑师自身的体系为主，建立建筑师管理

主要资料要求		
主要项目	资料内容	注意事项
变更	EI 及 RVCS 上传到 SAP 上相应的 VO 的 WBS 附件	1. 变更的依据及其他部门的要求等 2. 开工指令要在保险生效后发出
进度控制	总进度计划（开工 EI 发出后总包编制的盖章版）	项目经理签字
	过程中修正的总进度计划及计划跟踪	
	监理每周例会会议纪要	
	现场周报	
	现场月报	
质量控制	监理工程师通知单（质量类）（含回复）	监理通知单必须有及时的回复，以关闭问题
	监理工程师联系单（质量类）	
	施工组织设计签字盖章版（含质量、安全、进度等控制方案）	项目经理签字
	专业施工方案及批准	危大工程需项目经理签字
	紧急应急预案签字版	
	材料报审批准单	
监管控制	监理工程师通知单（安全类）（含回复）	监理通知单必须有及时的回复，以关闭问题
	监理工程师联系单（安全类）	
缺陷控制	甲方／总包／设计／监理　缺陷清单（签字盖章版）	
	甲方／总包／设计／监理　缺陷整改单（签字盖章版）	
移交缺陷	投资／资产／物业／总包　缺陷清单（签字盖章版）	需要有投资／资产／物业／总包四方签字
	投资／资产／物业／总包　缺陷整改清单（签字盖章版）	需要有投资／资产／物业／总包四方签字
质保	工程质量保修书	
证书	前期证件	
	后期证件	

图 8　归档资料清单

的归档目录（由业主和建筑师商量确定）。基本上施工阶段常规作业已具备，只需分类汇总整理归档即可，特殊情况特殊处理，由业主和建筑师共同确定，见图8。

9　沟通管理

建筑师设计项目实施的过程管理，非常重要也容易被忽略的就是沟通管理。在设计项目实施的过程中，建筑师需要与多个利益相关方进行协作和沟通，包括业主、承包商、设计团队和当地政府等。建筑师需要确保这些利益相关方之间的沟通和协作能够有效推进项目顺利进行，及时处理各种问题和风险。

笔者认为建筑师应建立以总包为主体，与所有分包商、供应商建立相互信任、相互尊重的合作伙伴关系，有利于有效控制局面，加强各方合作，最终反映到工程的实际运作中来，从而演变为快速、高效地推动工程的潜在力量，使得各参建方共同协作，因为甲方可以提前完成项目目标，各参建方可以直接或间接地降低所有参与者的时间成本及管理成本。

融洽的合作关系应放在第一位，建筑师平时要尽量解决各合作方提出的问题和需求，并及时调整计划和施工过程，以确保项目不延期不超预算。建筑师更需要熟悉当地的规章制度，并确保项目符合当地法规及规章制度的要求。与业主和各参建方之间保持良好的沟通和合作，确保项目按时、按质量顺利地完成。后期更要维护好项目的成品保护，维护交付期间的管理工程和后期服务。

总之，在建筑师设计项目实施的过程中建筑师需要通过不断的沟通和协作，确保项目按时、按质量完成。这需要建筑师具备良好的多专业的技术能力、管理能力和沟通能力。同时，建筑师还需要有耐心和毅力以应对可能出现的各种问题和困难。基于实践经验，建筑师岗位需要具备涉及商务、多专业设计经验、多专业施工经验、懂概预算等综合性经验丰富的特点。

10 项目服务总结

项目完工后，成本控制合理，无费用增加；质量进度控制正常，无遗留质量问题。

向业主移交的资料包括：缺陷整改完成清单（确保项目无质量问题），见图9，资产清单（按图完成所有设计），见图10。

项目结束后，编制《项目成长手册》，包含三册，第一册《决策与实施》，第二册《现场服务周报册》，第三册《项目成果展示》留档给业主，见图11。

XXXX综合物流产业园项目 资产移交缺陷整改清单					Xxxxxxx-XX-LOG-09-V1	
					检查时间	2020年9月28日
检查情况说明			XXXX物流产业园项目缺陷整改复查			
序号	缺陷部位	缺陷描述	缺陷照片	整改后照片	检查结论	检查人
1	1号库总配电房门口	喷淋末端排水未安装到位（外墙）	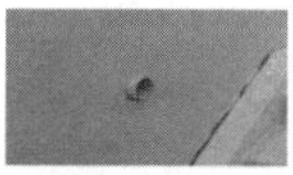		已整改	XXX、XX、XXX
2	喷淋阀组间	压力表方向不一致			已整改	XXX、XX、XXX
3	1A库逃生门	疏散指示灯脱落			已整改	XXX、XXX、XXX

图9　缺项整改完成清单

序号	文件名称	数量	移交日期	备注
1	钥匙移交清单		2020.09.24	
2	设备设施移交清单		2020.09.24	
3	设备设施资料移交清单		2020.09.24	
4	备品备件移交清单		2020.09.24	
5	设备设施使用及维护培训记录		2020.09.24	
6	水电表读数移交清单		2020.09.24	
7	竣工验收资料移交清单 _ 总包移交		2020.09.24	
8	资产移交缺陷检查清单		2020.09.24	
9	资产移交缺陷整改清单		2020.09.24	
10	竣工验收资料移交清单 _DM 移交		2020.09.24	

图 10　资产清单

图 11　项目成长手册

11　结语

随着建筑行业与国际接轨发展，建筑师负责制是国内建筑行业发展的趋势，建筑师负责制的核心是管理，建筑师需与参建方各行各业的人处理好工作和合作方面的关系和布局协调，且管理也是一门非常深奥的学问，希望笔者十余载在国内外企业管理工作的心得和经验，对其他工程建筑师实践建筑师负责制有所启迪，感谢读者开卷有益。

某物流建筑混合结构抗震设计

徐长海　李视令

摘　要： 本文结合某双层物流建筑的工程设计，提出了 1 层钢筋混凝土框架、2 层钢结构排架的新型混合结构体系，该结构体系在工程造价和工期上都具有很大优势。文中给出了该结构体系设计中需要解决的技术难点对应的处理方案。

关键词： 物流建筑　竖向框排架　混合结构　包络设计

1　引言

近年来，特别是新冠病毒爆发以来，国家把保产业链、供应链稳定作为国民经济稳定发展的重要举措，物流行业获得了前所未有的发展机遇。随着开发建设量的扩大，土地资源越来越稀缺，物流仓库也由单层逐步向 2 层和高层发展。目前在经济发达地区，2 层物流仓库占市场主流。2 层物流仓库通常采用混凝土框架或者钢框架的结构形式，两种体系成熟可靠且有规范可依，但是一个工期长，一个建造和维护成本大，对于 2 层仓库都不是最优的结构形式。本文给出的 1 层混凝土框架、2 层钢结构排架的新型混合结构体系，可以很好地兼顾工期与成本，在类似项目中有很好的推广价值。

2　项目概况

本项目位于江苏省海门市，属于新建项目，建设用地约为 6.7 万 m²，总建筑面积约为 12.3 万 m²，主要包括三栋 2 层物流仓库及附属配套楼。具体以 1 号仓库为例，阐述其结构设计思路。1 号物流库平面尺寸约 144m×72m，1 层层高 10.9m，2 层层高（到檐口）10.2m，屋面坡度 3%。1 层柱网尺寸 12m×12m，2 层一个方向隔跨抽柱，柱网尺寸 12m×24m。

3 设计参数

本工程结构重要性系数 1.0，结构设计使用年限 50 年；抗震设防类别为标准设防，抗震设防烈度 7 度（0.1g），建筑场地类别为 III 类，设计地震分组为第二组，场地特征周期为 0.55s；基本风压为 0.45kN/m²（50 年重现期），地面粗糙度类别为 B 类；基本雪压为 0.30kN/m²（100 年一遇）；屋面活荷载为 0.50kN/m²，屋面吊挂荷载为 0.15kN/m²，楼面活荷载为 20kN/m²，地面活荷载为 30kN/m²。

4 整体结构体系设计

2 层物流库通常屋面和墙面采用轻钢结构围护系统（檩条 + 金属彩钢板）。主体结构通常采用钢筋混凝土竖向框排架结构形式，1 层为混凝土框架结构，2 层为混凝土柱 + 钢梁的排架结构；也有采用顶层抽柱的钢框架或者顶层为门式刚架的结构形式。钢筋混凝土竖向框排架的结构形式比较成熟，但是工期和成本没有优势。主要矛盾出现在 2 层结构选型上。屋面为轻钢屋面，荷载小，所需结构梁柱断面都很小，抽柱后，柱子数量大大减少，2 层主要的工期都用在为数不多的混凝土柱支模和养护上；如果 1、2 层全部采用钢结构，成本增加较多，超出业主工程预算。业主和总包单位都倾向于 1 层做钢筋混凝土框架，2 层做类似门式刚架的全钢结构形式，正是在上述诉求下，在海门市项目设计中，尝试了 1 层混凝土框架，2 层钢结构排架的竖向混合结构体系。具体结构情况如下：

2 层物流库为混凝土框架 + 钢排架结构体系，结构平面尺寸 144m×72m，结构高度 22.4m，1 层钢筋混凝土框架抗震等级三级，2 层钢结构排架按照非抗震进行设计（主要是构造措施）。沿结构长度方向设置一道伸缩缝，把该栋建筑划分为两个结构单元，结构单元尺寸为 72m×72m，虽然超过《混凝土结构设计规范》GB 50010—2010（2015 年版）（以下简称《混凝土规范》）框架结构伸缩缝最大间距 55m 的限值，但考虑到 1 层梁采用预应力技术及 2 层为彩钢板金属屋面，72m 的结构尺寸是合适的。

其中 1 层为钢筋混凝土框架结构，标准柱网 12m×12m，层高 10.9m，主次梁均采用先张法预应力混凝土预制梁，次梁单向布置，楼面为现浇混凝土组合楼板，1 层混凝土柱子断面为 800mm×800mm，主梁断面为 800mm×1200mm，次梁断面为 250mm×950mm，楼板厚度 150mm；二层排架结构采用钢柱加轻钢屋面结构形式，隔跨抽柱，屋面为结构找坡。屋面和墙面围护系统采用镀铝锌彩钢板，其中钢结构柱为 H350×350×6×16，钢梁为 H（700~1000）×250×10×12。

5 结构设计要点

目前，规范对于 1 层混凝土框架，2 层钢结构排架的竖向混合结构体系并无明确定义。其中《建筑抗震设计规范》GB 50011—2010（2016 年版）（以下简称《抗规》）附录 H 多层工业厂房抗震设计要求一节中对钢筋混凝土框排架结构厂房和多层钢结构厂房的框排架抗震设计要求可以作为本混合体系的设计参考。相关规范及工程设计对钢筋混凝土竖向框排架或者是钢结构竖向框排架设计都比较成熟，本次采用的钢筋混凝土与钢结构竖向混合的框排架体系，重点是要解决二者如何可靠连接和协调工作的问题。具体设计思路和方法如下。

5.1 侧向刚度即侧向位移限值的确定

《抗规》规定钢筋混凝土框架结构弹性层间位移角限值为 1/550，多高层钢结构弹性层间位移角限值为 1/250，对于排架结构没有约定弹性层间位移角限值，只规定了单层钢筋混凝土排架柱弹塑性层间位移角限值为 1/30，钢结构或者钢筋混凝土结构框架弹塑性层间位移角限值为 1/50；《钢结构设计标准》GB 50017—2017（以下简称《钢规》）中约定风荷载作用下排架弹性层间位移角限值为 1/150，框架风荷载及地震作用下弹性层间位移角限值为 1/250；《门式刚架轻型房屋钢结构技术规程》GB 51022—2015（以下简称《门规》）中对于采用轻型钢墙板的弹性层间位移角限值为 1/60。综合以上规范的要求，本工程采用的混合竖向框排架结构 1 层钢筋混凝土框架部分弹性层间位移角限值为 1/550，弹塑性层间位移角限值为 1/50；2 层钢结构排架地震作用下弹性层间位移角限值为 1/250，风荷载作用下弹性层间位移角限值为 1/150，弹塑性层间位移角限值为 1/50。

5.2 阻尼比

阻尼比是影响地震作用计算的重要参数。本工程中采用的先张法钢筋混凝土框架和钢结构具有不同的阻尼比。其中《抗规》对于混凝土结构阻尼比取值为 5%，预应力混凝土结构自身的阻尼比可采用 3%，并可按照钢筋混凝土结构和预应力混凝土结构在整个结构总变形能所占的比例折算为等效阻尼比。本项目采取的先张法预应力梁为直线张拉，梁柱节点核心区与负弯矩区均配置普通钢筋，综合以上情况，1 层混凝土部分阻尼比取值为 5%，钢结构部分阻尼比按照《抗规》8.2.2 条中高度不大于 50m 的建筑取值 4%。在 PKPM 结构设计软件 10 版 V5.1.1 中按照材料输入不同阻尼比，就可实现不同阻尼比整体计算的问题。

5.3 风荷载的取值

本工程 2 层采用钢结构排架，围护结构采用轻钢结构檩条加金属彩钢板的形式。主体和次结构风荷载的取值需要结合《门规》及《建筑结构荷载规范》GB 50009—2012（以下简称《荷载规范》）具体情况加以采用。《荷载规范》规定的风荷载具有通用性，通常是侧向位移指标的控制因素；虽然《门规》是针对房屋高度不大于 18m，高宽比不大于 1 的建筑，但是对于屋面梁风吸力及围护结构荷载的取值又有针对性，也需要满足（针对围护结构基本风压放大 1.5 倍，是檩条设计的控制工况）。

5.4 抗震等级及钢结构板件宽厚比等级

本工程抗震设防烈度 7 度（0.1g），结构高度 22.4m，按照《抗规》查表 6.1.2 得到现浇钢筋混凝土房屋的抗震等级为三级，查表 8.1.3 得到，钢结构房屋的抗震等级为四级，综上，1 层混凝土框架抗震等级取三级，顶层钢结构的抗震等级直接关系到钢结构板件宽厚比等级。2 层为轻钢结构，其设计控制荷载往往是风荷载而非地震作用，按照新版《钢规》的精神，采取低延性、高承载力的设计思想，2 层钢结构各个构件的承载力均满足 2 倍地震作用组合下的内力要求，抗震等级按照降低一度确定，顶层钢结构抗震措施可以按照非抗震执行，高厚比、宽厚比指标按照《钢规》S4 等级控制，钢结构的经济性得到很大提升。

5.5　结构电算分析

对于非常规的结构设计，除了重视如上的概念设计外，更要采取精细的计算分析。如前面所述，需考虑钢结构和混凝土结构不同的阻尼比；采取性能化的设计思想，地震作用放大 2 倍，钢结构构造措施按照降低一度确定；采用 PKPM 和 YJK 两种计算软件进行相互校核；采用弹性时程分析法对振型分解反应谱法进行补充计算；进行大震弹塑性位移计算；对风荷载按照《荷载规范》和《门规》包络设计；构件强度和配筋按照整体三维模型和二维 PK 结果包络设计。本工程计算结果在文中不再赘述。

5.6　排架柱与混凝土柱连接节点

由于顶层钢结构柱受力小，没有采用外包或者是埋入式柱脚，而采用平板式柱脚，这样既方便安装又有较好的经济性。平板式柱脚锚栓和抗剪钢板需要埋入混凝土柱中，柱脚投影下方是梁柱节点核心区，钢筋密集，埋入抗剪板施工难度大，无法避让梁的主受力钢筋，存在安全隐患。为此，1 层混凝土柱升高超过楼面标高 1.2m，在柱墩顶预埋钢结构埋件，成功解决了钢结构抗剪板与混凝土梁主筋碰撞的矛盾。升高的柱墩配筋按照钢结构柱脚塑性承载力的 1.1 倍进行配筋设计，保证柱墩不先于柱脚破坏。按照上述设计思想，准备专项审查资料，顺利通过专家审查和施工图审查。

6　结语

在双层物流仓库设计中，本文提供的 1 层钢筋混凝土框架、2 层钢结构排架的新型混合结构体系具有良好的经济性和施工便利性，在类似工程中有很好的推广价值。文中提供的计算分析方法、抗震构造措施、节点连接等，在类似项目中有很好的借鉴意义。

参考文献

[1]　中华人民共和国住房和城乡建设部 . 建筑抗震设计规范：GB 50011—2010（2016 年版）[S]. 北京：中国建筑工业出版社，2016.

[2]　中华人民共和国住房和城乡建设部 . 建筑结构荷载规范：GB 50009—2012[S]. 北京：中国建筑工业出版社，2012.

[3]　薛冠豪 . 双层库顶层抽柱的钢框架结构设计研究 [J]. 河南科技，2019，676（14）：112–114.

[4]　叶晓菁 . 顶层为门式刚架的多层框架钢结构设计简介 [J]. 福建建筑，2009，131（5）：43–45.

[5]　中华人民共和国住房和城乡建设部 . 混凝土结构设计规范 GB 50010—2010（2015 年版）[S]. 北京：中国建筑工业出版社，2015.

[6]　中华人民共和国住房和城乡建设部 . 钢结构设计标准：GB 50017—2017[S]. 北京：中国建筑工业出版社，2017.

[7]　中华人民共和国住房和城乡建设部 . 门式刚架轻钢房屋钢结构技术规范：GB 51022—2015[S]. 北京：中国建筑工业出版社，2015.

◇ # 屈曲支撑在高烈度地区高层物流建筑中的应用

戴光毅　陈明　徐长海

摘　要： 本文结合屈曲支撑在高烈度地区某三层物流建筑中的工程实例，分析屈曲支撑在钢框架结构设计时对主结构的影响，采用屈曲支撑后与常规结构的构件截面、用钢量、经济性等各方面对比，分析该结构体系的优劣，为类似项目结构选型提供参考。

关键词： 屈曲支撑　高层物流建筑

1　引言

随着改革开放，我国经济得到飞速发展，商品交易变得更多样化，电商经济在这个过程中蓬勃发展，物流建筑是电商经济中的必要设施。回首我国多年的发展历程，物流用地越发稀缺。原来的单层库已经不适合现有经济发展模式，目前北京、上海、广州、深圳及其周边辐射的发达经济区域物流建筑均以二层、高层库为主流。

二层、高层库传统结构形式可采用混凝土框架或者钢框架结构。在高烈度区由于混凝土框架结构梁柱截面较大而影响使用需求，采用钢框架结构较多。本文主要分析屈曲支撑在钢结构高层仓库中的应用，并提炼其在高烈度地区的优势，为类似项目结构选型提供参考。

2　屈曲支撑特性

2.1　屈曲支撑概念

屈曲支撑又称防屈曲支撑或 BRB（Buckling Restrained Brace），产品技术最早发展于 1973 年的日本，当时的一批日本学者成功研发了最早的墙板式防屈曲耗能支撑。在地震或风的作用下为建筑提供侧向刚度。在支撑外部设置套管，约束支撑的受压屈曲，构成屈曲约束支撑，详见图 1、图 2。

图1 屈曲支撑现场实例

图2 屈曲支撑杆件构造

2.2 屈曲支撑优点

屈曲支撑的最大优点是其自身的承载力与刚度的分离。普通支撑因需要考虑其自身的稳定性，使截面和支撑刚度过大，从而导致结构的刚度过大，这就间接地造成地震作用过大，形成了不可避免的恶性循环。选用防屈曲支撑，可避免此类现象，在不增加结构刚度的情况下仍满足结构对于承载力的需求。

3 项目概况

以某高烈度地区三层物流建筑为例，将钢框架＋屈曲支撑与传统钢结构框架作对比进行分析，常规钢框架仅取消屈曲支撑布置，其余布置方式均一致。

项目所在地为廊坊市，拟建4栋三层建筑，以其中一栋三层库进行分析。仓库平面尺寸183.5m×87m，一层层高12.4m，二层层高10.9m，三层为坡屋面，楼层至檐口处层高为10.05m，屋面坡度3.47%。一、二层典型柱网尺寸：12m×11.5m，三层在仓库短向（87m）抽柱，典型柱网尺寸24m×11.5m。仓库建筑总面积约为4.9万 m²。

本项目抗震设防为：8度（0.20g）第二组，场地类别：Ⅲ类，特征周期：0.55s。二、三层楼面活载：20kN/m²（柱、主梁）、25kN/m²（次梁），楼面均采用钢筋桁架楼承板，屋面及墙面均采用轻型彩钢板围护结构。

结构布置如图3、图4、图5所示。

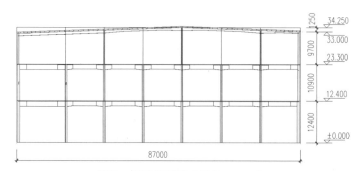

图3 标准榀刚架（单位：mm）

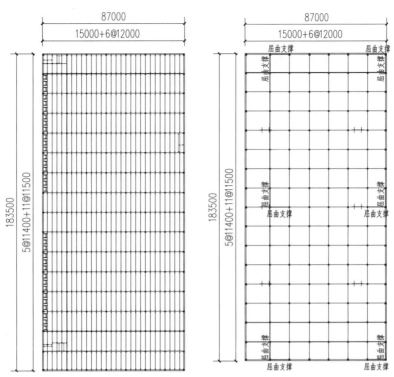

图4 二层梁柱及支撑布置图（单位：mm）

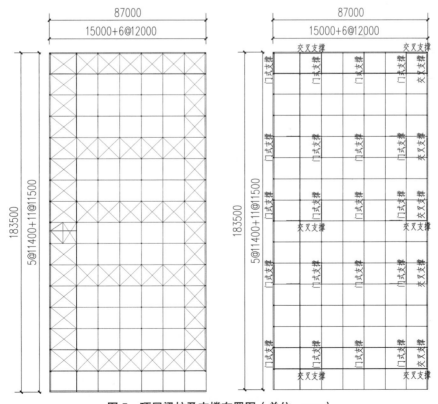

图5 顶层梁柱及支撑布置图（单位：mm）

4 结构选型及经济性对比分析

4.1 结构计算结果

采用 PKPM 结构计算软件分别对钢框架 + 屈曲支撑及常规钢框架进行计算分析，主要对结构周期、位移等主要指标及梁柱构件截面、用钢量进行对比，具体见表 1、表 2。

结构周期、位移等主要指标计算对比   表 1

软件名称：STAWE		钢框架 + 屈曲支撑			钢框架		
	振型号	周期（s）	平动系数（X+Y）	扭转系数（T）	周期（s）	平动系数（X+Y）	扭转系数（T）
考虑扭转耦联的自振周期（s）	T1	1.3718	0+100	0	2.3640	1+99	0
	T2	1.2448	99+0	1	1.9174	78+0	22
	T3	0.9031	1+0	99	1.6527	22+0	78
扭转与平动第一自振周期之比 T3/T1		T3/T1=0.6583			T3/T1=0.6991		
		X 方向	Y 方向		X 方向	Y 方向	
楼层最大弹性层间位移角	风荷载作用下	1/522	1/2043		1/579	1/952	
	考虑双向地震作用下	1/396	1/314		1/254	1/253	
最大（层间）位移与平均（层间）位移的比值	考虑偶然偏心（层号）	1.19	1.04		1.36	1.06	

结构梁柱构件截面、用钢量对比   表 2

		钢框架 + 屈曲支撑	钢框架
钢柱（典型截面）	一层钢柱	矩形钢管混凝土柱 650×14 内灌 C40 无收缩混凝土	矩形钢管混凝土柱 850×18 内灌 C40 无收缩混凝土
	二层钢柱	箱形混凝土柱 550×12 内灌 C40 无收缩混凝土	箱形混凝土柱 700×16 内灌 C40 无收缩混凝土
	三层钢柱	H400×300×8×14 方管 420×12	H400×300×8×14 方管 550×16
钢梁（典型截面）	一层 X 向主梁（边跨变截面 + 中跨等截面）	边跨：H（1200~1500）×430×24×28 中跨：H1200×350×12×20	边跨：H（1200~1500）×480×24×30 中跨：H1200×380×12×22
	一层 Y 向主梁	H900×300×16×18 H900×250×10×12	H900×350×16×20 H900×280×10×14

		钢框架＋屈曲支撑	钢框架
钢梁 （典型截面）	二层 X 向主梁	边跨：H（1200~1500）×440×24×30 中跨：H1200×380×12×20	边跨 H（1200~1500）×480×24×32 中跨：H1200×400×12×22
	二层 Y 向主梁	H900×300×16×18 H900×250×10×12	H900×350×16×20 H900×280×10×14
	一、二层次梁	H900×200（250）×12×10（12）	H900×200（250）×12×10（12）
	三层屋面梁	H（500~800）×270×8×14 H550×180×6×10 H500×220×8×12	H（500~800）×270×8×14 H550×180×6×10 H800×220×8×12
主体用钢量		75.6kg/m²	91.6kg/m²
主结构钢材造价		604.8 元 /m²	732.8 元 /m²
屈曲支撑造价		56.1 元 /m²	/
主结构总造价		660.9 元 /m²	732.8 元 /m²

注：1. 钢材价格按 8 元 /kg。
2. 用钢量仅包含主体梁柱，且不含连接板及焊接损耗。

4.2 结构计算结果分析

根据上述对比，采用屈曲支撑框架在高烈度地区物流建筑中有如下优缺点：

1）采用屈曲支撑框架抗侧力主要由支撑承担，钢柱截面小，基础埋深浅，基础部分造价更优。

2）采用屈曲支撑框架上部钢结构用钢量省，上部结构总体造价每平方米可节省 71.9 元 /m²，地上部分造价更有优势。

3）采用屈曲支撑须在结构端部及中跨布置支撑，对仓库使用有一定影响，局部减少仓库的卸货面，使用功能上存在一定劣势。

5 结语

通过一个具体三层物流建筑设计案例，采用屈曲支撑的结构单体与常规钢框架对比每平方米可节省 71.9 元 /m²，且采用屈曲支撑结构侧移刚度大幅提升，结构可靠性更佳。常规钢框架依靠钢梁钢柱形成的框架作为抗水平侧力的主要手段，故梁柱主体构件截面大，也导致其用钢量更大。本文提到的屈曲支撑钢框架形式在高烈度地区更具优势，可以在后续的项目中予以借鉴、推广。

◇ 轻钢屋面增加光伏荷载案例分析

陈明　戴光毅

摘　要： 伴随"双碳"策略的实施，利用既有轻钢屋面增设太阳能光伏发电设施的需求旺盛，本文结合一个实际太阳能光伏改造工程案例，给出了主体结构、檩条次结构的加固方案，为类似工程提供参考。

关键词： 轻钢结构　光伏改造　加固方案

1　引言

随着我国电商的发展及用户消费习惯的改变，物流建筑这一业态在近 20 年得到了快速发展。该类建筑体量巨大，屋面面积大，是太阳能光伏发电理想的安装位置，在"双碳"策略背景下，既有建筑通过加固改造在屋顶增加太阳能光伏发电的项目越来越多，屋顶增设光伏板会导致屋面荷载大于原设计荷载，需对原结构进行荷载校核，对不满足要求的建筑物进行加固。本文通过对工程案例中不同构件的不同加固方案进行分析，为类似工程提供加固思路与解决方案。

2　项目概况

现针对某地已完工项目，进行屋面增加光伏荷载分析，该项目地块主体均为单层仓库。具体以 1 号仓库为例，阐述其改造加固思路。1 号仓库平面尺寸约 109.4m×72.4m，屋脊标高 23.19m，檐口标高 21.75m，屋面坡度 4%。一层柱网尺寸 12m×24m，局部夹层为 12m×12m。需在原结构屋顶增加 20kg/m^2 的光伏荷载。

3 结构分析及加固方案

3.1 主体结构分析

通过对原结构进行复核，结构屋面增加太阳能光伏荷载后，屋面檩条、屋面钢梁局部构件强度不满足承载力要求，需进行加固。

3.2 屋面钢梁加固方案

3.2.1 方案一：增加钢梁梁高

原有屋面钢梁不满足承载力要求，可通过增加梁高解决钢梁承载力，可在原有钢梁下方增加 T 形梁，如图 1 所示。

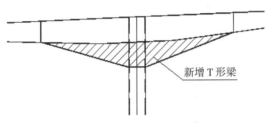

新增 T 形梁

图 1 屋面钢梁增设 T 形梁

3.2.2 方案二：钢梁翼缘贴板

原有屋面钢梁不满足承载力要求，可通过增加翼缘板厚度提高钢梁承载力，可在原有钢梁上下翼缘内侧贴板，如图 2 所示。

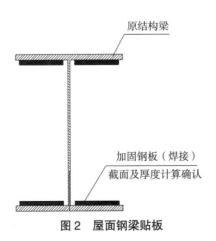

原结构梁

加固钢板（焊接）
截面及厚度计算确认

图 2 屋面钢梁贴板

3.2.3 方案三：钢梁下方设置支撑

原有屋面钢梁不满足承载力要求，可通过在钢梁与柱之间设置斜向支撑，减少钢梁跨度的形式解决钢梁承载力问题，如图3所示。

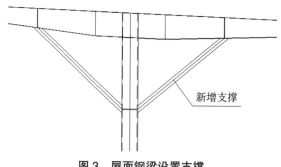

新增支撑

图3 屋面钢梁设置支撑

3.2.4 钢梁加固方案优缺点汇总

上述钢梁加固方案优缺点如表1所示。

钢梁加固方案优缺点 表1

加固方案	优点	缺点
方案一	1. 增加的T形梁对下方建筑净高影响较小。 2. 对建筑使用功能影响小	1. 新增T形梁截面无法统一，截面必须配合原屋面钢梁确认。 2. 新增T形梁与原结构钢梁焊接较多，其焊接应力对原结构影响较大。 3. 新增T形梁对现场加工精度要求较高
方案二	1. 增加的贴板仅在钢梁梁高范围内进行，不影响梁下净高。 2. 对建筑功能影响小且不改变梁高	1. 贴板与钢梁翼缘焊接，其焊接要求高，且焊接工艺复杂。 2. 新增钢板焊接产生的焊接应力对原结构影响较大，且钢梁变形不易调节
方案三	1. 新增钢构件均为工厂制造、工地拼装。 2. 生产效率高、工地拼装速度快、工期可控。 3. 现场焊接工作量较小	新增支撑高度较高，对建筑净高影响较大

3.2.5 钢梁加固方案结论

经综合比选，加固方案三在施工过程中对原建筑影响最小，且施工工期较短，可行性较高，建议优先选择该方案实施。

3.3 屋面檩条加固

3.3.1 方案一：屋面檩条替换

屋面檩条不满足承载力要求，需对原有结构檩条进行替换，替换规格如表2所示。

檩条替换规格 表2

使用檩条部位	原檩条规格（Q355B，热镀锌）	调整后檩条规格（Q355B，热镀锌）
多跨连续标准跨檩条	Z300×80×20×2.8（边跨檩条）	Z300×80×20×3.5（边跨檩条）
	Z300×80×20×2.0（中跨檩条）	Z300×80×20×2.2（中跨檩条）

注：本加固方案需在施工阶段拆除屋面板。

3.3.2 方案二：屋面新增檩条

屋面檩条不满足承载力要求，可在原有檩条之间增加一道檩条，原结构檩条受荷面积减少一半。增加檩条后，原结构檩条满足增加光伏荷载后的承载力要求，新增檩条规格如下：C300×80×20×3.5（Q355B，热镀锌），增加檩条布置如图4所示。

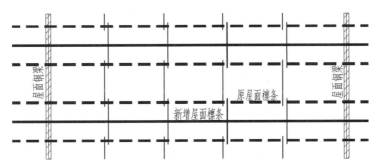

图4 新增屋面檩条布置图

3.3.3 方案三：原屋面檩条下方设置托梁

屋面檩条不满足承载力要求，可在原有檩条下方增加钢梁，原结构檩条跨度减少一半，增加钢梁后可满足规范要求。新增屋面构件布置如图5所示。

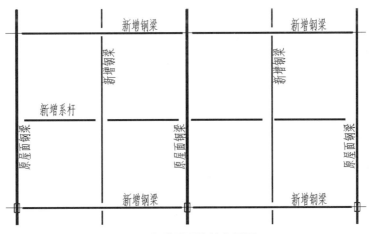

图5 新增屋面构件布置图

3.3.4 屋面檩条加固方案优缺点汇总

该方案优缺点汇总如表3所示。

屋面檩条加固方案优缺点 表3

加固方案	优点	缺点
方案一	1. 原有结构屋面拆除，且屋面板也可根据业主标准进行调换。可减少后期漏水风险。 2. 对其他专业无影响	1. 原结构檩条及屋面拆除对原屋面消防管道影响较大，都需拆除后重新安装。 2. 须拆除屋面板，整体工作量大，费用高
方案二	本方案对原结构拆改最少	1. 此方案檩间拉条拆除阶段，需对原结构檩条进行临时支撑。 2. 须拆除屋面板，整体工作量大，费用高
方案三	1. 无需拆除屋面，对各专业影响较小。 2. 新增钢构件均为工厂制造、工地拼装。生产效率高、工地拼装速度快、工期可控。 3. 施工可行性高	1. 新增屋面托梁，上设檩托与原檩条连接，对应施工精度要求较高。 2. 涉及拆除构件较多，拆除过程中须对原结构设置临时支撑

3.3.5 屋面檩条加固方案结论

经综合比选，檩条加固方案三在不用拆除既有屋面的情况下施工周期短，对库内租户影响小，造价最优，建议优先选用该方案实施。

4 结语

本文总结既有建筑屋面增加光伏的加固方案，并对各种方案所存在的优缺点进行了论述，为后续类似项目加固设计提供参考。

15

◇ 物流建筑常用装配体系简介

周海兵　刘晓莉　杨延

摘　要： 为促进装配式建筑行业发展，国家和地方先后出台了相关的政策。随着高性能混凝土、高强钢筋和消能减震、预应力技术的集成应用加大，适用于不同建筑类型的装配式结构体系也应运而生。基于此，各地对工业用地以及物流用地的装配式要求也进一步加强。本文主要对目前市场常用的物流建筑装配式体系进行论述，并以某物流建筑项目为例简述装配式结构设计流程及要点，为今后装配式物流建筑结构设计提供一定的参考。

关键词： 装配式体系　物流建筑　构件连接节点

1　引言

党的二十大报告中指出，实现碳达峰碳中和是一场广泛而深刻的经济社会系统性变革。在全面推进生态文明建设、加快推进新型城镇化，特别是实现碳达峰碳中和目标的进程中，发展装配式建筑意义重大。

发展装配式建筑是贯彻落实中央决策部署的一项重大工作。《关于大力发展装配式建筑的指导意见》（简称《指导意见》）更是全面系统地指明了推进装配式建筑的目标、任务和措施。据此，各地陆续出台了一系列装配式政策要求及相关装配式建筑评价标准。近年来，随着物流建筑在全国各地蓬勃兴建，且其具有结构体系较为简单，构件类型统一度高，体量大，工期短的特点，也比较契合"装配式建筑设计理念"，从而使得装配式技术在物流建筑中的应用意义也进一步凸显。

2　各地关于物流建筑装配式政策

为贯彻落实《指导意见》，实现建筑产业现代化工作与装配式建筑发展的有效衔接，目前全国已有30多个省市区出台了装配式建筑专门的指导意见和相关配套措施，针对物流建筑在全国各地的蓬勃兴建，部分地区对物流建筑的装配式也提出了明确要求。

北京：根据《北京市人民政府办公厅关于进一步发展装配式建筑的实施意见》（京政办发〔2022〕16号）要求，新建地上建筑面积2万 m² 以上的公共建筑项目、工业用地上的新建厂房和仓库等，各单体建筑装配率应不低于50%。

上海：根据《关于进一步明确装配式建筑实施范围和相关工作要求的通知》（沪建建材〔2019〕97号）要求，建设工程设计方案批复中地上总建筑面积超过 10000m² 的公共建筑类、居住建筑类、工业建筑类项目（项目批文中涵盖物流建筑），所有单体（独立设置的构筑物、垃圾房、配套设备用房、门卫房等除外）需实施装配式建筑，建筑单体预制率不低于40%或单体装配率不低于60%。

大部分省市区虽然没有明确对物流建筑提出要求，但根据当地的相关装配式政策条文，物流建筑也需要参照其他建筑进行装配式设计。

3 物流建筑常用装配式体系分类

根据市场调研资料和我司近20年6000万 m² 物流建筑的设计经验，从材料使用方面区分，目前满足装配式需求的常用物流建筑装配式体系主要有三大类，装配式混凝土结构、装配式钢结构以及装配式钢－混凝土混合结构。物流建筑屋面和外围护墙面通常采用轻钢围护系统（檩条＋金属彩钢板），内隔墙采用 ALC 板等非砌筑墙体，或仅底部1.2m范围内采用砌筑墙体防撞，上部仍采用非砌筑墙体。

3.1 装配式混凝土结构

该体系适用于多、高层物流建筑。主要方案为柱采用现浇混凝土柱，根据荷载和截面尺寸的不同，主、次梁可采用预制预应力混凝土梁或预制混凝土梁，楼板采用钢筋桁架楼承板，见图1。

其优点是拥有完整且成熟的施工工艺，外形规则，梁、柱节点结合完整，耐火性好，可模性强，省去梁的高支模。缺点是自重及柱截面尺寸大，对基础造价及建筑使用影响较大；不利因素产生的结构裂缝不易处理；混凝土结构施工工期较长，且受天气及季节的影响较大；预制梁若现场制作，需要一定的生产操作面；现浇柱施工需要搭设一定量的脚手架。

在上述结构体系的基础上，次梁也可采用钢次梁，钢次梁为焊接 H 型钢组合梁，见图2。

图1 预制混凝土梁体系

图2 钢次梁体系

相对混凝土预制次梁，其优点是相对重量轻，吊装较为便利。其缺点是与混凝土主梁连接节点做法存在一定的争议性。目前常见做法有三种，一是在混凝土梁侧开槽，钢梁对拉锚栓，见图3；二是在混凝土梁侧留预埋件与钢梁连接，见图4；三是混凝土梁设外牛腿，钢梁直接搁置在牛腿上，见图5。方案一及方案三，施工较为便利，但对裂缝控制不利；方案二对施工精度要求高，对裂缝控制好于方案一及方案三。

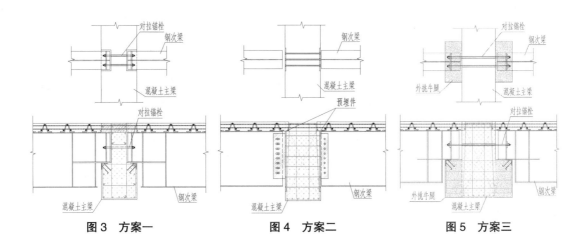

图3　方案一　　　　　　图4　方案二　　　　　　图5　方案三

当房屋总高度超过《建筑抗震设计规范》GB 50011—2010（2016年版）（以下简称《抗规》）表6.1.1现浇钢筋混凝土框架结构限值时，若不进行超限审查，则需采用钢支撑–混凝土框架或框架–抗震墙结构。为满足建筑功能需求，一般采用钢支撑–混凝土框架。支撑采用交叉钢支撑，优先布置在外墙角部、防火墙、局部夹层等处，支撑布置应均匀、对称、避免扭转，见图6。

其优点是钢筋混凝土框架结构总高度超过《抗规》表6.1.1的限值，但满足《抗规》附录G.1的

图6　钢支撑–混凝土体系

要求时，采用此种结构形式，不用进行超限审查，且可以减小柱截面尺寸。缺点是一定程度上影响建筑的美观性，施工难度增加。

3.2　装配式钢结构

该体系适用于单层、多层及高层物流建筑。单层物流建筑主要采用轻型门式刚架结构，多、高层物流建筑可采用钢框架或钢框架–钢支撑结构。单层钢柱主要采用焊接H形柱或十字形柱，屋架采用变截面的H型钢，见图7。多、高层钢柱可采用方钢管柱，钢梁采用焊接H型钢组合梁，楼板采用钢筋桁架楼承板，见图8。

对单层物流建筑，采用轻型门式刚架结构，施工进度快，可操作性强，目前多为首选方案。对多、高层物流建筑，优先采用钢框架–矩形方钢管柱，其优点是方钢管柱抗扭刚度大，承载能力高，外形规则，组成的结构轻巧美观，易于被业主与建筑师认可；和圆钢管柱相比，梁柱连接构造

比较简单，不产生空间相贯，便于加工，工期缩短，方钢管柱为常见类型，生产工艺精良，不受环保限制，同等条件下，柱截面小、自重轻、基础造价低。缺点是耐火性能较差，需涂刷较厚的非膨胀型防火涂料；通常方钢管壁厚由抗震构造来控制，同类型中其壁厚较大。

3.3 装配式钢－混凝土混合结构

该体系适用于多、高层物流建筑。主要方案为柱采用钢管混凝土柱，钢管截面形式可采用圆管或方管，钢梁采用焊接 H 型钢组合梁，楼板采用钢筋桁架楼承板，见图9。

其优点是承载力高，自重轻，塑性好，耐疲劳，耐冲击；可使用高强混凝土；三向压力避免核心高强混凝土的脆性破坏；在各向的惯性矩、承载能力均相同，因而适用于承受地震、风载等作用方向不确定的结构；钢管内混凝土不用配置

图 7　单层门式刚架

钢筋，便于浇灌混凝土；钢管在施工阶段可起支撑作用，从而简化施工安装工艺，节省部分支架费用，有利于减少工序，缩短工期；替代钢结构的受压杆件可大量节省钢材；防火性能比普通钢柱更优。缺点是加工工艺复杂，对钢结构加工要求较高，尤其是焊接工艺，对钢管的对接要求极高；钢管较薄，对现场吊装要求极高；管内的混凝土浇灌质量无法直观检查，其浇灌质量必须依靠严格的施工工艺。

以上三大类型的装配式体系各有优缺点。在方案选型时，应综合考虑成本、工期、施工水平等各种因素后合理选用。现就某物流建筑项目简述装配式结构设计流程及要点。

图 8　钢框架体系

图 9　圆钢管混凝土柱－钢梁组合框架体系

4　项目实例

本工程位于上海市，为新建项目。以 2 号双层物流建筑为例，其首层高 10.80m，二层高 11.20m，室内外高差 1.30m，典型柱网尺寸为 12.0m×12.0m。

4.1　装配率计算

　　根据沪建建材〔2019〕97号文要求，需采用装配式。由于本单体为两层库，宜采用装配式混凝土结构。综合分析后，最终采用现浇框排架体系＋楼面单向钢次梁，屋顶为轻钢屋面。主体结构预制构件包括钢次梁、钢筋桁架楼承板、金属屋面板、钢楼梯；外墙为彩钢板墙。结构标准跨布置如图10所示。

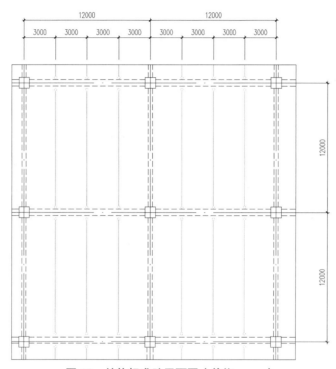

图10　结构标准跨平面图（单位：mm）

　　按沪建建材〔2019〕97号文要求，本单体需满足预制率不小于40%的要求。单体预制率计算结果如表1所示。

预制率计算表 表1

构件形式	分类	权重系数	预制形式	修正系数	预制比例	预制率
柱	混凝土柱	0.2	现浇	0	0	0
梁	混凝土主梁	0.25	叠合梁	0.75	0	0
	楼层钢次梁		全预制梁	1	0.43	0.1075
	屋面钢梁		全预制梁	1	0.19	0.0475
楼板	二层钢筋桁架楼承板	0.25	免模免撑现浇板	0.3	0.48	0.036
	屋面彩钢板		全预制板	1	0.48	0.12

构件形式	分类	权重系数	预制形式	修正系数	预制比例	预制率
墙体	1.2米以上外墙	0.25	成品板材免抹灰	0.4	1	0.1
	1.2米以下砌块墙		砌块墙	0	0	0
楼梯	楼梯	0.05	全预制	1	1	0.05
单体预制率						0.461

计算得出单体预制率为46.1%，大于40%，满足上海市相关要求。

4.2 主要连接节点及构造

本工程主、次框梁均采用后张法有黏结预应力现浇混凝土梁，钢次梁平行于卸货面布置，关键节点是钢次梁与主框梁的连接做法。经比较最终采用上文提及的方案二——混凝土梁侧留预埋件与钢次梁连接。根据前期项目反馈，本次设计采用一端长圆孔，另一端铰接，与两端铰接相比，该做法能有效地减小施工误差。此外，在BIM设计中发现主框梁预应力筋钢绞线波纹管放样后与钢次梁预埋件的对拉锚栓碰撞，为避免后期施工困难，最终将预应力波纹管在不影响受力的情况下微调，同时锚栓间距也适当调整，详见图11、图12。

其次，钢筋桁架楼承板与混凝土梁的连接也值得关注。部分审图老师提出需按《组合楼板设计与施工规范》CECS 273—2010要求，钢筋桁架楼承板下弦钢筋伸入混凝土梁锚固长度须满足大于等于5d及50mm，其中d为下弦钢筋直径，详见图13。若按此做法，则次框梁宽度需适当加宽，否则后期施工时梁上部纵筋排放困难，按常规经验，两边搁置长度不小于35mm即可。同时要求主框梁混凝土浇筑前在梁顶（楼板范围内）预留钢筋，后期梁顶与楼板一起进行二次浇筑。

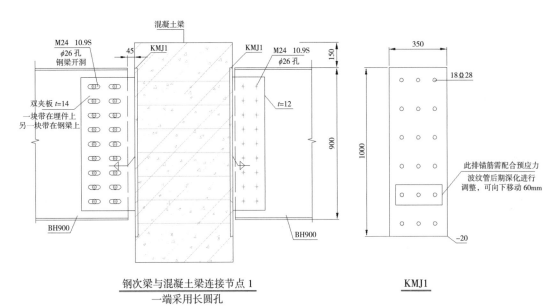

图 11 标准跨主框梁与钢次梁连接节点（单位：mm）

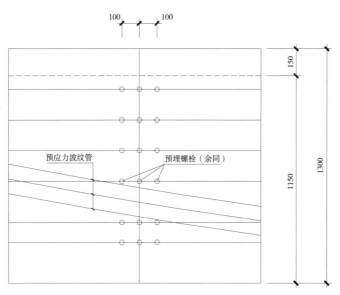

图 12　钢绞线波纹管与预埋锚筋避让图（单位：mm）

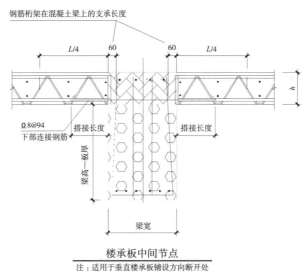

图 13　钢筋桁架楼承板与主框梁搭接处节点（单位：mm）

4.3　施工过程中注意点

按此做法，对施工精度要求较高，故施工前应对各构件钢筋进行放样，合理放置波纹管。其次，钢筋桁架楼承板在混凝土梁上的搁置长度会影响梁宽，梁内箍筋及支座负筋需考虑此部分影响。

5 结语

  装配式建筑作为一种新型建造方式，相较传统现浇结构，体现了较大的优势和发展空间，同时也符合国家的节能减排政策。物流建筑特点是体量大，柱网规整，构件尺寸统一度高，采用装配式建筑具有先天优势。综上，在条件许可时，物流建筑应优先采用装配式建筑。

物流建筑挡土墙结构设计探讨

罗勇培

摘　要： 本文结合近年来多个物流建筑的设计经验，着重探讨了物流建筑挡土墙的主要设计参数，不同的支承方式以及设计分析过程。在文末给出了此类挡土墙结构的设计建议。

关键词： 物流建筑　挡土墙　土压力

1　引言

现代物流建筑与货运密切相关。与普通民用建筑相比，由于装卸货的需要，装卸站台会高出停车地面一段距离，根据具体车型不同，高差多在 0.8~1.5m。绝大多数现代物流建筑均存在此室内外高差挡土墙。以占地面积 1 万 m² 的仓库为例，仓库四周挡土墙长约 400m，一个物流项目若有 4 栋这样的仓库，挡土墙总长约 1600m。通过平面图索引表达墙身配筋剖面节点，合理设计，可以节省造价，具有一定的经济效益。下文将结合近年来的实际项目设计经验，对此挡土墙结构节点设计进行探讨。

2　悬臂式挡土墙

图 1 所示为某物流项目干仓悬臂式挡土墙典型节点。以室内外高差 1.3m，地梁顶覆土 0.8m，挡墙全高 2.1m 为例。

2.1　计算参数

土压力计算对挡土墙至关重要。对物流建筑挡土墙而言，通常采用钢筋混凝土柔性挡土墙。随挡土墙位移量的变化，土压力的大小和分布也随之改变。同时，挡土墙后的回填土性质也决定了挡土墙土压力。若

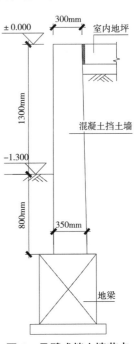

图 1　悬臂式挡土墙节点

回填土为砂土，产生主动土压力极限平衡时墙顶水平位移约为 $H/1000$，即 2.1mm，产生被动土压力极限平衡时墙顶水平位移约为 $H/20$，即 105mm；若回填土为黏土，产生主动土压力极限平衡时墙顶水平位移约为 $H/250$，即 8.4mm，H 为挡土墙高度。以矩形均布线荷载 $q=30$kN/m 简化估算悬臂挡土墙位移，对 250mm 厚的挡土墙，顶部水平位移约 1.91mm，小于估算产生主动土压力极限平衡时的位移限值。实际状态下，挡土墙土压力介于主动土压力和静止土压力之间。根据《建筑地基基础设计规范》GB 50007—2011（以下简称《地规》），当对支护结构水平位移有严格限制时，应采用静止土压力计算。虽然按主动土压力计算时，主动土压力是挡土墙受土压力最小的情况，挡土墙顶部位移基本可以满足使用要求，但考虑工程实际操作，准确得到回填土性质，诸如黏聚力 c、内摩擦角 φ、黏土中超静孔隙水压力等比较困难。同时，黏性土有蠕变趋势，随时间推移，主动土压力逐渐向静止土压力发展，故建议仍按静止土压力计算。

《地规》9.3.2 条文说明给出了常见状态土体正常固结下的静止土压力系数 k_0。可以看出，流塑黏性土 k_0 最大，坚硬土最小。根据物流建筑挡土墙自身特点：填土区在库内，建筑场地排水良好，挡土墙后回填土高于室外地面，含水率较低，即使在雨季，含水量也不会变化很大，性质较稳定，同时在结构设计总说明中注明对库内回填土的要求：可以选用级配良好的粗粒料，最大粒径不大于 50mm；性能稳定的工业废料、建筑垃圾或者粉质黏土掺入不少于 30% 的粗骨料。不得使用淤泥、耕土、冻土及有机质含量大于 5% 的土，采用的黏土塑限不超过 20%，液限不超过 40%，故针对绝大多数物流项目，挡土墙静止土压力系数取 0.5 较为合适。

土的天然重度 γ 取 18kN/m³，土的饱和重度 γ_{sat} 取 20kN/m³，地下水位取室外地面设计标高。《地规》建议砂性土宜按水土分算计算，黏性土宜按水土合算计算。采用水土合算的计算方法，使饱和重度里的水乘以小于 1 的静止土压力系数 k_0，故而比水土分算的计算方法求得的土压力小一些。水土合算相当于黏性土把水吸住了，没有水土分算自由流动的水压力大。实际项目中，并不确定回填土性质，且物流建筑挡土墙水位较低，故统一采用水土分算的计算方法较为合适。

库内地坪使用活荷载通常由业主设计建造标准确定，本文取 30kN/m²。

环境类别根据地勘，取二 b 类，挡土墙的保护层厚度 c 根据《建筑边坡工程技术规范》GB 50330—2013 取值 35mm，裂缝控制等级取三级，最大裂缝宽度限值为 0.20mm。

针对以上设计参数的物流建筑挡土墙，荷载简图如图 2 所示。

2.2　计算分析

按标准组合（组合系数均取 1.0），挡土墙底部设计弯矩为 47.5kN·m。

按基本组合（恒载组合系数 1.3，活载组合系数 1.5），挡土墙底部设计弯矩为 68.5kN·m。

挡土墙稳定性、配筋及裂缝验算等，非本文讨论重点，此处略。

3　顶部铰接的挡土墙

图 3 所示为某物流项目顶部铰接的挡土墙典型节点。施工时，先浇筑挡土墙，顶部预留拉结钢筋，待地坪浇筑时，拉结钢筋锚固至地坪内。

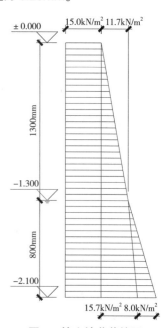

图 2　挡土墙荷载简图

3.1　计算参数

仅挡土墙支承方式由顶部自由调整为顶部铰接,其余设计参数均同悬臂式挡土墙。由于受力方式改变,挡土墙厚度随之减小。采用挡土墙顶部铰接的计算模型,配筋为使用阶段一端固定一端铰接和施工阶段悬臂双控。

3.2　计算分析

使用阶段:按标准组合,挡土墙底部设计弯矩为 14.2kN・m;按基本组合,挡土墙底部设计弯矩为 20.3kN・m。

施工阶段(考虑 5kN/m² 施工堆载):按标准组合,挡土墙底部设计弯矩为 19.9kN・m;按基本组合,挡土墙底部设计弯矩为 27.2kN・m。

4　不同挡土墙方案的选择建议

4.1　挡土墙后填料

尚祖峰等在《墙后填土对悬臂式挡土墙应力位移影响》中指出,黏土比砂土作填料更好。胡泽立在《挡土墙墙后填料及计算参数的选择》中指出,非涉水区域,采用砂卵石作为填料对比黏土没有优势。对于 1.3m 这样高差较小的挡土墙,若考虑主动土压力,挡土墙后填土使用黏土比砂土侧压力小。黏土的黏聚力使得挡土墙后产生负侧压,在临界深度 Z_0 内填土与挡土墙脱开。计算出的黏土侧压力小于砂土侧压力。若考虑静止土压力,砂土和硬 - 可塑黏性土的静止土压力系数相差不大。对大多数物流建筑挡土墙而言,填料选择可以因地制宜。

4.2　悬臂与顶部铰接对比

顶部铰接挡土墙底部弯矩约是悬臂挡土墙底部弯矩的 30%,顶部增加拉结钢筋可以有效地减少墙底弯矩,减小挡土墙厚度及配筋。但增加的墙顶拉结钢筋,也增加了施工难度,且靠墙边预留钢筋也使边缘填土难以压实。

4.3　装配式混凝土挡土墙

近年来,国家倡导节能减排,大力发展装配式建筑,图 4 为某物流建筑采用的装配式混凝土挡土墙。挡土墙计算模型支承方式采用两端铰接,之所以截面更薄,配筋更少,主要是因为挡土墙埋深浅,按单向板计算跨度小,以及施工阶段采用了临时支撑。

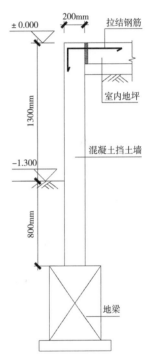

图 3　顶部铰接的挡土墙节点

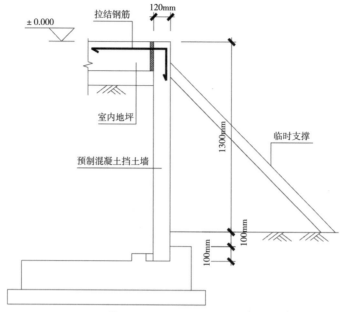

图 4　装配式混凝土挡土墙施工图节点

4.4　其他

侯卫红在《悬臂式挡墙受力分析》中指出，设计挡土墙 300mm 厚，顶部位移小，有限元计算的挡土墙受到的最大弯矩、剪力和朗金理论出入较大。根据变形协调，挡土墙厚度不宜过厚，过厚也使地梁或基础相应增大，建造成本增加。

因物流项目挡土墙本身埋深较浅，未考虑挡土墙前面有利的土压力。挡土墙前的土有被挡土墙挤压的趋势，土压力介于静止土压力与被动土压力之间。刘永富等在《浅谈挡土墙计算高度取值》中指出，主动土压力大小只与坡高有关，与埋深无关。考虑挡土墙坡高 1.3m，一般计算到埋深 0.5m 左右，静止土压力向被动土压力的增长已可以抵消主动土压力向静止土压力的增长。

挡土墙的水平分布筋可以画在受力筋外侧。受力筋保护层厚度为 35mm，分布筋按 10mm 算，分布筋保护层厚度还有 25mm，满足二 b 环境类别保护层厚度要求，可以有效减少挡土墙裂缝。

5　结语

物流建筑挡土墙计算建议采用静止土压力，静止土压力系数 k_0 取 0.5，采用水土分算的计算方法；选用不同的填料（砂土或黏土等），对物流建筑挡土墙土压力计算影响不大；推荐挡土墙顶部钢筋拉结做法，以改善挡土墙受力。

参考文献

[1]　中华人民共和国住房和城乡建设部．物流建筑设计规范：GB 51157—2016[S]．北京：中国建筑工业出版社，2016．

[2] 朱炳寅，娄宇，杨琦．建筑地基基础设计方法及实例分析 [M]. 2 版．北京：中国建筑工业
     出版社，2013.

[3] 中华人民共和国住房和城乡建设部．建筑地基基础设计规范：GB 50007—2011[S]. 北京：
     中国建筑工业出版社，2012.

[4] 尚祖峰，刘海禄，何钰龙，等，墙后填土对悬臂式挡土墙应力位移影响 [J]. 浙江水利水电
     学院学报，2014，26（03）: 67-69.

[5] 胡泽立．挡土墙墙后填料及计算参数的选择 [J]. 城市道桥与防洪，2008，（05）: 23-25.

[6] 侯卫红，侯永峰．悬臂式挡土墙受力分析 [J]. 北方交通大学学报，2004，28（4）: 16-18.

[7] 刘永富，李海波，马振梅．浅谈挡土墙计算高度的取值 [J]. 水利科技与经济，2004，10
     （3）: 150.

17

◇ 物流建筑柱配筋形式力学性能研究

樊博

摘　要：本文结合物流建筑的工程设计理念，采用基于数值分析的方法，利用有限元软件 ABAQUS 构建截面尺寸 800mm×800mm 的钢筋混凝土柱有限元模型，分析常规直径（$\phi \leqslant 25mm$）配筋方案与大直径（$\phi > 25mm$）配筋方案在相同荷载作用下对钢筋混凝土柱的力学性能的影响，结果表明：配置大直径纵筋算例的抗震性能总体上与常规直径纵筋算例持平，配置大直径纵筋的算例骨架曲线初始斜率较小，最大荷载点左移，且达到最大屈服荷载时柱顶位移变形更小。

关键词：物流建筑　有限元分析　大直径纵筋　力学性能

1　引言

随着我国经济的迅速发展，物流行业得到了快速发展。作为仓储等使用的物流建筑成为现代物流发展的重要组成部分。合理的物流建筑结构设计，既能保证物流建筑的安全性，又能降低建造成本。物流建筑由于存储工艺要求，其在柱距、层高以及楼面使用荷载等方面的要求远远高于民用建筑。因此在进行物流建筑中框架柱的设计计算时，如何合理地排布纵向钢筋，简化节点构造，在保证抗震性能的同时降低施工难度、节约成本成为有待解决的主要问题，因此在满足《混凝土结构设计规范》GB 50010—2010（2015 年版）、《建筑抗震设计规范》GB 50011—2010（2016 年版）等规范的基础上需要对此类构件的受力性能和配筋方案进行探索，为工程应用提供参考。

2　物流建筑中钢筋混凝土柱的设计要点

2.1　控制剪跨比

抗侧力构件抗震性能最主要的影响因素之一就是剪跨比（λ），由于货架的摆放要求，物流建筑设计中的层高往往较高，常常达到 11m 上下，因此柱的剪跨比相对较大，但是在分拣区和办公区往往会设置夹层，此区域柱剪跨比减小，甚至形成短柱；当在往复的水平地震作用下，柱可能出现宽度较大的斜裂缝或 X 形交叉裂缝的破坏形态，造成的脆性破坏难以修复，而当柱剪跨比较小时，将会导致柱的剪切破坏。因此在物流建筑设计中，要注意柱剪跨比数值的大小，尽量避免形成短柱，当剪跨比 $\lambda \leqslant 2$ 时，要对柱箍筋全长加密，提高短柱的抗剪承载力。

2.2　控制轴压比

柱的承载力和延性主要由轴压比控制。由于物流建筑功能的特殊性，一般情况下，楼面活荷载需要达到 20kN/m²，并且考虑物流建筑中货架的合理摆放，标准跨的柱网面积也常需达到 100m² 以上，单根框架柱承担的楼面荷载较大，柱的轴压比也就偏大；试验表明，随着轴压比的变化，柱的极限变形能力、极限抗弯承载力及耗散地震能量的能力都会随之变化。轴压比越大，其塑性变形段相应缩短，承载能力下降越快，即延性越小。

2.3　柱内纵筋及箍筋配筋形式

纵向受拉钢筋能控制柱的屈服位移角，研究表明，在不超过规范限值的前提下，随着纵筋配筋率的增大，其屈服位移角也随之增大。规范要求，柱的纵筋配筋不得小于最小配筋率的要求，来避免地震作用下柱过早进入屈服变形阶段；箍筋既能约束混凝土的横向变形，又为纵向钢筋提供侧向支承，防止纵筋压屈，还能承担柱剪力，提高混凝土的极限变形能力，也即提高了延性。

3　不同烈度下柱内纵筋配筋方案对比

在低烈度地区，物流建筑框架柱主要由轴压比控制截面，纵筋满足最小配筋率的要求即可，但是在高烈度地区，随着地震作用的增大，轴压比不再成为控制柱截面和配筋的主要因素，柱内纵筋转由地震工况控制，此时柱内纵筋的配筋面积相比低烈度地区会有较大的涨幅。典型的物流建筑中柱配筋方案对比如表 1 所示。

典型物流建筑中柱配筋方案对比　　　　　　　　　　　　表 1

柱平面布置图	以此柱作为典型算例进行分析 12000×7=84000 12000×3=36000

续表

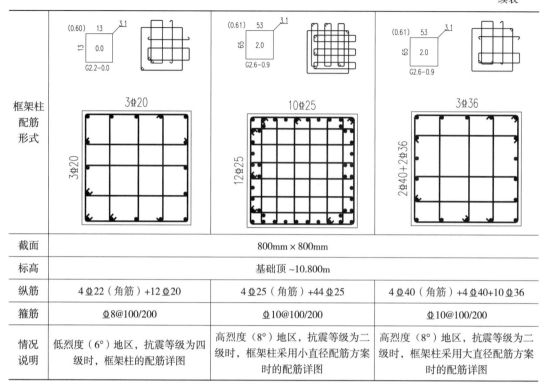

框架柱配筋形式	(0.60) 13 / 13 0.0 / 3.1 / G2.2-0.0 / 3Φ20 / 3Φ20	(0.61) 53 / 65 2.0 / 3.1 / G2.6-0.9 / 10Φ25 / 12Φ25	(0.61) 53 / 65 2.0 / 3.1 / G2.6-0.9 / 3Φ36 / 2Φ40+2Φ36
截面	800mm × 800mm		
标高	基础顶 ~10.800m		
纵筋	4Φ22（角筋）+12Φ20	4Φ25（角筋）+44Φ25	4Φ40（角筋）+4Φ40+10Φ36
箍筋	Φ8@100/200	Φ10@100/200	Φ10@100/200
情况说明	低烈度（6°）地区，抗震等级为四级时，框架柱的配筋详图	高烈度（8°）地区，抗震等级为二级时，框架柱采用小直径配筋方案时的配筋详图	高烈度（8°）地区，抗震等级为二级时，框架柱采用大直径配筋方案时的配筋详图

综上所述，低烈度地区，在物流建筑设计中，由于楼面荷载较大，混凝土柱轴力也较大，就形成了高轴压比控制柱性能的局面，配一般直径的纵筋即可；高烈度地区，由于地震作用的增大，配备一般直径纵筋将会导致柱内纵筋根数过多，为了约束纵筋和核芯区混凝土的变形，需要的箍筋肢数也较多，不利于混凝土的浇筑和振捣，在梁柱节点区域还会影响节点的锚固，从而导致质量问题。所以，本文在高烈度地区物流建筑的结构设计中，对其钢筋混凝土柱的配筋形式进一步探讨。

4 数值模拟分析

4.1 材料本构的选取

实际工程中混凝土变形非常复杂，无法简单地用弹性或者弹塑性变形进行描述；因此，为了模拟钢筋混凝土柱的力学性能，尽可能贴合实际的破坏状态，采用有限元模型来模拟其在水平力作用下的破坏机制，所选取的混凝土和钢筋的本构关系如下。

4.1.1 混凝土单轴应力 - 应变关系

在《混凝土结构设计规范》GB 50010—2010（2015 年版）中将损伤的概念引入混凝土本构关系中，运用 ABAQUS 软件自带的混凝土损伤塑性模型将损伤力学和塑性力学相结合，通过引入刚度折减系数和材料的损伤来体现拉压性能的差异，模拟低周往复荷载作用下混凝土刚度退化表现

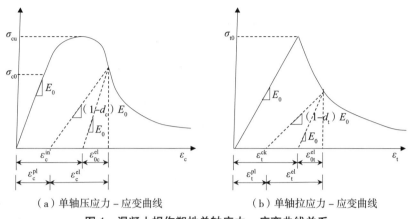

（a）单轴压应力 – 应变曲线　　　　　（b）单轴拉应力 – 应变曲线

图 1　混凝土损伤塑性单轴应力 – 应变曲线关系

出的拉伸开裂和压缩破坏，其更能反映出混凝土破坏的真实特征。混凝土损伤塑性单轴应力 – 应变曲线关系如图 1 所示。

4.1.2　钢筋应力 – 应变关系

钢筋是一种理想均质的材料，强度高、延性好，实际受力情况与力学计算模型假定比较符合。钢筋的应力 – 应变曲线具有明显的阶段划分。为了简化计算便于模拟，钢筋选用《混凝土结构设计规范》GB 50010—2010（2015 年版）附录 C 中理想弹塑性直线模型，钢筋屈服之前是完全弹性的，其应力 – 应变呈正比，屈服后，钢筋应力不变而应变继续增加。$\tan\alpha=E=\dfrac{f_y}{\varepsilon_y}$，钢筋应力 – 应变曲线关系如图 2 所示。

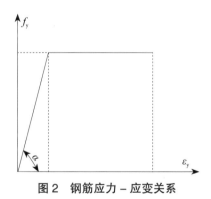

图 2　钢筋应力 – 应变关系

4.2　算例设计

为了模拟物流建筑中钢筋混凝土的力学性能，本文将构建有限元模型，取截面尺寸为 800mm×800mm 的柱，在满足最小配筋率和全截面配筋面积基本一致的情况下，模拟高轴压比和低轴压比两种工况下钢筋混凝土柱的力学性能，每种工况下纵筋直径均按照大直径（ϕ=40mm）和普通直径（ϕ=18mm）两种算例进行比较分析。

根据规范要求和实际工程需要，创建的截面尺寸为 800mm×800mm，长度为 3200mm，选取 C35 混凝土，HRB400 级钢筋，定义材料属性，创建边界条件，钢筋混凝土柱底部为固定约束，通过创建点和面的耦合，在耦合点处分别施加竖向荷载为 5500kN 和 3000kN 的轴向力，来模拟高轴压比（0.52）和低轴压比（0.28）两种工况，每种工况设计两组算例；两种不同工况下的柱截面、配筋保持一致。在满足全截面配筋面积一致时，算例 1 在横截面角部布置一根直径为 18mm 的钢筋，中部布置 4 根直径 18mm 的钢筋；算例 2 在横截面角部布置 1 根直径 40mm 的受力钢筋，为了满足规范中箍筋肢距的要求，在其横截面处增设 3 根直径 12mm 的纵向构造配筋以满足规范中箍筋肢距的要求。算例参数设置见表 2，算例配筋工况示意见图 3。

钢筋混凝土柱纵筋及箍筋选取　　　　　　　　表 2

算例	纵筋	箍筋	肢距（mm）	全截面纵筋配筋率	箍筋体积配箍率
算例 1	4Φ18+16Φ18	Φ8@100/200（6）	147	0.80%	约 1.00%
算例 2	4Φ40+（12Φ12）	Φ10@100/200（5）	170	0.78%	约 1.00%

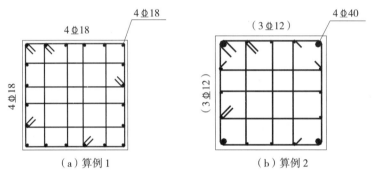

（a）算例1　　　　　　（b）算例2
图3　算例配筋工况示意图

4.3　数值模拟分析

该两组算例在 ABAQUS 软件中创建不同纵筋直径的钢筋混凝土柱模型如图 4 所示。

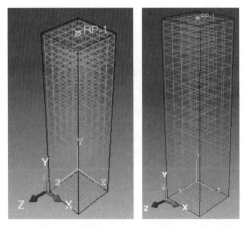

（a）算例1有限元模型　　（b）算例2有限元模型
图4　有限元模型

在低周往复荷载作用下，在柱顶耦合点处分别施加竖向荷载 5500kN 和 3000kN，来模拟高轴压比和低轴压比下框架柱实际受力特征，最后分别提取两种工况下算例 1、算例 2 的柱顶水平荷载－位移滞回曲线，分析大直径纵筋对钢筋混凝土柱滞回曲线的影响。提取的柱顶水平荷载－位移滞回曲线如图 5 所示。

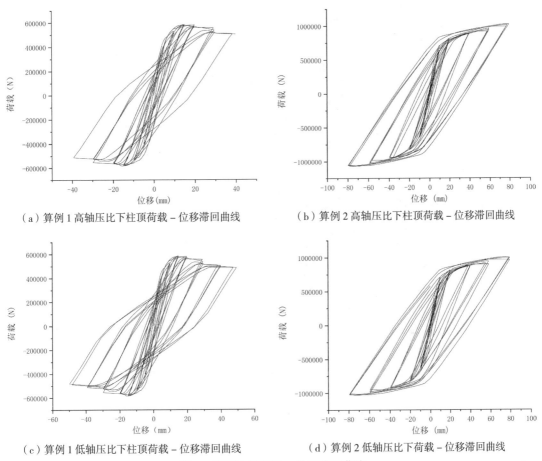

（a）算例 1 高轴压比下柱顶荷载－位移滞回曲线　　　　（b）算例 2 高轴压比下柱顶荷载－位移滞回曲线

（c）算例 1 低轴压比下柱顶荷载－位移滞回曲线　　　　（d）算例 2 低轴压比下柱顶荷载－位移滞回曲线

图 5　柱顶水平荷载－位移滞回曲线

　　由图 5 可知，在保证柱全截面面积和配筋面积基本一致时，高轴压比和低轴压比情况下，两种不同配筋方案算例下的柱顶水平荷载－位移滞回曲线基本相同；两组算例下的柱顶水平位移在 10mm 内（即位移角 $\theta \leqslant 1/320$ 时）时的柱顶滞回曲线形状基本相似，但是算例 2 即大直径配筋方案当柱顶水平位移达到 20mm 时，水平承载力约为 750kN，算例 1 即小直径配筋方案达到相同水平位移时，水平承载力已出现退化趋势，仅约为 500kN，小直径配筋方案在达到 550kN 时，柱顶水平位移达到最大值，约 17mm；而算例 2 柱顶水平位移最大值约为 80mm，此时未见水平承载力出现明显退化；通过分析，在高轴压比弹性位移下两种算例都较为饱满，表现出的抗震性能水平基本持平，但进入弹塑性变形阶段有细微变化，配置大直径纵筋的钢筋混凝土柱的曲线捏拢效果相对更好，柱顶抵抗水平荷载能力也更强一些，其耗散能力和抗震能力也更强一些。

通过数值模拟分析提取的损伤云图如图6所示，两种算例在不同轴压比作用下的损伤云图破坏形式基本相同，损伤依次由柱脚蔓延到柱顶，损伤达到极限。

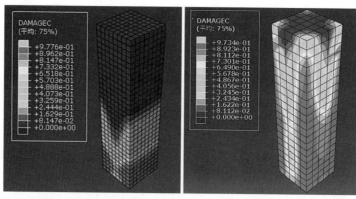

（a）算例1 高轴压比下损伤云图　　（b）算例2 高轴压比下损伤云图

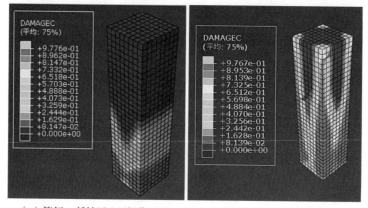

（c）算例1 低轴压比下损伤云图　　（d）算例2 低轴压比下损伤云图

图6　损伤云图

通过损伤云图进一步分析可以看出，算例1小直径配筋方案在柱顶水平荷载作用方向下的柱脚首先受压破坏，其次沿垂直受力方向混凝土逐渐损伤，达到破坏状态，在柱脚全截面破坏时，在柱高中部以上的混凝土此时还没有破坏，而算例2即大直径配筋方案下，混凝土沿大直径角筋向上破坏，低轴压比相对高轴压比柱侧混凝土损伤区域较小，更有利于实现其抗震性能。

5　结语

本文通过分别对比不同烈度地区和不同轴压比下钢筋混凝土柱纵筋的布置方案，最后经过分析得出下述结论：

（1）低烈度地区，由于地震作用相对较小，柱内纵筋布置主要通过轴压比控制，另外由于物流建筑设计时楼面荷载相对较大的特性，混凝土柱的轴压比通常存在中柱高轴压比，边柱和角柱小轴压比的情况，此时按照物流建筑混凝土柱常规设计，满足轴压比限值和最小配筋率即可满足设计要求，此时配置小直径钢筋即能满足受力和最小配箍要求，同时也能保证相应烈度下的抗震性能。

（2）高烈度地区，由于地震作用相对较大，柱内纵筋配筋方案主要通过地震作用控制，合理地布置柱内纵筋，可有效减少箍筋肢数和施工难度，以表1中高烈度地区两种不同配筋方案为例，大直径配筋方案的箍筋工程量可减少64%，由于使用大直径钢筋，增大了纵筋间距和箍筋肢距，在保证抗震性能的同时可以降低施工难度。

（3）通过对不同轴压比下钢筋混凝土柱在水平荷载作用下的损伤进行数值模拟，得到柱顶水平荷载－位移滞回曲线和损伤云图，通过分析，在弹性变形阶段两种不同直径配筋方案下表现出的抗震性能水平基本持平，在弹塑性变形阶段，配置大直径纵筋的钢筋混凝土柱耗散能力和抗震能力优于普通直径纵筋配筋方案。

参考文献

[1] 中华人民共和国住房和城乡建设部 . 混凝土结构设计规范：GB 50010—2010（2015 年版）[S]. 北京：中国建筑工业出版社，2015.

[2] 中华人民共和国住房和城乡建设部 . 建筑抗震设计规范：GB 50011—2010（2016 年版）[S]. 北京：中国建筑工业出版社，2016.

◇ **坡道及卸货平台结构设计探讨**

王延武　吕志强

摘　要： 物流建筑设计时，坡道和卸货平台作为装卸货以及连接仓库的运输通道，根据场地条件及仓库层数不同，坡道和平台类型可分为直线形坡道加平台和盘道型坡道加平台。本文针对不同类型的坡道介绍了其合理的构件布置，分析了各种类型坡道的荷载取值和受力特点，给出了相应的简化计算模型。结合某智慧物流项目卸货平台的工程设计中的实际问题，提出了大开洞混凝土框架结构在结构设计过程中的处理方法，通过梁柱计算模型的包络设计，排水结构选型，为类似工程的结构设计提供一些经验。

关键词： 坡道与平台　构件布置　荷载计算　大开洞　包络设计

1　引言

伴随着我国对外贸易的国际化发展需求，大型综合性物流建筑成为我国未来几十年发展的趋势，为了解决多层物流建筑运输需求，必然通过坡道与卸货平台来连接室外地面和仓库，由于建筑功能的布局要求以及场地限制，需要多种坡道加平台组合类型。根据与多层物流建筑的位置关系总体归结为直线形坡道加平台、盘道型坡道加平台两类，结合某项目经验浅谈这两种类型坡道加平台的结构设计。

2　坡道荷载取值

合理的荷载选取是结构安全的保证，坡道荷载包括恒荷载（包括结构自重、面层荷载）、活荷载（包括板面荷载）。自重、面层荷载不再赘述。本节重点讲述板面等效均布活荷载计算。

2.1　汽车坡道板等效均布活荷载计算

汽车坡道部分：假设次梁跨度为 9.5m，次梁间距为 2.95m。按双车道考虑，车辆荷载根据《公路桥涵设计通用规范》JTG D60—2015 中集卡车的相关数据：集卡车总重量 550kN，车辆外形尺寸 15m×2.5m，车辆横向布置时的车身净间距 0.6m，两车轮轴距 1.3m，轮距 1.8m，最大轮压 70kN，作用面 0.6m×0.2m。坡道板按照 2.95m 跨度的单向板进行等效均布活荷载的计算。依据《建筑结构荷载规范》GB 50009—2012（以下简称《荷载规范》）附录 C 的规定，单向板的等效均布活荷载依据简支板的绝对最大弯矩等值来确定。车辆平面尺寸及轮压分布如图 1 所示。

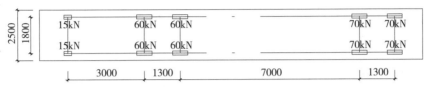

图 1 车辆平面尺寸及轮压分布图（单位：mm）

车辆行进方向与次梁方向平行时，考虑两车并行，如图 2 所示。两车行进方向与次梁方向平行时，一个车轮在跨中，则另外一个车轮及相邻车辆的车轮均落在板跨之外，故计算单向板弯矩时仅有一个集中力 70kN 在板的跨中位置。

根据《荷载规范》附录 C 中 C.0.5 条第 2 款：荷载作用面的长边垂直于板跨时，按公式（C.0.5-3）计算并考虑车辆动力系数，结合消防车荷载，楼板设计时等效活荷载一般取 40kN/m²。

2.2 汽车坡道次梁等效均布活荷载计算

车辆行进方向与梁跨度方向平行时，考虑两车并行，一卡车后轮作用于梁两边，另一卡车按最小车身净间距并排布置，如图 3 所示。

按弯矩等效以及剪力等效计算取两者之间的较大值，并考虑车辆动力系数，坡道次梁设计时等效均布活荷载取 28.0kN/m²。

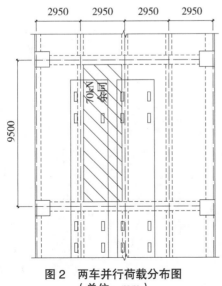

图 2 两车并行荷载分布图
（单位：mm）

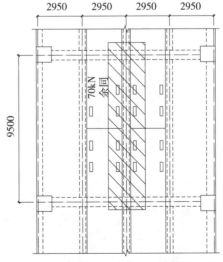

图 3 两车平行于梁跨度方向荷载分布图
（单位：mm）

2.3 主梁等效均布活荷载计算

按《荷载规范》附录 C，主梁的等效均布活荷载为总荷载与总面积比值并考虑车辆动力系数，结合消防车荷载，坡道主梁设计时等效均布活荷载取 21.0kN/m²。

3 坡道模型设计要点

3.1 直线形坡道模型设计要点

直线形坡道布局简单，和普通框架结构一样所有梁顶标高同板顶。次梁的布置方向沿行车路线方向。在坡道起坡处柱按内力计算值得到的剪跨比不大于 2 或柱净高与柱截面高度之比 H_n/h 不大于 4 时，应按短柱进行构造加强，主梁、次梁（或平行于次梁方向的主梁）、板等配筋计算时需要分别取相应的等效均布活荷载进行计算。

3.2 盘道型坡道模型设计要点

盘道型坡道结构比直线形更加复杂，除了满足直线形坡道所要求的设计要点之外，还需要注意以下三个问题：分层处节点处理；必要位置采用虚梁；次梁点铰。

（1）分层处节点处理

对于盘道型坡道标高连续变化无明显分层，而 PKPM 软件需要分层建模才能计算。因此盘道型坡道的建模首先按照仓库平台标高进行分层，PKPM 软件中通过降低上节点标高或在空间结构中建立斜梁和双层梁来实现分层，坡道三维空间模型如图 4 所示，完工后坡道外立面如图 5 所示。

图 4 坡道三维空间模型

图 5 坡道外立面

（2）必要位置采用虚梁

虚梁在结构中是不存在的，其特点是没有自重、没有刚度，也不进行截面计算。PKPM 软件中需要用截面 100mm×100mm 的梁模拟虚梁，不需要看其计算结果、板柱结构会自动过滤掉虚梁的计算结果，而虚梁的作用是提供板边界，传递上部荷载，因此在建坡道 PKPM 软件模型时，可以通过一层使用实际梁截面，另一层使用虚梁然后组装相邻楼层来实现模拟坡道的分层。

（3）次梁点铰

通常钢筋混凝土梁都是刚接，没有严格意义上的铰接。一般情况下，框架主梁与次梁节点不需要特殊构件定义铰接，次梁特殊构件定义铰接后会改变框架内部的实际受力状态，次梁的弯矩和扭矩不向主梁传递，实际上次梁端仍然有一定的弯矩，弧形坡道圆弧处的主框架梁跨度很小，设置梁截面尺寸比平常大，仍然出现梁剪扭超限，需要设置特别大的截面或者无论截面多大都无法满足要求，这时我们建议采用次梁点铰。点铰后计算虽然满足剪扭要求，但是为了使模型与实际受力相符，需要在构造上采取措施：在主梁上配置一部分抗扭钢筋并满足《混凝土结构设计规范》GB 50010—2010（2015 年版）以及《混凝土结构施工图：平面整体表示方法制图规则和构造详图（现浇混凝土框架、剪力墙、梁、板）》22G101-1 图集的相关规定。

4 卸货平台典型问题处理

4.1 卸货平台大开洞结构处理

某项目卸货平台，楼板开洞面积占总卸货平台面积约 1/3，如图 6 所示，考虑到卸货平台后期使用可能对开洞区域进行封堵，加大卸货平台面积，拓展转运空间和转运能力，在计算阶段就需要结合实际情况综合考虑。在 PKPM 软件建模时应做两个模型，梁柱的计算均应按有开洞和无开洞两种计算模型包络设计，从而为后期改造提供支持。由于本项目梁采用的是预应力梁设计方案，在后期封堵过程中，会给板的施工增加难度，所以在实际设计时也应对开洞范围的梁进行降标高处理，开洞区域梁顶标高 = 板面标高 - 板厚。

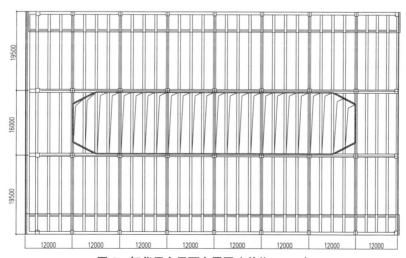

图6 卸货平台平面布置图（单位：mm）

4.2 卸货平台两种排水做法的优劣分析

卸货平台排水结构做法一般分两种：排水沟和排水井。排水沟的排水方式是由中间按 1% 的坡度向两侧排水，位置设置在卸货平台两侧，详见图 7。

排水井的排水方式是由两侧按 1% 坡度向中间排水，位置设置在卸货平台的中间，详见图 8。

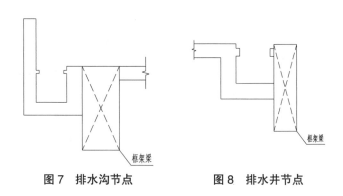

图 7　排水沟节点　　　　图 8　排水井节点

对比上述两种不同的排水做法可知，排水沟的优点是：两侧排水速度快、排水效率高、卸货平台板下作业时无视觉压迫感。缺点是：会占用卸货平台使用面积，空间利用率低，造价高。排水井的优点是：无需占用使用面积，空间利用率高、造价低。缺点是：排水效率较低，卸货平台板下作业时有视觉压迫感。

5　美观设计

大型综合物流建筑最开始侧重功能上的需求，随着经济的发展，人的审美要求越来越高，在美观上的需求也越来越得到人们的重视。大型综合物流建筑中坡道外形复杂多样，特别是在坡道转弯处美观比较难以满足。传统的坡道转弯处一般采用方柱加直梁的结构布置形式，这样会使得转弯处显得比较生硬，漏出边角影响观感。通过采用圆柱加弧梁的结构布置形式可以使得坡道转弯处比较自然顺畅，但由于梁柱节点处钢筋锚固长度问题，弧梁不能与柱边齐平，因此需要通过外挂挡板实现上述视觉效果。外挂挡板节点详见图 9、坡道平面图详见图 10、建成后坡道实景图详见图 11。

6　结语

本文介绍了坡道活荷载的合理取值依据，计算模型的设计要点，提出了大开洞混凝土平台的结构设计方法，分析了排水沟和排水井两种排水方式的优劣，提出了通过坡道转弯处圆柱加弧梁的结构布置，可解决坡道转弯处外轮廓美观的问题，为后续类似设计提供借鉴。

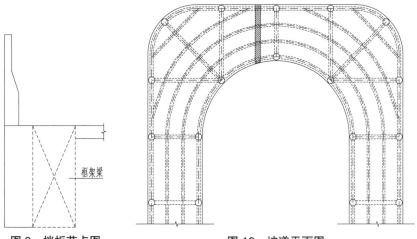

图 9　挡板节点图　　　　　　图 10　坡道平面图

框架梁

图 11　坡道实景图

参考文献

[1]　中华人民共和国交通运输部.公路桥涵设计通用规范：JTG D60—2015[S].北京：人民交通出版社，2015.

[2]　中华人民共和国住房和城乡建设部.建筑结构荷载规范：GB 50009—2012[S].北京：中国建筑工业出版社，2012.

[3]　高朝阳.大跨度预应力梁施工实例[J].工程建设与设计，2004，（06）：40-42.

◇ 运输平台烟气流动特性模拟及排烟形式分析

李晋芝

摘　要： 针对工程中常采用的两种排烟形式，以某一大型物流建筑运输平台为研究对象，应用火灾模拟软件 Pyrosim，通过在火灾场景下建立模型进行动态仿真数值模拟，重点研究自然排烟系统下火灾过程的烟气蔓延发展情况，论证了自然排烟系统的可靠性。
关键词： 运输平台　排烟形式　烟气蔓延　Pyrosim 软件模拟

1　综述

大型物流建筑属于大空间建筑，近年我国发生的多起重大、特大火灾，大部分与大空间建筑有关，造成了重大的人员伤亡和财产损失，因此大型物流建筑的消防设计非常关键。而运输平台是物流建筑楼层上的集卡运输通道及装卸的操作平台，由于平台具有消防车道、消防救援场地的功能，可以作为安全出口的一种选择，常用作安全疏散平台，保证其在火灾情况下为人员逃生提供安全通道。虽然货物运输平台为室外空间，但是由于进深较大、可能有可燃物堆积等，需设置自动灭火和消火栓、应急照明和疏散指示标志及排烟系统等设施。

2　排烟形式分析

根据国家相关规范的要求，排烟形式主要分为自然排烟和机械排烟两种系统，对于物流建筑运输平台的消防设施，不同排烟形式对比如表 1 所示。

不同排烟系统形式对比　　　　　　　　　　　　表 1

系统分类	自然排烟	机械排烟
排烟形式	设置自然排烟井（口），配合平台周边敞口进行自然排烟	排烟风机房以吊挂形式设置在楼层货物运输平台下方，烟气由本层或通过竖井排出室外

续表

系统分类	自然排烟	机械排烟
优点	不需要外加的动力，可节省造价，系统可靠	上层运输平台不需设置排烟井（口），对每层平台完整性不会造成影响
缺点	需在上层运输平台设置排烟洞口，会占用一部分平台面积	造价相对于自然排烟系统较高，且运输平台下需吊装设置排烟机房、排烟风管，对平台净高会产生一定影响

　　总体来说，物流建筑的运输平台采用自然排烟系统，在投资造价、运行维护、设施的时效性以及管道综合高度占用等各方面存在一定优势，且考虑到烟气达到280℃以后，排烟阀和排烟风机关闭，无法继续排烟和排热，建议多、高层大型物流建筑运输平台尽可能采用自然排烟系统。

　　在国家法规方面，不同时期各规范中均对物流建筑的排烟系统设计作出了较为详细的规定，但是对于运输平台的排烟系统设计内容相对有所欠缺。根据《物流建筑设计规范》GB 51157—2016，货物运输平台应设置自然排烟，非顶层区域自然排烟面积不应小于该层平台面积的6%，平台内与自然排烟口距离大于40m的区域应设置机械排烟。因此工程中常将每层运输平台视为一个防烟分区，采用自然排烟洞与周边敞口结合的方式满足自然排烟的要求。而《建筑防排烟系统技术标准》GB 51251—2017则提到，当空间净高大于6m时，工业建筑防烟分区的最大允许面积为2000m²，最大允许长度为60m（具有自然对流条件时，不应大于75m），且防烟分区内任一点与最近的自然排烟口之间的水平距离不应大于30m。由于下层排烟时烟气易聚集在上一楼层不利于排出，影响上层运输平台，因此有不同的声音认为竖向自然排烟口总面积不应小于每层面积的6%，且对于多、高层大型物流建筑每层应独立设置竖向排烟井（口），但这种做法会占用许多运输平台面积，影响卸货车位的数量。对于自然排烟口的设置要求，上海市地方规范《大型物流建筑消防设计标准》DG/TJ 08-2343—2020中提到：货物运输平台上设置的自然排烟井（口）应高出顶层或楼层运输平台不小于1.8m，并应均匀布置。同样其规定了运输平台的任一点与最近的自然排烟井（口）之间的水平距离不应大于30m。当火灾发生时，热烟气因密度小顺着通道向上运动，通过顶部开口及侧面开口溢出，冷空气因密度大由一层侧开口补入，即形成烟囱效应，达到拔火拔烟、排出烟气的目的。

　　综上所述，可得出初步结论：当一层着火时，烟气蔓延存在较大水平方向扩散的初速度，经过二至四层竖向自然排烟井（口）射流作用，水平方向初速度减小，竖直方向的初速度起主导作用。基于此，本文以某连接两栋四层物流仓库的货物运输平台为例，选用场模型进行模拟，将二层排烟井（口）围挡高度设置为h=1.8m，三层围挡高度设置为h=1.7m，四层围挡高度设置为h=1.6m，利用Pyrosim软件，对火灾发生后上层平台的温度和烟气变化规律进行仿真模拟，为自然排烟系统的选择提供理论依据。

3　模型建立

3.1　Pyrosim软件介绍

　　Thunderhead Engineering Pyrosim简称Pyrosim，是由美国国家标准与技术研究院研发的专门用于火灾动态仿真模拟（Fire Dynamic Simulation，简称FDS）的软件。它为FDS提供了一个图形用户界面，用来创建火灾模拟，准确地预测火灾烟气流动、火灾温度和有毒有害气体浓度分布。以计算流体动力学为理论依据，仿真模拟预测火灾中一氧化碳等有毒气体的流动、能见度以及烟气温度的分布。

3.2 建筑概况

某物流仓库顶标高为 45.00m，四层运输平台标高为 33.00m，平台下方空间共三层。一至三层东西方向与大气直接相通，顶部与外界环境直接相通，在模型中作为开口表面。运输平台建筑剖面图如图 1 所示。

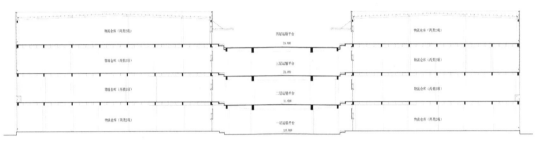

图 1 运输平台建筑剖面图

3.3 火源设置

基于火灾最不利点原则，选取一层运输平台中心位置为起火点，起火原因设为工作的相关货物自燃起火，定义为超快速起火，火灾增长系数为 0.178，火灾热释放速率取 1000kW/m^2，环境初始温度设置为 20℃。

3.4 模拟网格与时间设置

（1）模拟网格设置。利用 Pyrosim 软件进行模拟时，所有计算都必须在由直线卷组成的网格域内执行，网格大小对模拟准确性起着决定性作用。FDS 网格敏感性分析表明，当网格尺寸的经验值为特征火焰直径的 6.25%~25.00% 时较为合适，实际应用中一般取 8.00%~12.50%，此处网格尺寸选取特征火焰直径的 10.00%，特征火焰直径 D 的计算式为：

$$D=\left(\frac{\dot{Q}}{\rho_\infty c_p T_\infty \sqrt{g}}\right)^{\frac{2}{5}}$$

式中：$\dot{Q}$ 为火源的热释放速率；ρ_∞ 为空气密度，取 1.2kg/m^3；c_p 为空气的比热容，取 1kg/（kg·K）；T_∞ 为环境温度；g 为重力加速度。设计热释放速率为 20MW 时，代入可以计算得出 D=3.1m，为了在保证精度的同时优化计算速度，取网格大小为 0.3m×0.3m×0.3m。

（2）模拟时间设置。将模拟辖区消防队可以到达火灾现场的时间设定为火灾发生 300s 后，设定火灾模拟时间为 900s，也就是说，模拟火灾发生 5min 后，消防队到达现场实施救援动作 10min 内的情况。

4 模拟结果

4.1 结果分析

在 Pyrosim 模拟中，通常以一氧化碳（CO）浓度、能见度和烟气温度作为火灾发展状态判断依据。本文设烟气层对人构成危险的临界高度为 2.0m（避免烟气层下降到和人体眼睛接触造成烟熏伤害，从而对人员疏散造成影响），故模拟中取各层向上 2.0m 高度，即模型切片 $z=2.0m$、$z=13.0m$、$z=24.0m$ 处温度超过 60℃、一氧化碳体积分数大于 1400×10^{-6}、能见度低于 10.0m，任一条件达到临界值便视为火灾达到危险状态，反之则视为在二至四层运输平台上分别设置围挡高于本层 1.8m、1.7m、1.6m 以上的自然排烟井（口）可以达到理想的排烟效果，即上下相通并设置围挡对于上一层的人员疏散还是有比较好的作用。

4.2 一氧化碳浓度分析

首层火灾场景下，首层、二层及三层 2.0m 高处的一氧化碳体积分数分布如图 2 所示。由图可知，首层除火源处一氧化碳体积分数最高达到 2×10^{-6} 外，其余大部分空间一氧化碳体积分数均处于 2×10^{-7}；二层除各个排烟洞及其边缘一氧化碳体积分数最高可达到 2×10^{-5} 外，其余空间均处于 $2\times10^{-6}\sim6\times10^{-6}$ 之间；三层除排烟洞及其边缘一氧化碳体积分数最高可达 1×10^{-5} 外，其余空间均处于 $1\times10^{-6}\sim4\times10^{-6}$ 之间，则此时对于运输平台及疏散楼梯均未达到一氧化碳体积分数的危险状态值，对疏散人员不会产生较大的危害。可见，对于多层平台的项目，排烟井（口）在没有叠加设置的情况下，自然排烟的效果还是比较好的。但是这里的前提是排烟井（口）要均匀布置，也就是自然排烟系统需要按照划分防烟分区的要求来设置。

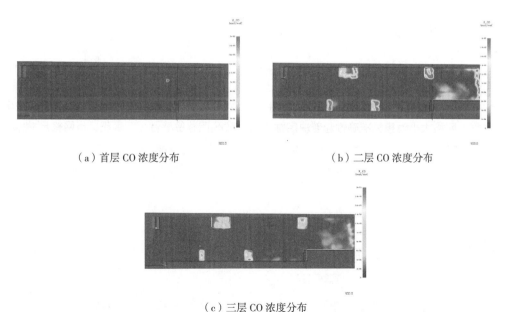

（a）首层 CO 浓度分布　　　　　　　　（b）二层 CO 浓度分布

（c）三层 CO 浓度分布

图 2　一层火灾场景下 300s 时不同楼层 2.0m 处的 CO 浓度分布

4.3　能见度分析

由图 3 可知，首层火灾发生 300s 时，首层高度 2.0m 处各位置点能见度均处于 30.0m 左右；同一时间点二层除排烟洞及其边缘能见度处于 10.0~16.0m 之间外，其余大部分空间能见度均处于 22.0~30.0m 之间；三层除排烟洞及其边缘能见度处于 15.5~20.0m 之间外，其余大部分空间能见度均处于 29.0~30.5m 之间。则运输平台及疏散楼梯均未达到人员疏散时可见度的危险临界值，另一方面，由于平台上大部分空间的能见度均处于 30.0m 左右，建议自然排洞口的设置原则遵循《建筑防排烟系统技术标准》GB 51251—2017 相关规定，即运输平台的任一点与最近的自然排烟井（口）之间的水平距离不应大于 30.0m，从而更好地保障人员疏散。

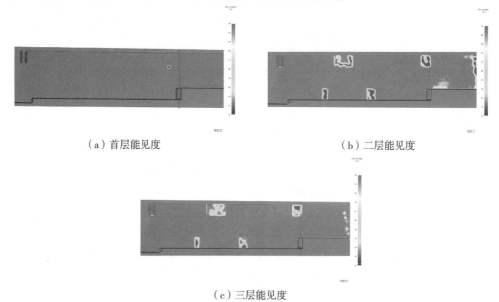

（a）首层能见度　　　　　　　　　　　　　（b）二层能见度

（c）三层能见度

图 3　一层火灾场景下 300s 时不同楼层 2.0m 处的能见度

4.4　烟气温度分布特征

由图 4 可知，首层火灾发生 300s 时，首层高度 2.0m 处各位置点火源及其周围温度呈放射状由低到高处于 20.3~21.5℃之间。其余空间均处于 20.0~20.3℃之间；二层除排烟洞及其边缘烟气温度处于 20.9~23.0℃之间外，其余大部分空间均处于 20.0~20.9℃之间；三层除排烟洞及其边缘烟气温度处于 20.4~21.5℃之间外，其余空间均处于 20.0~20.4℃之间，即运输平台及疏散楼梯的烟气温度值均未达到人员疏散的临界危险状态值。由此可见，二层自然排烟井（口）围挡突出本层运输平台 1.8m 以上，逐层递减 0.1m（仅对于层数小于等于四层的运输平台）不会影响本层平台上的人员疏散。

5　结语

本文结合规范要求对物流建筑中运输平台的自然排烟和机械排烟两种系统进行了简要分析对比，对平台下方排烟系统的选择提出了合理建议，并通过使用 Pyrosim 软件对运输平台进行火灾仿

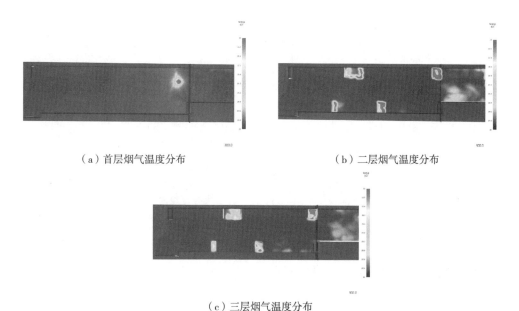

（a）首层烟气温度分布　　　　　　　　　　（b）二层烟气温度分布

（c）三层烟气温度分布

图4　一层火灾场景下300s时不同楼层2.0m处的烟气温度分布

真数值模拟。通过分析平台在火灾发生300s时每层2.0m高度处的一氧化碳浓度、能见度与烟气温度分布的情况，得出当层数不大于四层时，二层排烟井（口）突出本层运输平台1.8m以上，高度逐层递减0.1m的自然排烟措施是可行且有效的。为了更好地保障人员疏散，建议按照《建筑防排烟系统技术标准》GB 51251—2017的规定划分防烟分区及保证分区内任一点与排烟井（口）之间的距离不超过30.0m，从而达到运输平台自然排烟井（口）均匀设置的目的。同时，为了加强烟囱效应产生的浮力差从而快速排出烟气，建议按照上海市地方标准《大型物流建筑消防设计标准》DG/TJ 08-2343—2020要求，每层设置的排烟井（口）围挡突出本层运输平台高度均不小于1.8m。

参考文献

[1] 上海市住房和城乡建设管理委员会.大型物流建筑消防设计标准：DG/TJ 08-2343—2020[S].上海：同济大学出版社，2021.

[2] 中华人民共和国住房和城乡建设部.物流建筑设计规范：GB 51157—2016[S].北京：中国建筑工业出版社，2016.

[3] 中华人民共和国住房和城乡建设部.建筑防排烟系统设计标准：GB 51251—2017[S].北京：中国计划出版社，2017.

[4] 王乐.利用Pyrosim对某高架仓库火势蔓延和烟气变化的数值模拟[D].北京：中国地质大学，2020.

[5] 李驰原.基于Pyrosim模拟的大跨度、大空间仓库火灾扑救技战术研究[J].武汉理工大学学报，2018，40（1）：1-4.

后记

　　建学第一次接触"大型物流库"项目是 2004 年，也是我国"十五"计划期间，那时物流业刚开始进入我国，只有单层标准库。到"十四五"规划的今天，建学一直紧跟国家的发展规划做广、做深。从标准库、定制库到冷链物流、中央厨房与加工中心，到综合性多式联运枢纽，从单层库到多层，再到高层、大型智慧物流园，历经近 20 年的执着追求与奋斗，至今已完成 6000 多万 m^2 的设计。

　　物流一头连着生产，一头连着消费，要降低经营成本，物流建筑是很关键的一个环节。

　　建学在物流设计及服务方面向"两头延伸"发展，从参与选址到设计—派驻现场代表全程服务—运营期间回访，全过程注重控制成本及绿色节能，尤其在技术创新、低碳发展等方面实现物流建筑全寿命周期的可持续性发展，在行业中起到了很好的引领作用。由于物流库标准化程度相对较高，可以逐步做到以下工作的全覆盖：

　　1. 在设计过程中严格控制每平方米用钢量及混凝土用量。装配化方面多层混凝土框架结构的装配率做到 ≥ 60％。

　　2. BIM 出图，减少设计中的错、漏、碰、差。

　　3. 派驻现场设计代表，执行相当于注册建筑师制的全部职责，做到项目的投资、质量、工期可控。

　　经过近 20 年的努力，建学已培养出一批物流专业设计师及为推行建筑师负责制的复合型人才。

　　当前我国正处于由"物流大国"到"物流强国"的转换过程中，相信建学人在此转换过程中将会取得更大的成绩。

冯康曾
2023 年 8 月 8 日